U0162582

超声波电机低复杂度控制策略

史敬灼　宋　璐　著

科学出版社
北京

内 容 简 介

本书是作者课题组近年研究工作的总结,重点阐述超声波电机的低复杂度控制策略,包括迭代学习控制方法和专家 PID 控制方法,反映了超声波电机控制领域的最新进展。内容丰富,深入浅出,主要包括基于差分进化算法的超声波电机 Hammerstein 非线性建模、P 型迭代学习控制、简单非线性迭代学习控制、自校正迭代学习控制、专家 PID 控制等。针对超声波电机产业化应用需求,书中提出了多种在线计算量小的超声波电机新型控制策略,并给出了详细设计方法和实现效果。

本书可作为高等院校电力电子与电力传动、控制理论与控制工程、电气工程及其自动化、自动化等专业师生的参考书,也可供从事超声波电机驱动控制装置开发、设计生产的工程技术人员使用。

图书在版编目(CIP)数据

超声波电机低复杂度控制策略/史敬灼,宋璐著. —北京:科学出版社,2020.11
ISBN 978-7-03-066759-5

Ⅰ. ①超… Ⅱ. ①史… ②宋… Ⅲ. ①超声波电机－控制系统
Ⅳ. ①TM38

中国版本图书馆 CIP 数据核字(2020)第 219010 号

责任编辑:陈 静 / 责任校对:王萌萌
责任印制:吴兆东 / 封面设计:迷底书装

科 学 出 版 社 出版
北京东黄城根北街 16 号
邮政编码:100717
http://www.sciencep.com

北京中石油彩色印刷有限责任公司 印刷
科学出版社发行 各地新华书店经销
*
2020 年 11 月第 一 版 开本:720×1 000 1/16
2021 年 1 月第二次印刷 印张:17
字数:332 000
定价:149.00 元
(如有印装质量问题,我社负责调换)

前　　言

　　超声波电机(ultrasonic motor，USM)是运行机理完全不同于传统电磁电机的新型微型特种电机。根据运动方式、结构形式等的不同，超声波电机有许多不同的品种。其中，两相行波型超声波电机是研究与应用最多的品种。两相行波型超声波电机利用压电材料的逆压电效应实现机电能量转换，通过定、转子之间的摩擦作用来将机械能从定子传递到转子，能量转换及传递过程均不以磁场为媒介，电机内部亦无磁场。特殊的运行机理使超声波电机具有传统电磁电机所不具备的一些优点，如无磁场干扰、形状自由度大、抗恶劣环境等，这使其成功应用于众多精密及普通运动控制领域，且工业化应用前景广阔。

　　作为一种运动控制执行部件，为满足实际应用中的性能需求，超声波电机的应用离不开适当的电机控制策略。主要由于基于逆压电效应的机电能量转换过程，以及定、转子间的机械能摩擦传递过程，超声波电机运行过程的非线性、时变特性明显，不易实现良好的控制。如何针对超声波电机本体的特点，设计有效的控制策略，实现良好的运动控制性能，并尽量降低控制策略的在线计算复杂度以降低成本、提高可靠性，已成为制约超声波电机大规模产业化应用的瓶颈问题。

　　超声波电机运行过程的非线性，是制约其控制性能提高的关键因素。从外在表征来看，超声波电机的非线性主要表现在三个方面：一是不同驱动参数(电压幅值、频率、相位差)情况下的电机动态运行特性存在差异；二是固定驱动参数运行情况下，主要由能量损耗引起的电机温度升高，电机定子压电材料特性及定转子间摩擦状况发生变化，导致电机内部机电能量转换及传递特性变化；三是驱动电路直接可控变量(PWM 占空比、相位差)与电机端电压实际表现之间的非线性，即驱动电路自身的非线性及其与时变负载(超声波电机)之间相互作用带来的耦合非线性。从机理角度来看，上述三方面的非线性都源自超声波电机内部以逆压电效应和摩擦为代表的非线性的能量转换与传递过程，而第三方面还与电机驱动电路相关。

　　深入研究超声波电机的非线性运行机理，并在此基础上给出适合控制应用的电机数学模型，是超声波电机控制策略研究的必要基础。但是，无论是逆压电能量转换过程还是摩擦过程，都不易给出足够精度的数学表述，且特征参数的分散性大、时变明显，难以建立精确表述电机内部变量关系的理论数学模型。因此，基于实测数据，采用辨识方法，得到反映电机输入输出关系的传递函数或是差分模型，成为超声波电机控制建模的主要途径。于是，基于输入输出变量而非内部状态变量的控制方法，成为超声波电机控制策略研究的主题。

迭代学习控制(iterative learning control，ILC)就是一类基于输入输出变量的控制方法。对超声波电机的广泛研究与应用，始于 20 世纪 80 年代行波型超声波电机的商品化生产。迭代学习控制策略的提出与广泛研究，同样始于 20 世纪 80 年代。迭代学习控制因其简洁高效的学习能力而在近现代控制理论中独树一帜。ILC 在重复的运行过程中，基于过往记忆，采用迭代方法使控制量的变化过程逐次趋近期望变化过程。拟人的基于记忆的学习方法，在线迭代的目标趋近过程，使 ILC 具有简洁的自学习能力，这也是 ILC 的本质特征。也正是这些特征，使其对模型精度要求不高，能够通过自身的学习过程来消除或抑制未建模动态及时变特性的影响，且具有计算复杂度低的优点。作为运动控制的执行部件，超声波电机的应用场合经常具有重复性的运行特征。而 ILC 的上述特点，也适用于超声波电机这类时变、非线性的被控对象。

作者课题组近年在超声波电机低复杂度控制策略方面做了一些探索性的研究工作，本书是对这些研究工作的总结。本书第 1 章 1.1 节由史敬灼撰写，其他章节由宋璐撰写。这些研究工作是作者和作者所指导的研究生刘玉、周颖、黄文文等共同完成的，感谢各位同学所做的工作。感谢国家自然科学基金、河南省基础与前沿研究基金、河南省高校杰出科研人才创新工程等对相关研究工作的资助。

由于作者经验和水平所限，书中难免有疏漏与不足之处，请读者提出宝贵意见。作者的联系地址是河南省洛阳市开元大道 263 号河南科技大学电气工程学院 60 信箱，邮编 471023，Email 是 shijz@haust.edu.cn、genevievesong@163.com。

作　者

2020 年 8 月

目　　录

第 1 章 绪 论

1.1 超声波电机及其控制

作为一种新型的运动控制执行部件，超声波电机的原型出现于 20 世纪 60 年代[1]。1965 年，苏联的 Lavrinenko 提出超声波电机这一概念，并给出了一种电机结构，利用矩形压电板的振动来驱动与板材接触的转子旋转。1965 年这种超声波电机结构获得了苏联发明专利。1973 年，国际商业机器公司(International Business Machines Corporation，IBM) 的 Barth 提出一种圆形的超声波电机结构方案，该方案采用压电材料使得楔形振子产生振动，通过楔形振子推动与之接触的圆形转子旋转。楔形振子与转子接触的表面，被加工成锯齿状，以实现更高效的能量传递。这一结构已具有了现代超声波电机的雏形。1978 年，苏联的 Vasiliev 提出一种外观与传统电磁电机相似的超声波电机，该电机能够驱动较大负载运动，并被用来驱动唱片机的唱片转盘，成为超声波电机的第一个实际应用。1982 年，日本的 Sashida 在 Vasiliev 所提出的结构基础上，给出一种驻波型超声波电机结构。随后，又于 1983 年给出行波型超声波电机(traveling wave ultrasonic motor，TWUSM)结构，并于 1984 年获得行波型超声波电机专利。1987 年，日本松下电器公司的 Ishe 在 Sashida 所提出的行波型超声波电机的基础上，设计了一种环形行波型超声波电机，该电机的定子采用齿槽结构来放大定子表面质点的机械振动，提高了能量传输效率。1987 年，Sashida 创立新生工业株式会社(Shinsei Corporation)，开始了超声波电机的产业化制造和商品化销售。

国内的超声波电机研究始于 20 世纪 80 年代末，1989 年，清华大学的周铁英、董蜀湘申请了国内第一项关于超声波电机的发明专利。同一时期，浙江大学、吉林大学、中国科学院长春光学精密机械与物理研究所、南京航空航天大学、哈尔滨工业大学也开始了相关研究工作。近年来，国内超声波电机产业快速发展，西安、南京等地先后开办超声波电机专业企业。随着超声波电机产业化进程的持续推进，进一步推动了国内相关研究工作的开展，超声波电机领域学术研究与产业应用齐头并进的局面已经形成。

完全不同于电磁电机的运行机理，使得超声波电机具有一些独特的优点，例如，低速大转矩，适合直接驱动；电机体积小、结构紧凑、质量轻且形状自由度大，适合于结构紧凑应用场合；还具有动态响应速度快、运行噪声小、内部无磁场、不受外界磁场干扰、掉电自保护等。这些特点使得超声波电机成为一种良好的运动控制执行部件，具有广阔的应用前景。从 20 世纪 80 年代出现超声波电机产品以来，经过 30 余年的发展，超声波电机被越来越广泛地应用于各个领域[2-11]。图 1.1 给出了超声波电机的两个典型应用场合，一个被用来实现数码照相机的镜头调焦，一个被美国国家航空航天局（National Aeronautics and Space Administration，NASA）用于火星地表探测器的取样机械臂中。

(a)照相机镜头调焦　　　　　　　　　(b)火星探测器取样机械臂

图 1.1　超声波电机的典型应用

1.1.1　超声波电机的本体结构

超声波电机有多种不同的结构形式。目前，应用最为广泛的是行波型旋转超声波电机，图 1.2 给出了行波型超声波电机的一种典型结构。圆环形定子的底部粘贴压电陶瓷片，陶瓷片分为两组间隔排列，分别连接外加的 A、B 两相交流驱动电压。压电陶瓷材料在外加交流电压的作用下，通过逆压电效应将输入的电能转变为机械能，表现为定子表面质点的机械振动。A、B 两相激励所产生的机械振动合成为行波，使定子表面质点进行椭圆运动。定子与圆盘形转子接触的表面被加工成齿槽结构，用来放大定子表面质点的运动幅度。转子与定子接触的表面粘贴摩擦材料，进一步提高从定子到转子的机械能传递效率。在定子的推动下，转子旋转起来，将输入的电能转换为转轴的旋转运动，输出机械能。图 1.2 所示超声波电机外径 60mm，驱动频率 40kHz 左右，驱动电压峰峰值 300V 左右，额定输出功率 5W，额定转速 100r/min，转速可调范围 0～120r/min。

超声波电机领域的研究工作，主要集中在电机本体结构及其驱动控制两个方面。在超声波电机商品化生产之前及其初期，超声波电机的研究主要集中于电机本体结构，以期得到可行的电机本体结构、更高的机电能量转换效率和低的成本。随着超声波电机应用不断增多，超声波电机驱动技术和控制策略的研究日益受到重视，成为研究热点。同时，为满足特定应用需求的超声波电机本体结构研究依然旺盛，电机运行机理研究日渐深入。

图 1.2　行波型超声波电机内部结构

　　超声波电机本体的结构、材料、工艺直接决定电机的运行特性和能够达到的动态、稳态性能，是电机运动控制研究的基础[12-19]。文献[12]提出了一种双自由度超声波电机，它只需要一个纵弯混合式夹心压电换能器就可以实现两自由度的直线运动。仿真及样机实验表明，在峰峰值为 300V 的驱动电压作用下，电机在 X、Y 方向的最大空载速度分别为 572mm/s 和 543mm/s。文献[15]提出了一种采用微型行星齿轮组的毫米级微型超声波电机。微齿轮组件采用微注塑工艺制造，得到直径 2mm、长度 5.9mm、传动比为 256 的微型行星齿轮组。将其与微型超声波电机连接以提高电机输出转矩。样机实验表明，微齿轮超声波电机连续运行情况下的转矩为 0.4mNm，峰值转矩为 1mNm。除新的电机结构，现有电机结构的优化设计也一直受到重视。文献[20]研究了定子齿槽结构对行波型超声波电机的定转子接触状态及转速波动的影响，通过建立定转子接触模型，研究了轴向振动、接触刚度和速度波动之间的相互作用机理。结果表明，转子振动会影响转子与定子之间的接触状态，进而导致转速波动。文献[21]指出了电机定转子接触面上的径向滑动所引起的能量损失，是超声波电机效率低下的主要原因之一，并提出了一种通过优化行波型旋转超声波电机定子齿、槽尺寸的设计来减小径向滑动的方法。以 PMR60 型电机为例，当改进电机的定子倒角尺寸为 1.0mm×45° 时，实验表明电机最大效率为 44.3%，几乎是未改进电机效率(25%)的两倍，为提高超声波电机效率提供了一种简单可行的途径。

　　超声波电机材料对电机性能的影响已成为近年研究热点。文献[22]采用聚苯硫醚材料制成聚合物基振动体(电机定子)。这种材料在高振幅超声振动情况下具有较低的低机械损耗。研究表明，高阶模态的聚合物基超声波电机与低阶弯曲模态的聚合物基电机、高阶振动模态的金属基电机相比，具有更高的输出转矩和功率。文献[23]研究了超声波电机压电陶瓷材料退化状态的辨识问题。文献[24]采用人工神经网络预测超声波电机内部摩擦材料的摩擦学行为,文献[25]～[27]探讨了不同材质的摩擦材料及其制备工艺、表面纹理对磨损行为和超声波电机性能的影响,为延长超声波电机使用寿命、改善机电能量转换与传递过程提供了有益途径。

随着超声波电机应用领域的不断拓展,研究者更为关注电机在各种工况下的特性表现。文献[28]～[30]分别研究了温度及真空环境对超声波电机运行特性的影响。文献[31]则研究了高速旋转环境下,离心力对行波型旋转超声波电机运行特性的影响,并对由离心力引起的定子翘曲变形进行了分析。结果表明,离心力改变了定转子之间的接触状态,降低了电机性能。随后,给出了提高超声波电机在离心力场中耐受性的方法[31]。

由于需要超声波频率的交流电压驱动,超声波电机的运行离不开驱动电路。驱动电路的基本功能包括电能变换和闭环控制两部分。通过电能变换,将输入的直流或工频交流电能转变为特定频率、幅值的交流驱动电压,驱动超声波电机旋转。一方面,驱动电路应能给出适合超声波电机需要的驱动电压,保持超声波电机的合理、有效运转;另一方面,驱动电路输出驱动电压的幅值、频率、相角等量值应可以在一定范围内高精度调节,以满足超声波电机运动控制需要。目前,超声波电机驱动电路中,电能变换单元的主要结构有推挽电路和 H 桥电路两种。比较而言,推挽电路成本低,但 H 桥电路的性能占优。随着小功率 Power MOSFET 等电力电子器件的成本不断下降,H 桥电路在超声波电机产业化进程中有着越来越大的发展空间。文献[32]提出了一种利用串联电感与缓冲电容构成谐振来实现软开关的电能变换电路结构。电路分析表明,死区时间是实现零电压开关或零电流开关的关键因素。实验表明,将传统变换电路替换为所提出的电路后,整个驱动电路的效率提高了 1.25 倍;缺点是电路输出电压的幅值和开关频率不再是固定的。

驱动电路的闭环控制功能,通常由数字信号处理器(digital signal processor,DSP)/单片机及附属硬件单元来实现,且为了构成转速、位置的闭环控制,一般与电机同轴安装光电编码器,用于转速测量与反馈。用来实现超声波电机控制算法的DSP/单片机是电机驱动电路的核心。超声波电机运行频率高、响应速度快,客观上要求 DSP/单片机具有与之相适应的较高的指令执行速度。当然,指令执行速度越高,成本也越高,这使得 DSP/单片机在驱动电路成本中占较大比重。显然,降低控制算法复杂度,是降低驱动电路成本的主要途径之一。

1.1.2 超声波电机建模与控制

超声波电机的数学模型是电机系统分析与设计的重要基础,也是超声波电机运动控制策略设计的必要前提。目前,用来建立超声波电机模型的方法主要有:基于理论分析的机理建模法、基于数值分析技术的有限元建模法等。机理模型的模型形式通常是准确的,但存在太多难以确定具体数值且时变的待定参数,严重影响模型的实际精度[33-35]。针对机理模型的参数难以确定的问题，参数辨识方法被引入机理建模过程。文献[36]指出，在以往的研究中，行波型超声波电机的定转子接触模型考虑了预紧力对谐振频率的影响，但是由于工作条件下的振动参数难以测量，模型的计算只能是基于理论假设的。该文献提出了一种行波型超声波电机接触分析模型和振动参数测量方法。基于实测力和反馈电压数据进行模型参数辨识，获取电机运行过程中的振动参数。实验对比表明，所建模型与实际状况接近。文献[37]给出一种描述电机定转子接触的参数模型和相应的参数辨识方法，通过离线极大似然辨识方法，确定未知的模型参数。基于所得理论模型，实现了电机稳态速度的估计。

有限元建模法可以用于电机本体结构设计，但计算量大，且受限于模型的表述形式和使用方式，难以用于电机运动控制等其他场合[38,39]。针对有限元方法计算量大的问题，文献[40]给出了一种线性超声波电机的"混合动力模型"。该模型包含两部分，一部分是基于有限元方法建立的定子模态空间模型，另一部分是基于理论分析得到的解析形式的接触模型。这里，采用有限元方法进行计算的只是电机模型的一部分，从而降低了计算量。

为提高超声波电机应用系统的控制性能，针对超声波电机运动控制领域的需求，基于电机系统实际运行数据的辨识建模方法日益受到重视。辨识建模所得模型的形式，可以是传递函数、差分方程等数学表达式形式，也可以是神经网络、模糊推理系统等非传统形式。例如，文献[41]采用 Elman 神经网络，通过预测电机性能退化指标的变化趋势来估计超声波电机的剩余使用寿命。该文献先用主成分分析法从状态监测数据中提取能够反映电机性能退化状况的数据，再用 Elman 神经网络形式的预测模型预测退化指标数据的变化趋势，并根据设定的电机故障阈值来估计电机剩余寿命；还利用改进的粒子优化算法对 Elman 神经网络进行离线优化，提高了估计精度。不过，表达式形式的辨识模型适用面广，且模型相对简单，已成为超声波电机辨识模型的主流。

超声波电机运动控制策略的研究，一直是该领域研究的热点[42-64]。如上所述，超声波电机的机电能量转换过程，包含利用压电陶瓷材料的逆压电效应进行的输入电能到微观机械能的转换，还有利用摩擦将机械能从定子传递到转子的过程。无论是逆压电能量转换还是机械能摩擦传递，都具有非线性明显、时变严重的特征。这使得超声波电机的运动控制不易获得良好的控制性能，需要研究、设计有针对性的控制策略与具体方法。经过 30 余年的研究与实际应用，在超声波电机驱动控制的基本问题得到解决之后，超声波电机运动控制研究的重点已经转移到如何有效应对各种非线性及时变扰动，扬长抑短，充分发挥超声波电机的潜在能力。

超声波电机运行过程中的损耗转变为热量，导致电机本体温度发生变化，明显改变电机动态特性，影响控制性能。针对温度变化导致的时变非线性，文献[44]提出了一种鲁棒控制器，解决了超声波电机在长时间运行过程中的精确运动控制问题。

在设计鲁棒控制器之前,通过实验测量电机转速和温度与输入控制信号的时间关系,确定了系统的非线性模型。在对该模型做线性近似的基础上,设计了两个鲁棒逆动态控制器,一个采用温度反馈,另一个不采用。实验表明,在一定工作频率范围内能够保持一致性和准确的控制性能,1rad 步进响应上升时间为 0.1s,没有超调和稳态误差。尽管由于温度变化(在 25~45℃范围内变化)和模型不确定性,电机的动态特性有很大变化,但在长时间连续动态运行的几分钟内,仍然能够保持良好性能。与上述通过非线性的控制策略来补偿电机非线性的方法不同,文献[45]采取了另一种思路来应对温升非线性,指出超声波电机的谐振频率与电机温度有关,转速随温度的升高而降低,这给超声波电机的频率控制带来了一定的困难。同时介绍了一种恒温驱动的相控行波型超声波电机系统。在电机开始运行之前,通过将两个正弦驱动信号的相位差设置为零,使电机不旋转但温度逐渐升高,达到热平衡状态时,电机温度与运行时的稳态温度相同。随后,电机启动运行,温度不再大幅度变化,大大降低了温度变化对电机动态特性的影响。于是,与传统的超声波电机运动控制系统不同,上述相位控制的超声波电机系统的性能不再受温度变化的影响,易于控制。

主要由摩擦导致的运动控制死区,是超声波电机非线性的一个主要方面。治疗分泌性中耳炎的手术需要向鼓膜插入一根导管。文献[46]以超声波电机驱动的导管插入装置为研究对象,设计超声波电机运动控制器以实现高精度、快速响应和可重复性,从而使这个治疗过程能够高效完成。在建立超声波电机模型的基础上,采用 PID 控制器(proportional-integral-differential controller)作为主控制器,控制参数通过线性二次调节器(linear quadratic regulator,LQR)校正得到。同时,设计符号函数形式的补偿器以消除主要由摩擦引起的非线性特性,滑模控制器进一步消除剩余的不确定性和干扰。实验结果表明,所设计的复合控制器能较好地实现医疗目标。文献[47]指出,行波型超声波电机具有明显的非线性动态特性,与负载相关的死区,使得电机低速运行的控制精度难以保证。该文献提出了一种新型的行波型超声波电机二阶模型。它基于摩擦理论,体现了死区效应。在此基础上,设计了双输入滑模控制器,控制行波的相位差和频率,而不再需要利用符号函数。同时证明了有界扰动的全局一致渐近稳定性。在滑模控制过程中,当相位差和频率的控制域切换时,不会出现电机转速跳跃。文献[48]介绍了一种 H∞控制策略与离散时间鲁棒结构理论(robust structure theory,RST)相结合的位置器,并将其应用于机器人驱动机行波型超声波电机。该文献给出了控制器设计过程及性能比较和实验验证,表明该系统在不附加滞回和死区补偿的情况下,具有较高的精度。同时保证了系统的扰动抑制能力和对电机参数变化的鲁棒性。文献[49]设计了一种由三台直线超声波电机驱动的并联精密定位系统作为扫描电子显微镜(scanning electron microscope,SEM)的观察平台。为了提高并联平台的跟踪精度,研究超声波电机驱动装置的定位控制算法。静摩擦引起的死区现象严重降低轨迹跟踪精度,而 PID 等线性控制算法无法对死区非线性进行有效补偿。针对这一问题,研究了两种前馈补偿控制算法:一种是由积分分离 PID 构成的恒定前馈补偿,另一种是基于模型参考自适应控制的自适应反馈和前馈补偿。仿真和实验结果表明,积分分离 PID 算法的定常前馈可以对定常非线性进行良好补偿,而自适应反馈+前馈算法更适合时变系统。针对静摩擦引起的死区非线性,采用自适应反馈+前馈算法可以有效地提高轨迹跟踪精度。

文献[50]指出,传统的由电磁电机驱动的云台变焦(pan tilt zoom,PTZ)系统难以满足日益提高的视频监控需求。面临的主要挑战是高定位精度、高动态性能和 PTZ 系统的小型化。该文献提出了一种双自由度单定子超声波电机驱动的 PTZ 系统。针对时变、死区等非线性因素,将模糊 PID 控制算法和变增益交叉耦合控制策略相结合,提高了控制性能,得到更快的响应速度、更高的精度和更好的鲁棒性。与上述思路不同,文献[51]提出了一种利用自适应抖颤来补偿超声波电机死区的方法。在工业领域,抖颤是用来消除摩擦导致的死区的常用方法,例如电磁阀,通过控制电流添加低幅值高频抖颤信号使得阀芯在阀套内保持小幅度运动,来保持油膜厚度以减小初始运动阻力,即摩擦死区。文献[51]分析了抖颤对死区的影响方式,提出了改进的自适应抖颤生成方法。该方法不是通过改变驱动电压的相位差来实现,而是通过对驱动电压幅值的正交调整来引入自适应抖颤。实验表明,该方法不仅能有效地补偿超声波电机的死区,方便地控制电机转速,而且在提高超声波电机效率方面优于现有的相位差调节方法。

超声波电机本体的机电能量转换效率较低,由其构成的运动控制装置整体效率低于传统电磁电机系统,这是超声波电机的主要缺点之一。如何设计适当的驱动控制方法,尽量保持电机处于较高效率的运行状态,从而提高整体效率,一直受到关注。文献[52]推导出由超声波电机的机械品质因数来描述损耗,该参数与温升成正比。从降低损耗的角度出发,可得到超声波电机的最佳频率,在此频率下,超声波电机的损耗最小,温升最小。随后通过实验验证了在不要求电压幅值一致的情况下,存在最佳频率点使得温升降低。这种运行情况下,电压幅值和相位差均可调节。结果表明,在没有外部冷却设备的情况下,即使施加的电压为一般形式、不要求电压幅值一致,也存在最优频率,此时的温升明显降低。文献[53]指出超声波电机运动控制系统的效率低下。驱动效率主要是定子表面行波振幅和预紧力的函数。振幅一般是通过调节驱动频率来控制的。存在一个狭窄的频段,在这个频段内,电机运行效率最大,但由于这个频段很狭窄,限制了输出功率的可调范围。电机温度在运行过程中不断升高,导致这个最佳频率不断变化,需要动态跟踪最佳效率运行状态。实验证实,最大驱动效率与最小驱动电流有良好的对应关系。因此,可以通过电流反馈,辅以在线极值搜索控制(extremum search control,ESC)即在线优化来跟踪最大效率点。可以在控制驱动频率以跟踪最大效率点的同时,控制电压幅值和预紧力以实现所需的输出功率,同时保持最高运行效率。实验表明,在不同的电压幅值和预紧力下，采用上述方法实现了最大效率工作点的定位与跟踪。

综上所述，超声波电机运动控制理论及其具体实现方法的研究，是当前超声波电机领域的研究热点。针对超声波电机的非线性运行特征，研究与之相适应的运动控制策略，对超声波电机的产业化应用具有关键作用与重要意义。能够准确表述超声波电机非线性主要特征的非线性模型，是上述控制策略研究的必要基础。合理设计优化算法，采用优化辨识的方法建立超声波电机模型，是可行的有效途径。在此基础上，探究有效应对电机非线性及时变扰动的控制策略，发挥超声波电机的潜在能力，具有重要的理论意义与实用价值。

1.2 迭代学习控制

迭代学习控制(iterative learning control，ILC)适用于在有限时间间隔内重复运行的控制系统[65,66]。在一次次的重复运行过程中，迭代学习控制策略基于过往记忆和简单的学习规则，逐渐改善系统的暂态性能，并最终趋近期望状态[67-69]。由于实际系统中必然存在的未建模动态及参数不确定性的影响，现有的许多种控制策略虽然可用来改善系统的动态性能，但往往不能达到期望的性能指标。尤其是在电机运动控制系统中，采用传统的控制策略往往不易达到期望的跟踪性能。而电机运动控制系统的实际应用场合，经常具有重复运行的特征。在这类重复运行的系统中，可以尝试使用 ILC 来克服传统控制策略的缺点以获得期望的暂态响应[70,71]。经典迭代学习控制策略的设计不依赖于对象模型。这意味着，即便关于系统结构和非线性的信息是不确定的或时变的，ILC 也可用来实现期望的跟踪控制性能。鉴于 ILC 的这些特点，将其应用于超声波电机运动控制，探求与超声波电机时变非线性相匹配的新型迭代学习控制策略，研究其理论机制与具体实现，以较小的计算复杂度来改善电机控制性能。

对于"迭代学习控制是什么"这个问题，现有文献给出了多种解释，考察这些不同的解释，有利于从不同的角度理解迭代学习控制的本质内涵和发展脉络。下面列出了其中有代表性的几种解释。

(1)迭代学习控制的创始人 Arimoto 指出，学习控制这一概念是指，利用给定对象系统的可重复性，在以前的实际控制数据的基础上不断改进控制输入量的可能性[72,73]。

(2)迭代学习控制是一种递归的在线控制方法，计算量小，对系统动态特性的先验知识要求少。它将一个简单的控制算法重复地应用于一个未知对象，直到实现完美的跟踪性能[74]。

(3)迭代学习控制是一种提高系统在有限时间间隔内重复运行的暂态响应性能的控制方法[75]。

(4)迭代学习控制是一种从"逐次提高控制精度"的角度来看待重复执行相同任务的系统的控制方法[76]。

(5)在被控系统信息不完全已知的情况下,迭代学习控制利用系统运行的重复性,将其作为经验来提高系统控制性能[77]。

(6)迭代学习控制通过学习来得到重复给定情况下的零跟踪误差,或是通过学习来消除重复干扰对控制系统输出的影响[78]。

(7)迭代学习控制背后的主要思想是通过迭代来找到一个输入序列,使系统的输出尽可能接近期望的输出。尽管迭代学习控制与控制直接相关,但需要注意的是,最终的结果是系统被取逆[79]。

(8)虽然我们了解到迭代学习控制是通过重复来提高系统性能的,但是我们不了解它是如何做到的。这就引出了迭代学习控制研究的核心活动,即算法的构建和随后的分析[80]。

上述关于 ILC 的各种定义各有侧重。然而,这些定义的一个共同的核心是"重复"这一概念。通过预定确定的重复过程来进行学习,是迭代学习控制的核心思想。因为具有学习性质,迭代学习控制也可以被认为是一种智能控制策略,只是被限定用于具有重复运行特征的控制系统。在实际应用中,为了提高应对非重复扰动的鲁棒性,迭代学习控制也会与闭环控制策略结合使用,具体的结合形式可以是多种多样的。

1.2.1　迭代学习控制的基本形式

考虑式(1.1)表述的离散时间线性时不变单输入单输出系统:

$$\begin{cases} x_k(t+1) = Ax_k(t) + Bu_k(t) + w(t) \\ y_k(t) = Cx_k(t) + v(t) \end{cases} \tag{1.1}$$

式中,$x(t) \in \mathbf{R}^n$、$y(t) \in \mathbf{R}^m$ 和 $u(t) \in \mathbf{R}^m$ 分别是系统状态变量、输出变量和输入变量,且有 $x_k(0) = x_0$,n,m 是系统阶次;$w(t)$ 和 $v(t)$ 分别是作用于系统的噪声和测量噪声;A、B 和 C 为系数;$t \in [0,T]$ 是当前时刻,T 是一次迭代控制过程的持续时间;k 是迭代次数。

于是,系统输入、输出变量的采样数据序列可以分别表示为

$$u_k(t), t \in \{0,1,\cdots,T-1\}$$

$$y_k(t), t \in \{n,n+1,\cdots,T+n-1\}$$

系统的期望输出序列可以表示为

$$y_d(t), t \in \{n,n+1,\cdots,T+n-1\}$$

由上述数据序列,系统误差定义为

$$e_k(t) = y_d(t) - y_k(t) \tag{1.2}$$

迭代学习控制的目标是产生输入序列 $u_k(t)$，使输出有效跟踪期望输出序列 $y_d(t)$。或者也可以表示为，当 $t \to \infty$ 时，有 $e_k(t) \to 0$。

P 型迭代学习控制是使用最广的一种经典迭代学习控制策略[81]，其基本形式可以表述为

$$u_{k+1}(t) = u_k(t) + \gamma e_k(t) \tag{1.3}$$

式中，γ 是学习增益矩阵。

D 型迭代学习控制[82]的形式为

$$u_{k+1}(t) = u_k(t) + \gamma\left[e_k(t+1) - e_k(t)\right] \tag{1.4}$$

式 (1.3) 和式 (1.4) 相结合，就得到 PD 型迭代学习控制策略[83]，也可以通过增加积分项来修改为 PID 型迭代学习控制策略[84,85]。

若将学习增益设置为时变的，则可得

$$u_{k+1}(t) = u_k(t) + \gamma(z)e_k(t) \tag{1.5}$$

式中，$\gamma(z)$ 是时变的学习增益矩阵，亦可看作线性滤波器。在实际应用中，式 (1.5) 的形式通常是非因果的。但因为其中的误差项为以前控制过程的误差，是已知量，所以事实上是因果的。

利用以前 N 次控制过程信息，而不仅是前一次控制过程信息来获取当前控制量，就构成了如下高阶迭代学习控制策略：

$$u_{k+1}(t) = u_k(t) + \sum_{j=k-N+1}^{k}\left[\gamma_{k-j+1}e_j(t)\right] \tag{1.6}$$

进一步，非线性迭代学习控制策略可表述为

$$u_{k+1}(t) = F\left(u_k(t), \cdots, u_{k-T+1}(t), e_k(t), \cdots, e_{k-T+1}(t)\right) \tag{1.7}$$

上式表达的含义是，迭代学习控制策略可以有许多种不同的设计以适应于不同的控制系统及控制问题[86-90]。迭代学习控制系统的稳定性、收敛性、鲁棒性、时域性能和动态学习表现，是迭代学习控制策略设计中需要考虑的主要问题[91-96]。

沿迭代轴的收敛性是迭代学习控制策略的一个重要性质，它可以被描述为渐近的或是理想的单调下降，即在连续进行的迭代学习过程中，误差持续减小。许多文献讨论了不同迭代学习控制策略的收敛性[97-105]。

1.2.2　迭代学习控制的发展

从 Arimoto 提出迭代学习控制思想开始[72]，迭代学习控制已经取得了长足发展。除了上述 P 型、PD 型和 PID 型等经典策略，现有文献中提出的不同迭代学习控制

策略可粗略归纳为下列几类：准优化 ILC、预测 ILC、点到点 ILC 和终点 ILC、自适应 ILC、鲁棒 ILC、基于二维(two dimensional，2D)系统理论的 ILC。

1. 准优化 ILC

准优化 ILC 是一种同时包含前馈与反馈学习机制的控制方法，前一次控制过程的跟踪误差和当前控制过程的跟踪误差，都被用来计算控制量以减小误差[106,107]。其控制律可表示为

$$u_{k+1}(t) = L_u u_k(t) + L_e e_k(t) \tag{1.8}$$

式中，L_u、L_e 为增益矩阵。

准优化 ILC 通过最小化每次控制过程的性能指标函数(式(1.9))，来获得用于下一次迭代的系统输入控制量时间序列。

$$J_{k+1}(u_{k+1}) = \|e_{k+1}\|_Q^2 + \|u_{k+1} - u_k\|_R^2 + \|u_{k+1}\|_S^2 \tag{1.9}$$

式中，$\|e_{k+1}\|_Q^2$ 代表 $e_{k+1}^{\mathrm{T}} Q e_{k+1}$，$\|u_{k+1} - u_k\|_R^2$ 和 $\|u_{k+1}\|_S^2$ 与之类似；Q、R、S 为正定的加权矩阵；且有

$$e_{k+1} = r - G u_{k+1} \tag{1.10}$$

式中，r 为给定值；G 表达系统特性。

求解这一优化问题，可以得到下一次 $(k+1)$ 迭代的系统输入控制量：

$$u_{k+1} = u_k + R^{-1} G^{\mathrm{T}} Q e_{k+1} \tag{1.11}$$

将 $e_{k+1} = e_k - P(u_{k+1} - u_k)$ 代入式(1.9)，并令 J 对 u_{k+1} 的导数等于零，可得由加权矩阵 Q、R、S 与对象 P 表述的增益矩阵：

$$\begin{cases} L_u = (P^{\mathrm{T}} Q P + S + R)^{-1}(P^{\mathrm{T}} Q P + R) \\ L_e = (P^{\mathrm{T}} Q P + S + R)^{-1}(P^{\mathrm{T}} Q) \end{cases} \tag{1.12}$$

若 $P^{\mathrm{T}} Q P + S + R$ 正定，则上述迭代学习控制系统收敛。显然，通过调整加权矩阵 Q、R、S，可改变系统的控制性能和鲁棒性。文献[108]将准优化 ILC 用于机器人控制，并将其控制性能与 P 型 ILC 进行了对比。作为对比的 P 型 ILC 与一个比例闭环控制器并联，以改善其鲁棒性。与准优化 ILC 相比，P 型 ILC 的设计不需要对象模型，控制律也相对简单，但在使用准优化 ILC 的情况下，系统控制误差的减小速度和迭代学习过程的收敛速度明显占优。

2. 预测 ILC

预测 ILC 是将 ILC 与模型预测控制相结合的产物。预测 ILC 引入了预测控制理论中的多步预测、滚动优化思想，有助于降低计算复杂性，增加对模型不确定性的

鲁棒性。在预测 ILC 中，需要对模型进行估计，为此采用或是提出了多种不同的模型估计方法，如 T-S(Takagi-Sugeno)模糊模型、自回归滑动平均(auto-regressive moving average，ARMA)模型等[109]。

对于任意的初始输入 u_0(对应于初始误差 e_0)，为得到当前的系统输入 u_{k+1} (k=0,1,2,⋯)，预测 ILC 的一般算法可以表述为：

(1)在时刻 t，基于当前系统状态变量 $x_{k+1}(t)$，使用系统模型预测未来[t+1, t+N_y]时段内的系统输出 $y_{k+1}(t)$；

(2)在设定的未来时间段[t, t+N_u−1]内，求解下列优化控制问题：

$$u_{k+1,t}^{\text{opt}} = \arg\min_{u_{k+1,t} \in \Omega} \left\{ \sum_{i=t+1}^{t+N_y} \left\| e_{k+1} \right\|_Q^2 + \sum_{i=t}^{t+N_u-1} \left\| u_{k+1,t}(i) - u_k(i) \right\|_R^2 \right\} \tag{1.13}$$

式中，$u_{k+1,t} = [u_{k+1}(t) \ \cdots \ u_{k+1}(t+N_u-1)]^{\text{T}}$。

(3)测量或估计下一时刻的系统状态变量 $x_{k+1}(t$+1)，重复上述步骤。

对比预测 ILC 与准优化 ILC，不难发现，两者都需要对象模型，都使用了二次型优化准则，但多步预测和滚动优化使预测 ILC 抑制扰动的能力更强[110,111]。

作为一种沿时间轴的反馈控制策略，广义预测控制(generalized predictive control，GPC)以自回归滑动平均模型为基础，采用多步预测、滚动优化方法，使其具有较好的控制性能。已有文献研究将广义预测控制和迭代学习控制相结合，以期获得更好的控制性能。这些文献中，文献[111]较有特色。基于从单环和多环预测角度定义的目标函数，提出了单环和多环两种广义 2 维预测 ILC 控制策略，使其沿时间轴和迭代轴均具有较好的控制性能。以上应用表明将预测控制理论与迭代学习控制相结合，能够改善迭代学习控制系统的控制性能。该文献考虑由受控自回归积分滑动平均(controlled auto-regressive integral moving average，CARIMA)模型描述的重复过程：

$$A(q_t^{-1})y_k(i) = B(q_t^{-1})\Delta_t(u_k(i)) + w_k(i), \quad i = 0,1,\cdots,T; k = 1,2,\cdots \tag{1.14}$$

式中，$u_k(i)$、$y_k(i)$ 和 $w_k(i)$ 分别为第 k 次迭代控制过程中 i 时刻的输入量、输出量和未知扰动；$\Delta_t = 1 - q_t^{-1}$，为时间轴上的后向差分算子，有 $\Delta_t(f(k,i)) = f(k,i) - f(k,i-1)$；未知扰动 $w_k(i)$ 包含不确定扰动和未建模动态；T 为每次迭代控制响应过程的持续时间；q_t^{-1} 为离散时间轴上 i 时刻的单位平移算子；$A(q_t^{-1})$ 和 $B(q_t^{-1})$ 分别为输出和输入信号的算子多项式，并有

$$A(q_t^{-1}) = 1 + a_1 q_t^{-1} + \cdots + a_n q_t^{-n}$$
$$B(q_t^{-1}) = b_1 q_t^{-1} + b_2 q_t^{-2} + \cdots + b_m q_t^{-m} \tag{1.15}$$

针对模型式(1.14)描述的重复过程，文献[111]给出如下形式的迭代学习控制律：

$$u_k(i) = u_{k-1}(i) + u_k(i-1) - u_{k-1}(i-1) + r_k(i)$$
$$u_0(i) = 0, i = -1, 0, 1, \cdots, T \tag{1.16}$$

式中，$r_k(i)$ 为迭代更新律，$u_0(i)$ 为控制量初始值。

随后，文献[111]采用目标函数形式如下：

$$J(i, k, n_1, n_2) = \sum_{j=1}^{n_1} \eta(j)(y_r(i+j) - \hat{y}_{k|k}(i+j|i))^2$$
$$+ \sum_{l=0}^{n_2-1} (\alpha(l)(r_k(i+l))^2 + \beta(l)(\Delta_t(u_k(i+l)))^2 + \gamma(l)(\Delta_k(u_k(i+l)))^2) \tag{1.17}$$

式中，n_1 和 n_2 分别为预测步数和控制步数；$\hat{y}_{k|k}(i+j|i)$ 表示基于第 k 次迭代 i 时刻和以前的输入输出数据对 $i+j$ 时刻输出的预测；$y_r(i)$，$i = 0, 1, \cdots, T$ 为给定值；$\eta(j) \geq 0$、$\alpha(l) \geq 0$、$\beta(l) \geq 0$、$\gamma(l) \geq 0$ 分别为目标函数中各项的加权序列。

基于式(1.14)、式(1.16)和式(1.17)，文献[111]采用广义预测控制方法，推得迭代学习更新律为

$$r_k(i) = K_1 e_{k-1}(|_{i+n_1}^{i+1}) + K_2 \Delta_t(u_{k-1}(|_{i+n_2-1}^{i+1})) + K_3 \Delta_k(u_k(i-1)) \tag{1.18}$$

式中，K_1、K_2 和 K_3 分别为控制参数。

文献[111]在推导包含预测的迭代学习控制律之前，指定了特殊的迭代学习控制律形式，以适应于预测控制理论的推导过程。该指定形式的迭代学习控制律，为了贴合预测控制策略中的模型形式，不能充分考虑控制指标要求。

3. 点到点 ILC 和终点 ILC

终点 ILC 适用于要求达到某一指定终点位置的运动控制场合[90]。因此，终点 ILC 与传统 ILC 的不同之处在于，终点 ILC 处理的控制任务以控制过程结束时的终点位置作为唯一度量。点到点 ILC 则用于跟踪指定的多个位置点。在工业领域，这样的运动控制任务随处可见，如机器人装配生产线等场合。这使得终点 ILC 和点到点 ILC 成为迭代学习控制领域的一个新的研究方向。为通过迭代学习不断提高终点控制精度，提出了多种基于优化的终点 ILC。例如，基于拟牛顿法[112]、遗传算法[113]、粒子群算法[114]的控制方法先后被提出。这些控制策略都以系统模型为基础，在模型不准确的情况下，不能保证理想的学习收敛。针对这一问题，文献[115]提出了基于人工神经网络的"优化"终点 ILC。文献[116]则针对离散时间系统，给出了基于输入输出数据的"数据驱动"终点 ILC，在系统模型不确知的情况下，通过代数函数推导，给出了控制律和马尔可夫矩阵迭代更新律。

为完成点到点的控制任务，点到点 ILC 需要提前规划运动轨迹，并设计跟踪该

轨迹的控制器。由于 ILC 具有从过往控制过程中学习的能力，使用 ILC 来处理这类轨迹跟踪问题相对简单[117-121]。

4. 自适应 ILC

实际的被控对象总是具有不确定性，使得实际控制过程不可能具有理想的重复性质。作为一类用来应对系统不确定性的控制方法，自适应控制的发展相对成熟，有完整的控制律设计与稳定性分析方法。将自适应控制与 ILC 相结合，就得到了自适应 ILC。文献[96]对已有的自适应迭代学习控制策略进行了较完整的归纳。自适应 ILC 在迭代学习过程中引入了参数自适应调整，解除了经典迭代学习控制策略对沿迭代轴变化的输出和初始状态的限制，拓展了迭代学习控制的应用领域[122-129]。

一般而言，一个具有参数不确定性、非参数不确定性和噪声的重复非线性系统可表述为

$$y_k(t+1) = f(y_k(t),t) + \theta(t)\varphi_k(t) + u_k(t) + w_k(t+1) \tag{1.19}$$

式中，$y_k(t) \in \mathbf{R}$、$u_k(t) \in \mathbf{R}$、$w_k(t+1) \in \mathbf{R}$ 分别是系统在第 k 次迭代过程中 t 时刻的输出、输入和噪声；$f(\cdot) \in F(L)$ 是未知的标量函数；$\theta(t)$ 表示时变参数；$\varphi_k(t)$ 是已知的非线性标量函数。于是，自适应 ILC 既需要估计包含参数不确定性的 $\theta(t)\varphi_k(t)$ 项，也需要估计包含非参数不确定性的 $f(y_k(t),t)$ 项。

因为实际系统多采用数字控制方式，离散时间非线性自适应 ILC 研究日益受到重视。对于非线性系统而言，其自适应 ILC 通常包含非线性环节的线性化；泰勒线性化、反馈线性化、分段线性化、正交分解、伪梯度动态线性化、人工神经网络等方法均已被提出并用于自适应 ILC[130,131]。文献[132]给出了一种包含时间差分估计器、迭代差分估计器的自适应 ILC，以应对同时具有时变和时不变参数不确定性的离散系统。文献[133]将该控制方法用于永磁直线同步电动机控制，取得了良好的控制效果。自适应 ILC 的设计需要已知对象数学模型，文献[134]和[135]给出了不需要模型的自适应 ILC，仅需要使用系统输入输出数据就可以获得良好的学习收敛效果。针对系统状态变量不可测的情况，文献[136]给出了一种基于状态观测器的自适应 ILC。

5. 鲁棒 ILC

由于缺少反馈控制，经典 ILC 的鲁棒性不强。研究者试图通过将鲁棒控制理论引入 ILC 来增强系统鲁棒性。从现有文献来看，时不变参数不确定性和重复性扰动、迭代变化参数不确定性、时变参数不确定性等情况下的鲁棒 ILC 先后被提出[137-144]。这些文献的共同点是，使用带有输入量更新约束的二次型性能准则将鲁棒 ILC 表述为一个最小-最大问题。然后，通过应用拉格朗日(Lagrangian)对偶性将问题转化为凸优化问题，得到线性矩阵不等式(linear matrix inequality, LMI)形式的对偶问题。随后，

通过求解 LMI 问题来更新迭代域中的输入量，并进行收敛性分析。同样针对线性时不变(linear time invariant, LTI)系统，文献[145]提出了一种两自由度的鲁棒 ILC，基于对象逆模型的前馈环节用来提高跟踪性能，反馈环节则用于消除扰动影响。文献[146]引入了对模型不确定性具有一定鲁棒性的非因果 ILC，并对收敛性进行了讨论。

6. 基于 2D 系统理论的 ILC

迭代学习控制系统既包含沿迭代轴的学习进程，也包含沿时间轴的控制过程，是典型的 2D 系统。从 2D 系统理论的角度来分析、设计迭代学习控制系统，有利于兼顾迭代轴、时间轴的二维性能。文献[114]给出了迭代学习控制系统的 2D 表述。对于下列系统：

$$\begin{cases} x(t+1,k) = Ax(t,k) + Bu(t,k) \\ y(t,k) = Cx(t,k) \end{cases} \tag{1.20}$$

系统误差为

$$e(t,k) = y_r(t) - y(t,k) \tag{1.21}$$

则该系统的 2D 表述形式为[114]

$$\begin{bmatrix} \eta(t+1,k) \\ e(t,k+1) \end{bmatrix} = \begin{bmatrix} A & O \\ -CA & I \end{bmatrix} \begin{bmatrix} \eta(t,k) \\ e(t,k) \end{bmatrix} + \begin{bmatrix} B \\ -CB \end{bmatrix} \Delta u(t-1,k) \tag{1.22}$$

式中，I 为单位矩阵；O 为零矩阵；A、B 和 C 为系数矩阵；且有

$$\eta(t+1,k) = x(t,k+1) - x(t,k) \tag{1.23}$$

文献[147]和[148]分别证明了离散多变量线性时不变和时变系统情况下的收敛性。二维模型方法的优点是既能描述系统的动态行为，又能描述迭代学习过程，这为系统收敛性、稳定性的分析提供了方便。此外，基于 2D 模型还可以更好地了解系统的鲁棒性[149,150]。

综上所述，近年来，迭代学习控制研究越来越多地与实际对象、实际问题相结合，越来越多地借鉴其他经典及现代控制策略的思想与方法来改进自己，并逐渐趋于融合。在这个融合的过程中，简洁的基于过往记忆的迭代学习思想没有被淡忘，而是以更加有效、更加合理的方式被利用来寻求并保持良好的时域控制性能。被借鉴并融入迭代学习控制中的那些控制策略，在使迭代学习控制具有更贴近传统控制思维的理论根基之外，也因不同控制思想的有机融合而改善了系统在迭代轴的学习性能、在时间轴的控制性能。在这些融合方法中，预测迭代学习控制因其超前预测、滚动优化的特点而独树一帜，更适合于超声波电机这类时变非线性被控对象。在研究超声波电机非线性特征的基础上，设计预测迭代学习控制策略，探寻与迭代学习相融合的模型预测方法，以求改善超声波电机运动控制性能。

1.3　本书的内容安排

本书较为系统介绍了作者课题组近年在超声波电机运动控制领域进行的研究工作，章节内容安排如下。

第 1 章简要阐述了超声波电机、超声波电机控制及迭代学习控制理论和实用技术的发展。

第 2 章建立超声波电机的 Hammerstein 非线性模型，为电机控制系统的设计与分析提供基础。基于实验数据，将模型的静态非线性环节设计为高斯(Gauss)函数，更准确地表述超声波电动机的非线性特性。采用差分进化算法，对模型参数进行辨识。针对采用标准差分进化算法进行超声波电机辨识建模存在的算法不够稳健、建模效率低等问题，对差分进化算法的变异操作进行改进，并引入自适应调整系数，使优化进程中何时侧重全局搜索、何时侧重局部搜索变为可调可控，从而更好地与电机辨识建模的应用需求相匹配，以保证建模过程的有效性。

第 3 章将结构简单的经典迭代学习控制策略用于超声波电机的转速控制。首先，采用 P 型迭代学习控制策略，针对超声波电机的非线性运行特征，根据电机驱动频率与转速之间的特性关系实测数据，得到确定学习增益数值的简便方法。进而提出了在线自适应调节学习增益的改进控制策略。随后，分别研究超声波电机简单预测迭代学习转速控制、简单滤波型迭代学习转速控制，并给出了优化设计方法。

第 4 章针对牛顿非线性迭代学习律中微分项不易确定、不能保证学习收敛等问题，首先借用数值分析中的割线法，给出割线学习律。随后提出一种改进的牛顿学习律，通过构建同解方程来改变被控对象非线性控制关系的特征，保证迭代学习控制过程的收敛性。将所提出的学习律用于超声波电机转速控制，并提出学习步长的自适应调整方法以补偿电机转速控制非线性。

第 5 章针对超声波电机运动控制需要，基于 2D 系统理论，研究应用广义预测控制思想设计迭代学习控制律的具体方法。提出一种新的 2D 预测控制目标函数，将多步预测、滚动优化等广义预测控制方法融入迭代学习控制律，推导出广义预测迭代控制策略，能够同时保证沿迭代轴的学习收敛性和沿时间轴的控制稳定性。

第 6 章研究超声波电机简单专家 PID 控制方法，设计了一种采用三条专家规则对 PID 控制参数进行在线调整的专家 PID 控制器，并给出一种不依赖于经验的、规范化的专家 PID 控制器设计方法。

参 考 文 献

[1]　赵淳生. 超声波电机技术与应用. 北京: 科学出版社, 2007: 1-22, 426-503

[2] Miyoshi K, Mashimo T. Miniature direct-drive two-link using a micro-flat ultrasonic motor. Advanced Robotics, 2018, 32(20): 1102-1110

[3] 陈加林, 郭明森, 邢晓红. 基于超声波电机的食道胶囊内窥镜光扫描机构. 振动、测试与诊断, 2018, 38(4): 744-750

[4] 王乐, 王永杰, 芦小龙, 等. 用于微型飞行器的高转速超声波电机. 振动、测试与诊断, 2018, 38(1): 170-175

[5] 潘松, 牛子杰. 超声波电机驱动的 SGCMG 框架速度控制研究. 电机与控制学报, 2019, 23(1): 73-79,88

[6] Li X, Yao Z, Zhou L, et al. Dispersed operating time control of a mechanical switch actuated by an ultrasonic motor. Journal of Vibroengineering, 2018, 20(1): 321-331

[7] Shokrollahi P, Drake J M, Goldenberg A A. Ultrasonic motor-induced geometric distortions in magnetic resonance images. Medical and Biological Engineering and Computing, 2018, 56(1): 61-70

[8] Yonemoto D, Yashiro D, Yubai K, et al. Design of force control system using tendon-driven mechanism including linear springs and ultrasonic motor. IEEJ Transactions on Industry Applications, 2018, 138(4): 298-305

[9] Zhu P, Peng H, Yang J, et al. A new low-frequency sonophoresis system combined with ultrasonic motor and transducer. Smart Materials and Structures, 2018, 27(3): 231-240

[10] Pan S, Wu Y, Zhang J, et al. Modeling and control of a 2-degree-of-freedom gyro-stabilized platform driven by ultrasonic motors. Journal of Intelligent Material Systems and Structures, 2018, 29(11): 2324-2332

[11] 郑伟, 周景亮, 罗敏峰, 等. 超声波电机检测竹片缺边装置设计与试验. 林业科学, 2018, 54(4): 134-141

[12] Liu Y, Yan J, Wang L, et al. A two-DOF ultrasonic motor using a longitudinal-bending hybrid sandwich transducer. IEEE Transactions on Industrial Electronics, 2019, 66(4): 3041-3050

[13] 张百亮, 姚志远, 简月, 等. 基于弯曲模态的板形直线超声波电机结构设计. 振动与冲击, 2019, 38(1): 110-117

[14] Kazumi T, Kurashina Y, Takemura K. Ultrasonic motor with embedded preload mechanism. Sensors and Actuators, A: Physical, 2019, 289: 44-49

[15] Mashimo T, Urakubo T, Shimizu Y. Micro geared ultrasonic motor. IEEE/ASME Transactions on Mechatronics, 2018, 23(2): 781-787

[16] Hareesh P, DeVoe D L. Miniature bulk PZT traveling wave ultrasonic motors for low-speed high-torque rotary actuation. Journal of Microelectromechanical Systems, 2018, 27(3): 547-554

[17] Dong X, Hu M, Jin L, et al. A standing wave ultrasonic stepping motor using open-loop control system. Ultrasonics, 2018, 82: 327-330

[18] Li J, Liu S, Zhou N, et al. A traveling wave ultrasonic motor with a metal/polymer-matrix material compound stator. Smart Materials and Structures, 2018, 27(1): 1-8

[19] Izuhara S, Mashimo T. Design and evaluation of a micro linear ultrasonic motor. Sensors and Actuators, A: Physical, 2018, 278: 60-66

[20] Zhang D, Wang S. Nonlinear effect of tooth-slot transition on axial vibration, contact state and speed fluctuation in traveling wave ultrasonic motor. Proceedings of the Institution of Mechanical Engineers, Part C: Journal of Mechanical Engineering Science, 2018, 232(19): 3424-3438

[21] Zhang J, Yang L, Ma C, et al. Improving efficiency of traveling wave rotary ultrasonic motor by optimizing stator. Review of Scientific Instruments, 2019, 90(5):1-7

[22] Wu J, Mizuno Y, Nakamura K. Polymer-based ultrasonic motors utilizing high-order vibration modes. IEEE/ASME Transactions on Mechatronics, 2018, 23(2): 788-799

[23] An G, Li R, Song K, et al. Degradation state identification for ceramic in ultrasonic motor based on morphological boundary span analysis. Journal of Failure Analysis and Prevention, 2019, 19(3): 761-770

[24] Li S, Shao M, Duan C, et al. Tribological behavior prediction of friction materials for ultrasonic motors using Monte Carlo-based artificial neural network. Journal of Applied Polymer Science, 2019, 136(10): 1-10

[25] Zeng S, Li J, Zhou N, et al. Improving the wear resistance of PTFE-based friction material used in ultrasonic motors by laser surface texturing. Tribology International, 2020, 141: 1-9

[26] Liu X, Song J, Chen H, et al. Enhanced transfer efficiency of ultrasonic motors with polyimide based frictional materials and surface texture. Sensors and Actuators, A: Physical, 2019, 295: 671-677

[27] Li S, Zhang N, Yang Z, et al. Tailoring friction interface with surface texture for high-performance ultrasonic motor friction materials. Tribology International, 2019, 136: 412-420

[28] Li H, Chen W, Tian X, et al. An experiment study on temperature characteristics of a linear ultrasonic motor using longitudinal transducers. Ultrasonics, 2019, 95: 6-12

[29] Lv Q, Yao Z, Zhou L, et al. Effect of temperature rise on characteristics of a standing wave ultrasonic motor. Journal of Intelligent Material Systems and Structures, 2019, 30(6): 855-868

[30] 罗婕, 樊俊峰, 司永顺, 等. 超声波电机在真空高低温环境下的驱动性能. 振动、测试与诊断, 2018, 38(2): 376-380

[31] Chen H, Chen C, Wang J, et al. Performance analysis and experimental study of traveling wave type rotary ultrasonic motor in high-rotation environment. Review of Scientific Instruments, 2018, 89(11): 1-7

[32] Shi W, Zhao B, Qi X, et al. Pseudo-full-bridge inverter with soft-switching capability for a quarter-phase ultrasonic motor. IEEE Transactions on Industrial Electronics, 2019, 66(6): 4199-4208

[33] Yang L, Ren W, Ma C, et al. Mechanical simulation and contact analysis of the hybrid longitudinal-torsional ultrasonic motor. Ultrasonics, 2020, 100: 121-130

[34] Costa C A. Modelling the radially polarised annular stator of a piezoelectric travelling wave ultrasonic motor based on the shear effect. Journal of Intelligent Material Systems and Structures, 2019, 30(8): 1225-1238

[35] Li J, Liu S, Qu J, et al. A contact model of traveling-wave ultrasonic motors considering preload and load torque effects. International Journal of Applied Electromagnetics and Mechanics, 2018, 56(2): 151-164

[36] Li S, Li D, Yang M, et al. Parameters identification and contact analysis of traveling wave ultrasonic motor based on measured force and feedback voltage. Sensors and Actuators, A: Physical, 2018, 284: 201-208

[37] Deng Y, Zhao G, Yi X, et al. Contact modeling and input-voltage-region based parametric identification for speed control of a standing wave linear ultrasonic motor. Sensors and Actuators, A: Physical, 2019, 295: 456-468

[38] Ren W, Yang L, Ma C, et al. Output performance simulation and contact analysis of traveling wave rotary ultrasonic motor based on ADINA. Computers and Structures, 2019, 216:15-25

[39] Renteria-Marquez I A, Renteria-Marquez A, Tseng B T L. A novel contact model of piezoelectric traveling wave rotary ultrasonic motors with the finite volume method. Ultrasonics, 2019, 90: 5-17

[40] He Y, Yao Z, Dai S, et al. Hybrid simulation for dynamic responses and performance estimation of linear ultrasonic motors. International Journal of Mechanical Sciences, 2019, 153/154: 219-229

[41] Yang L, Wang F, Zhang J, et al. Remaining useful life prediction of ultrasonic motor based on Elman neural network with improved particle swarm optimization. Measurement: Journal of the International Measurement Confederation, 2019, 143: 27-38

[42] Liang W, Ma J, Ning C, et al. Optimal and intelligent motion control scheme for an ultrasonic-motor-driven X-Y stage. Mechatronics, 2019, 59: 127-139

[43] 徐张凡, 潘松, 黄卫清. 基于灵敏度函数塑形的超声波电机驱动平台的数字内模控制器. 电机与控制学报, 2018, 22(8): 10-16

[44] Tavallaei M A, Atashzar S F, Drangova M. Robust motion control of ultrasonic motors under temperature disturbance. IEEE Transactions on Industrial Electronics, 2016, 63(4): 2360-2368

[45] Iwata T, Yonei I Y, Mizutani Y. Phase-controlled traveling-wave-type ultrasonic motor driven in

the constant-temperature mode. Journal of the Japan Society for Precision Engineering, 2016, 82(2): 180-185

[46] Tan K K, Liang W, Huang S, et al. Precision control of piezoelectric ultrasonic motor for myringotomy with tube insertion. Transactions of the ASME, 2015, 137(6): 1-8

[47] Kuhne M, Astorga G J R, Peer A. Modeling and two-input sliding mode control of rotary traveling wave ultrasonic motors. IEEE Transactions on Industrial Electronics, 2018, 65(9): 7149-7159

[48] Brahim M, Bahri I, Bernard Y. Real time implementation of H-infinity and RST motion control of rotary traveling wave ultrasonic motor. Mechatronics, 2017, 44: 14-23

[49] Mo J S, Qiu Z C, Wei J Y, et al. Adaptive positioning control of an ultrasonic linear motor system. Robotics and Computer-Integrated Manufacturing, 2017, 44: 156-173

[50] Wu S, Leng X, Jin J, et al. Intelligent control algorithm of PTZ system driven by two-DOF ultrasonic motor. Transactions of Nanjing University of Aeronautics and Astronautics, 2015, 32(2): 210-217

[51] Shi W, Zhao H, Ma J, et al. Dead-zone compensation of an ultrasonic motor using an adaptive dither. IEEE Transactions on Industrial Electronics, 2018, 65(5): 3730-3739

[52] Shi W, Zhao H, Zhao B, et al. Extended optimum frequency tracking scheme for ultrasonic motor. Ultrasonics, 2018, 90: 63-70

[53] Mustafa A, Morita T. Efficiency optimization of rotary ultrasonic motors using extremum seeking control with current feedback. Sensors and Actuators, A: Physical, 2019, 289: 26-33

[54] Gencer A. Analysis of speed/position controller based on several types of a fuzzy logic for travelling wave ultrasonic motor. Proceedings of the 2019 IEEE 1st Global Power, Energy and Communication Conference, Nevsehir, 2019: 170-174

[55] Nakamura T, Yashiro D, Yubai K, et al. Torque control of two-inertia system using ultrasonic motor with angular velocity saturation. Proceedings of the 2019 IEEE International Conference on Mechatronics, Ilmenau, 2019: 102-107

[56] 潘鹏, 徐志科, 王倩倩, 等. 基于多变量变速积分的超声波电机超低转速控制策略. 电工技术学报, 2015, 30(2): 122-127

[57] Nakamura T, Yashiro D, Yubai K, et al. Controller design of indirect force control system with velocity-saturating closed loop ultrasonic motor velocity control system in inner loop. Proceedings of the 2018 12th France-Japan and 10th Europe-Asia Congress on Mechatronics, Tsu, 2018: 143-148

[58] Luna L, Garrido R. Position control of a linear ultrasonic motor: An active disturbance rejection approach. Proceedings of the 2018 15th International Conference on Electrical Engineering, Computing Science and Automatic Control, Mexico City, 2018: 1-4

[59] 潘鹏, 徐志科, 金浩, 等. 基于 H∞混合灵敏度方法的超声波电机调速控制. 东南大学学报（自然科学版）, 2015, 45(5): 881-885

[60] Liang W, Huang S, Ma J, et al. Intelligent motion control of ultrasonic motor for an ear surgical device. Proceedings of IECON 2018 44th Annual Conference of the IEEE Industrial Electronics Society, Washington D C, 2018: 5656-5661

[61] Piah K A M, Yusoff W A W, Azmi N I M, et al. PSO-based PID speed control of traveling wave ultrasonic motor under temperature disturbance. Proceedings of the Asia Pacific Conference on Manufacturing Systems and the 3rd International Manufacturing Engineering Conference, IOP Conference Series: Materials Science and Engineering, Yogyakarta, 2018, 319(1): 1-5

[62] Brahim M, Bahri I, Bernard Y. Modeling and RST position controller of rotary traveling wave ultrasonic motor. Proceedings of the 2015 IEEE Conference on System, Process and Control, Persiaran Lagoon, Bandar Sunway, 2015: 22-27

[63] Gencer A. A comparative speed/position control technique based fuzzy logic control for travelling wave ultrasonic motor. Proceedings of the 2015 7th International Conference on Electronics, Computers and Artificial Intelligence, Bucharest, 2015: SG7-SG12

[64] Leng X, Wu S, Du Y, et al. Fuzzy sliding mode control for pan-tilt-zoom system driven by ultrasonic motor. Proceedings of the IEEE International Conference on Automation Science and Engineering, Gothenburg, 2015: 868-873

[65] Deng X, Sun X, Liu S. Iterative learning control for leader-following consensus of nonlinear multi-agent systems with packet dropout. International Journal of Control, Automation and Systems, 2019, 17(8): 2135-2144

[66] Shi X, Shen M. A new approach to feedback feed-forward iterative learning control with random packet dropouts. Applied Mathematics and Computation, 2019, 348: 399-412

[67] Liu J, Zhang Y, Ruan X. Iterative learning control for a class of uncertain nonlinear systems with current state feedback. International Journal of Systems Science, 2019, 50(10): 1889-1901

[68] He W, Meng T, He X, et al. Iterative learning control for a flapping wing micro aerial vehicle under distributed disturbances. IEEE Transactions on Cybernetics, 2019, 49(4): 1524-1535

[69] Ketelhut M, Stemmler S, Gesenhues J, et al. Iterative learning control of ventricular assist devices with variable cycle durations. Control Engineering Practice, 2019, 83: 33-44

[70] Zhang K, Peng G. Robustness of iterative learning control for a class of fractional-order linear continuous-time switched systems in the sense of Lp norm. Journal of Systems Engineering and Electronics, 2019, 30(4): 783-791

[71] Xu J. Fault tolerant nonrepetitive trajectory tracking for MIMO output constrained nonlinear systems using iterative learning control. IEEE Transactions on Cybernetics, 2019, 49(8): 3180-3190

[72] Arimoto S, Kawamura S, Miyazaki F. Bettering operation of robots by learning. Journal of Robotic Systems, 1984, 1(2): 123-140

[73] Arimoto S, Kawamura S, Miyazaki F. Convergence, stability and robustness of learning control schemes for robot manipulators// Recent Trends in Robotics: Modelling, Control, and Education, Amsterdam. Netherlands: Elsevier, 1986: 307-316

[74] Bien Z, Huh K M. Higher-order iterative control algorithm. IEE Proceedings D: Control Theory and Applications, 1989, 136(3): 105-112

[75] Moore K L. Iterative learning control for deterministic systems//Advances Industrial Control. New York: Springer-Verlag, 1993: 121-132

[76] Amann N, Owens H, Rogers E. Iterative learning control for discrete-time systems with exponential rate of convergence. IEE Proceedings: Control Theory and Applications, 1996, 143(2): 217-224

[77] Chen Y Q, Wen C. Iterative learning control: Convergence, robustness and applications. Lecture Notes on Control and Information Science, 1999, 248: 1-27

[78] Phan M Q, Longman R W, Moore K L. Unified formulation of linear iterative learning control. Advances in the Astronautical Sciences, 2000, 105: 93-111

[79] Markusson O. Model and system inversion with applications in nonlinear system identification and control. Stockholm: Kungliga Tekniska Hogskolan, 2002

[80] Verwoerd M. Iterative learning control: A critical review. Twente: University of Twente, 2004

[81] Gu P, Tian S. P-type iterative learning control with initial state learning for one-sided Lipschitz nonlinear systems. International Journal of Control, Automation and Systems, 2019, 17(9): 2203-2210

[82] Gu P, Tian S. D-type iterative learning control for one-sided Lipschitz nonlinear systems. International Journal of Robust and Nonlinear Control, 2019, 29(9): 2546-2560

[83] Fu Q, Du L, Xu G, et al. PD-type iterative learning control for linear continuous systems with arbitrary relative degree. Transactions of the Institute of Measurement and Control, 2019, 41(9): 2555-2562

[84] Xu W, Hou J, Yang W, et al. A double-iterative learning and cross-coupling control design for high-precision motion control. Archives of Electrical Engineering, 2019, 68(2): 427-442

[85] Xie Y, Tang X, Song B, et al. Iterative-learning integral-plus-proportional control of a flexible swing arm system for position trajectory tracking. Proceedings of the Institution of Mechanical Engineers, Part C: Journal of Mechanical Engineering Science, 2019, 233(11): 3769-3784

[86] Jian Y, Huang D, Liu J, et al. High-precision tracking of piezoelectric actuator using iterative learning control and direct inverse compensation of hysteresis. IEEE Transactions on Industrial Electronics, 2019, 66(1): 368-377

[87] Qiao J Z, Wu H, Zhu Y, et al. Anti-disturbance iterative learning tracking control for space manipulators with repetitive reference trajectory. Assembly Automation, 2019, 39(3): 401-409

[88] Wójcik A, Pajchrowski T. Application of iterative learning control for ripple torque compensation in PMSM drive. Archives of Electrical Engineering, 2019, 68(2): 309-324

[89] Tang Z, Yu Y, Li Z, et al. Disturbance rejection via iterative learning control with a disturbance observer for active magnetic bearing systems. Frontiers of Information Technology and Electronic Engineering, 2019, 20(1): 131-140

[90] Gu P, Tian S, Liu Q. Closed-loop iterative learning control for discrete singular systems with fixed initial shift. Journal of Systems Science and Complexity, 2019, 32(2): 577-587

[91] Shokri-Ghaleh H, Alfi A. Bilateral control of uncertain telerobotic systems using iterative learning control: Design and stability analysis. Acta Astronautica, 2019, 156: 58-69

[92] Yang X, Ruan X. Iterative learning control for linear continuous-time switched systems with observation noise. Transactions of the Institute of Measurement and Control, 2019, 41(4): 1178-1185

[93] Gu P P, Tian S P. Consensus tracking control via iterative learning for singular multi-agent systems. IET Control Theory and Applications, 2019, 13(11): 1603-1611

[94] Leissner P, Gunnarsson S, Norrlöf M. Some controllability aspects for iterative learning control. Asian Journal of Control, 2019, 21(3): 1057-1063

[95] Ahn H, Chen Y, Moore K L. Iterative learning control: Brief survey and categorization. IEEE Transactions on Systems Man and Cybernetics Part C: Applications and Reviews, 2007, 37(6): 1099-1121

[96] Xu J. A survey on iterative learning control for nonlinear systems. International Journal of Control, 2011, 84(7): 1275-1294

[97] Xu J. Nonrepetitive leader-follower formation tracking for multiagent systems with LOS range and angle constraints using iterative learning control. IEEE Transactions on Cybernetics, 2019, 49(5): 1748-1758

[98] Alsubaie M A, Rogers E. Robustness and load disturbance conditions for state based iterative learning control. Optimal Control Applications and Methods, 2018, 39(6): 1965-1975

[99] Shen D, Zhang W, Wang Y, et al. On almost sure and mean square convergence of P-type ILC under randomly varying iteration lengths. Automatica, 2016, 63: 359-365

[100] Moore K L, Chen Y, Bahl V. Monotonically convergent iterative learning control for linear discrete-time systems. Automatica, 2005, 41(9): 1529-1537

[101] Gu P, Tian S, Liu Q. Decentralized iterative learning control for switched large-scale systems. Transactions of the Institute of Measurement and Control, 2019, 41(4): 1045-1056

[102] Li Y, Chen Y, Ahn H S. On the PD-type iterative learning control for the fractional-order

nonlinear systems. Proceedings of the American Control Conference, Washington D C, 2011: 4320-4325

[103] Qu G, Shen D. Stochastic iterative learning control with faded signals. IEEE/CAA Journal of Automatica Sinica, 2019, 6(5): 1196-1208

[104] Owens D H, Hatonen J J, Daley S. Robust monotone gradient-based discrete-time iterative learning control. International Journal of Robust Nonlinear Control, 2009, 19(6): 634-661

[105] Sebastian G, Tan Y, Oetomo D. Convergence analysis of feedback-based iterative learning control with input saturation. Automatica, 2019, 101: 44-52

[106] Ge X, Stein J L, Ersal T. Optimality of norm-optimal iterative learning control among linear time invariant iterative learning control laws in terms of balancing robustness and performance. Transactions of the ASME, 2019, 141(4): 176-185

[107] Hedinger R, Zsiga N, Salazar M, et al. Model-based iterative learning control strategies for precise trajectory tracking in gasoline engines. Control Engineering Practice, 2019, 87: 17-25

[108] Ratcliffe J D, Lewin P L, Rogers E. Comparing the performance of two iterative learning controllers with optimal feedback control. Proceedings of the IEEE International Conference on Control Applications, Munich, 2006: 838-843

[109] Xie S, Ren J. High-speed AFM imaging via iterative learning-based model predictive control. Mechatronics, 2019, 57: 86-94

[110] Lu J, Cao Z, Gao F. Multipoint iterative learning model predictive control. IEEE Transactions on Industrial Electronics, 2019, 66(8): 6230-6240

[111] Shi J, Gao F, Wu T. Single-cycle and multi-cycle generalized 2D model predictive iterative learning control (2D-GPILC) schemes for batch processes. Journal of Process Control, 2007, 17(9): 715-727

[112] Wang X, Cong D, Yang Z, et al. Modified quasi-Newton optimization algorithm-based iterative learning control for multi-axial road durability test rig. IEEE Access, 2019, 7: 31286-31296

[113] Lenwari W, Sumner M, Zanchetta P. The use of genetic algorithms for the design of resonant compensators for active filters. IEEE Transactions on Industrial Electronics, 2009, 56(8): 2852-2861

[114] Biswal B, Dash P K, Panigrahi B K. Power quality disturbance classification using fuzzy C-means algorithm and adaptive particle swarm optimization. IEEE Transactions on Industrial Electronics, 2009, 56(1): 212-220

[115] Xiong Z, Zhang J. A batch-to-batch iterative optimal control strategy based on recurrent neural network models. Journal of Process Control, 2005, 15(1): 11-21

[116] Chi R, Wang D, Hou Z, et al. Data-driven optimal terminal iterative learning control. Journal of Process Control, 2012, 22(10): 2026-2037

[117] Thomas R, Andreas S, Christian S, et al. Iterative trajectory learning for highly accurate optical satellite tracking systems. Acta Astronautica, 2019, 164: 121-129

[118] Freeman C T. Constrained point-to-point iterative learning control with experimental verification. Control Engineering Practice, 2012, 20(5): 489-498

[119] Freeman C T, Tan Y. Iterative learning control with mixed constraints for point-to-point tracking. IEEE Transactions on Control Systems Technology, 2013, 21(3): 604-616

[120] Chu B, Freeman C T, Owens D H. A novel design framework for point-to-point ILC using successive projection. IEEE Transactions on Control Systems Technology, 2015, 23(3): 1156-1163

[121] Liu Y, Chi R, Hou Z. Terminal ILC for tracking iteration-varying target points. International Journal of Automation and Computing, 2015, 12: 266-272

[122] He W, Meng T, Zhang S, et al. Dual-loop adaptive iterative learning control for a Timoshenko beam with output constraint and input backlash. IEEE Transactions on Systems, Man, and Cybernetics Systems, 2019, 49(5): 1027-1038

[123] Shao Z, Xiang Z. Adaptive iterative learning control for switched nonlinear continuous-time systems. International Journal of Systems Science, 2019, 50(5): 1028-1038

[124] Lautenschlager B, Pfeiffer S, Schmidt C, et al. Real-time iterative learning control-two applications with time scales between years and nanoseconds. International Journal of Adaptive Control and Signal Processing, 2019, 33(2): 424-444

[125] Zhang X, Li M, Ding H, et al. Data-driven tuning of feedforward controller structured with infinite impulse response filter via iterative learning control. IET Control Theory and Applications, 2019, 13(8): 1062-1070

[126] Liang H, Lin N, Chi R, et al. Discrete-time adaptive iterative learning control with incorporation of a priori process knowledge. Transactions of the Institute of Measurement and Control, 2019, 41(11): 3053-3064

[127] Pereida K, Kooijman D, Duivenvoorden R, et al. Transfer learning for high-precision trajectory tracking through L1 adaptive feedback and iterative learning. International Journal of Adaptive Control and Signal Processing, 2019, 33(2): 388-409

[128] Xing X, Liu J. Modeling and robust adaptive iterative learning control of a vehicle-based flexible manipulator with uncertainties. International Journal of Robust and Nonlinear Control, 2019, 29(8): 2385-2405

[129] Li X D, Xiao T F, Zheng H X. Brief paper-adaptive discrete-time iterative learning control for non-linear multiple input multiple output systems with iteration-varying initial error and reference trajectory. IET Control theory Applications, 2011, 5(9): 1131-1139

[130] Lin N, Chi R, Huang B, et al. Multi-lagged-input iterative dynamic linearization based

data-driven adaptive iterative learning control. Journal of the Franklin Institute, 2019, 356(1): 457-473

[131] Dekker L G, Marshall J A, Larsson J. Experiments in feedback linearized iterative learning-based path following for center-articulated industrial vehicles. Journal of Field Robotics, 2019, 36(5): 955-972

[132] Chi R, Zheng D, Hu Z, et al. On three discrete-time adaptive ILCs for different nonlinear uncertain systems. Proceedings of the 2013 25th Chinese Control and Decision Conference, Guiyang, 2013: 485-489

[133] Jin S, Hou Z, Chi R, et al. Discrete-time adaptive iterative learning control for permanent magnet linear motor. Proceedings of the 2011 IEEE 5th International Conference on Cybernetics and Intelligent Systems, Qingdao, 2011: 69-74

[134] Bu X, Yu Q, Hou Z, et al. Model free adaptive iterative learning consensus tracking control for a class of nonlinear multiagent systems. IEEE Transactions on Systems, Man, and Cybernetics: Systems, 2019, 49(4): 677-686

[135] Chi R, Hou Z, Xu J X. Adaptive ILC for a class of discrete-time systems with iteration-varying trajectory and random initial condition. Automatica, 2008, 44(8): 2207-2213

[136] Cao W, Sun M. Unknown input observer design of switched systems based on iterative learning. Journal of Systems Science and Complexity, 2019, 32(3): 875-887

[137] Devasia S. Iterative machine learning for output tracking. IEEE Transactions on Control Systems Technology, 2019, 27(2): 516-526

[138] Meng D. Convergence conditions for solving robust iterative learning control problems under nonrepetitive model uncertainties. IEEE Transactions on Neural Networks and Learning Systems, 2019, 30(6): 1908-1919

[139] Rozario R, Oomen T. Data-driven iterative inversion-based control: Achieving robustness through nonlinear learning. Automatica, 2019, 107: 342-352

[140] Uncertainties I P, Nguyen D H, Banjerdpongchai D. Robust iterative learning control for linear systems. Asian Control Conference, Shanghai, 2009: 716-721

[141] Yang N, Li J. Distributed iterative learning coordination control for leader-follower uncertain nonlinear multi-agent systems with input saturation. IET Control Theory and Applications, 2019, 13(14): 2252-2260

[142] Boudjedir C E, Boukhetala D, Bouri M. Iterative learning control of multivariable uncertain nonlinear systems with nonrepetitive trajectory. Nonlinear Dynamics, 2019, 95(3): 2197-2208

[143] Zhang Y, Liu J, Ruan X. Iterative learning control for uncertain nonlinear networked control systems with random packet dropout. International Journal of Robust and Nonlinear Control, 2019, 29(11): 3529-3546

[144] Mandra S, Galkowski K, Rogers E, et al. Performance-enhanced robust iterative learning control with experimental application to PMSM position tracking. IEEE Transactions on Control Systems Technology, 2019, 27(4): 1813-1819

[145] Chao Z, Wang J, Jing Q, et al. Two-degree-of-freedom based robust iterative learning control for uncertain LTI systems. Proceeding of the 11th World Congress on Intelligent Control and Automation, Shenyang, 2014: 403-408

[146] Donkers T, Wijdeven J V D, Bosgra O. A design approach for noncausal robust iterative learning control using worst case disturbance optimisation. Proceedings of the American Control Conference, Seattle, 2008: 4567-4572

[147] Jerzy E K, Marek B Z. Iterative learning control synthesis based on 2-D system theory. IEEE Transactions on Automatic Control, 1993, 38(1): 121-125

[148] Li X, Ho J K, Chow T W. Iterative learning control for linear time-variant discrete systems based on 2-D system theory. IEE Proceedings: Control Theory and Applications, 2005, 152(1): 13-18

[149] Zhu Q, Xu J, Huang D, et al. Iterative learning control design for linear discrete-time systems with multiple high-order internal models. Automatica, 2015, 62: 65-76

[150] Hao S, Liu T, Gao F. PI based indirect-type iterative learning control for batch processes with time-varying uncertainties: A 2D FM model based approach. Journal of Process Control, 2019, 78: 57-67

第 2 章 超声波电机 Hammerstein 非线性建模

被控对象的数学模型是控制系统分析、设计与性能评估的重要基础。超声波电机的数学模型既是分析、掌握其运行非线性的基础，也是自适应等控制策略研究、设计的必备前提。这也就使得超声波电机控制建模方法研究成为其运动控制研究的基础。为提高超声波电机运动控制装置的性能，研究更为合理的控制策略，必须得到适合于控制应用的超声波电机数学模型。主要由于其运行机理的特殊性和复杂性，也由于研究历史不长，超声波电机的建模问题至今未得到很好解决，研究较多的是理论建模和采用有限元等方法的数值建模。其都以压电、摩擦等理论知识为基础，试图建立能够完整描述超声波电机运行过程的模型，目前已经取得较多进展，并成为分析设计超声波电机的有力工具。但这些模型都过于复杂，难以直接应用于控制；且对超声波电机非线性的认识还不够透彻，或者是模型中非线性表述不够全面，使得这些模型仍有改进的可能。

由于超声波电机包含压电能量转换和摩擦传递等具有非线性及较大分散性的过程，无论是理论建模还是数值建模，得到的模型对于控制应用而言，都过于复杂，难以实时应用。因此，研究能够反映超声波电机主要动态运行特征并适合于控制应用的超声波电机系统控制模型及相应的建模方法，成为当前超声波电机控制研究的主要方向之一。

从控制应用的角度出发，超声波电机的建模还可以采用其他的方法，如系统辨识的方法。超声波电机的输入输出信号能够反映电机(系统)的动态特性，若选择合适输入信号的形式，则可以使输入、输出信号完全包含我们所关心的超声波电机非线性特征。故可以利用测试得到的输入输出数据对超声波电机建模，且得到的模型可以直接应用于控制。以频率为输入变量的超声波电机转速控制模型对于提高转速控制性能具有重要意义。本章研究超声波电机的非线性 Hammerstein 辨识建模问题，为超声波电机的高性能控制研究提供必要基础。

2.1 基于差分进化算法的超声波电机 Hammerstein 非线性建模

适当形式的超声波电机模型，是电机系统分析与设计的重要基础，也是超声波电机运动控制策略设计的必要前提。超声波电机利用压电材料的逆压电效应将电能转换为定子表面质点的超声频振动，并通过摩擦传动，将这一机械振动转变为转子的旋转运动。这一过程包含压电能量转换及摩擦能量传递等非线性、时变过程，使超声波电机的运动也具有了明显的非线性、时变和变量之间强耦合的特点，从而难以建立能够精确描述超声波电机运行特性的模型。

目前，已经被用来建立超声波电机模型的方法主要有：基于理论分析的机理建模法[1]、利用电路元件来模拟电机内部转换过程的等效电路建模法[2]、基于数值分析技术的有限元建模法[3]等。机理模型的形式通常是准确的，但存在太多难以确定具体数值且时变的待定参数。受限于基本电路元件自身特性，等效电路模型对超声波电机动态过程的描述过于粗略，难以得到较高精度的模型形式。有限元方法可以用于电机本体结构设计，但计算量大，且受限于模型的表述形式和使用方式，难以用于电机运动控制等其他场合。近年来，为提高超声波电机应用系统的控制性能，针对超声波电机运动控制领域的需求，基于电机系统实验数据的辨识建模方法日益受到重视。辨识建模所得模型的形式，可以是传递函数、差分方程等数学表达式形式[4]，也可以是神经网络[5]、模糊推理系统[6]等非传统形式。表达式形式的辨识模型适用面广，且模型相对简单，成为超声波电机辨识模型的主流。

考虑到超声波电机本体固有的非线性特征，采用适当形式的非线性辨识模型，有可能更好地表述超声波电机的运行特征。文献[7]～[13]将非线性 Hammerstein 模型形式引入超声波电机建模领域，分别建立了用于转速控制的超声波电机 Hammerstein 模型。Nooshin 和 Zhang 等[7,8]采用 Hammerstein 模型来描述超声波电机驱动电压幅值与转速之间的非线性特征。Nooshin 对超声波电机的稳态机械特性数据进行多项式拟合，得到模型中的静态非线性环节。由于所用机械特性数据并不能完整表达电机的非线性特征，文献[7]给出的仿真结果表明所建模型精度不高。与文献[7]类似，文献[9]给出的 Hammerstein 模型以电机运行的稳态数据为主要的建模依据，有较大局限性，没有合理表征电机的动态过程。文献[10]和[11]分别采用径向基函数神经网络、BP 神经网络来拟合 Hammerstein 模型的非线性部分，导致模型复杂化。对于 Hammerstein 模型中的动态线性环节，文献[7]～[11]都未经任何建模过程，直接将其设定为一阶惯性环节，这显然不足以表述超声波电机的动态特性。例如，一阶惯性环节的阶跃响应不存在超调，但实际上，超声波电机的阶跃响应过程可能出现明显的超调[14]。同时，文献[7]～[11]都将模型的线性部分、非线性部分割裂开来，各自独立地建模，导致整体模型误差较大。文献[12]和[13]采用不同的优化算法，通过模型线性及非线性环节的整体寻优，分别建立了用于转速、位置控制的超声波电机 Hammerstein 模型。文献[7]～[9]、[12]和[13]所建模型的静态非线性环节均采用传统 Hammerstein 模型的多项式形式；受限于多项式的项数及具体建模方法，可能影响所建模型与超声波电机非线性特征的匹配程度。文献[7]～[13]所做工作表明，Hammerstein 非线性模型适合于超声波电机系统建模，但具体的模型形式及建模方法，仍需深入研究。

本节以电机驱动电压的频率为输入变量、转速为输出变量，基于实测阶跃响应数据，采用差分进化算法建立超声波电机 Hammerstein 非线性模型。模型非线性静态环节采用 Gauss 函数，与超声波电机非线性特征更好匹配。根据非线性环节参数是否参与优化辨识过程，给出三种建模方法，并从模型精度、优化过程等方面对这三种方法进行比较。模型计算数据与实测响应数据的对比表明，所建模型有效，精度较高。

2.1.1　非线性 Hammerstein 模型的结构

Hammerstein 模型是用来描述非线性系统的一种数学模型，由一个非线性静态环节 f_{nl} 和一个线性动态环节 $G(z^{-1})$ 串联构成，单输入单输出 Hammerstein 模型的基本结构如图 2.1 所示。本章所建超声波电机 Hammerstein 模型的输入变量 $u(k)$ 为电机驱动电压的频率，输出变量 $y(k)$ 为电机转速，图中 $x(k)$ 为中间变量。

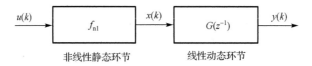

非线性静态环节　　　　　　　　线性动态环节

图 2.1　超声波电机 Hammerstein 模型结构框图

Hammerstein 模型的非线性静态环节通常用多项式形式来描述：

$$x(k) = f_{nl}(u(k)) = r_0 + r_1 u(k) + \cdots + r_i u^i(k) + \cdots + r_p u^p(k) \tag{2.1}$$

式中，$i=0,1,2,\cdots,p$，p 为多项式的阶次，由实际系统特性决定；$u(k)$ 和 $x(k)$ 分别为非线性环节的输入和输出变量。

Hammerstein 模型的线性动态环节可用差分传递函数的形式来描述：

$$G(z^{-1}) = \frac{y(k)}{x(k)} = \frac{z^{-d} B(z^{-1})}{A(z^{-1})} \tag{2.2}$$

并有

$$A(z^{-1}) = 1 + a_1 z^{-1} + \cdots + a_{n_a} z^{-n_a} \tag{2.3}$$

$$B(z^{-1}) = b_0 + b_1 z^{-1} + \cdots + b_{n_b} z^{-n_b} \tag{2.4}$$

式中，d 为系统延迟时间系数，对于超声波电机，d 取 1；$a_1, a_2, \cdots, a_{n_a}$、$b_0, b_1, \cdots, b_{n_b}$ 为模型的待定系数，由辨识确定；n_a 和 n_b 分别为线性传递函数中 $A(z^{-1})$ 和 $B(z^{-1})$ 的阶次，取决于实际系统特性。

2.1.2　差分进化算法

辨识建模的过程，是以能够表征超声波电机运行特性的实验数据为基础，针对结构形式已知、参数未知的待辨识模型，采用适当的优化算法，通过优化计算获得一组最优的模型参数，使得模型的输入输出关系与实验数据最为接近。其中，优化算法是辨识建模的核心。优化计算是否准确、有效，直接决定了建模效果。传统的辨识方法，大多使用最小二乘类优化算法，便于在线递推使用，算法稳定性好，但快速解决复杂优化问题的能力较差。因而，在使用已知的批量数据并且离线进行的辨识建模过程中，可以考虑采用性能更好的现代优化算法。

差分进化算法是一种可以更好解决复杂模型辨识问题的优化算法。差分进化算法利用种群中的个体差异，引入随机因素，通过个体间的合作与竞争，找出使得适应度函数取最小值的最优解，其本质上是一种具有保优思想的贪婪遗传算法。图 2.2 给出了差分进化算法的流程图。

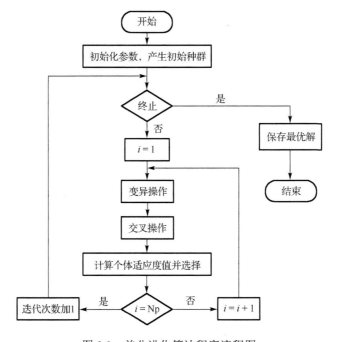

图 2.2　差分进化算法程序流程图

差分进化算法的计算过程，主要包括变异、交叉和选择三种操作。在进行这些操作前，首先需要进行种群初始化。设种群包含 Np 个个体，可以在设定的可行解空间内随机产生 Np 个 D 维向量来构成初始种群[15]。这里，D 为待辨识的模型参数个数。若设个体初始值的取值范围为$[X_{\min}, X_{\max}]$，则第 i 个个体的初始值可表示为

$$X_i = (X_{\max} - X_{\min}) \times \text{rand}(\ ) + X_{\min}, i = 1, 2, 3, \cdots, \text{Np} \tag{2.5}$$

式中，随机数函数 rand( ) 用来产生在[0,1]区间上的一个随机数；Np 为种群规模。种群规模较大时，种群多样性较强，有利于保持较大的搜索范围，但会降低算法的

收敛速度；种群规模较小时，种群多样性较差，算法收敛速度较快，但易陷入局部极小值。需根据待辨识模型的复杂度、所用实验数据量，通过尝试来选择合适的种群规模。一般，可取 Np 为待辨识参数个数的 5～10 倍。

变异操作利用种群父代个体之间的差异产生差分矢量，并采用缩放因子对差分矢量进行加权，随后与另一不同的父代个体相加，得到一个变异的子代个体。此操作可表示为

$$V_{i,G+1} = X_{p,G} + F \times (X_{j,G} - X_{r,G}) \tag{2.6}$$

式中，$p, j, r \in \{1,2,3,\cdots,\text{Np}\}$ 为随机选取的互不相同的数，且均与 i 不同；G 为迭代次数；F 为缩放因子，决定了差分矢量对另一父代个体的扰动程度。F 较大时，随机扰动量较大，搜索范围较大，收敛速度减慢。而 F 较小时，随机扰动量较小，搜索范围较小，收敛速度快，但算法易陷入局部极小值[16]。一般，F 在 0.5～1 之间取值。

交叉操作将变异前后的两个个体 $X_{i,G}$ 和 $V_{i,G+1}$ 根据一定概率进行交叉重组，得到新个体 $U_{i,G+1}$。为了保证进化，新个体中至少应包含变异个体 $V_{i,G+1}$ 的一维分量信息。此操作可表示为

$$\begin{aligned} &\text{if } \text{rand}\,(j) \leqslant \text{CR or } j = k, \text{ then } U_{i,j,G+1} = V_{i,j,G+1}, j = 1,2,\cdots,D \\ &\text{if } \text{rand}\,(j) > \text{CR and } j \neq k, \text{ then } U_{i,j,G+1} = X_{i,j,G}, j = 1,2,\cdots,D \end{aligned} \tag{2.7}$$

式中，$U_{i,j,G+1}$ 为新个体 $U_{i,G+1}$ 的第 j 维分量；$V_{i,j,G+1}$ 为变异个体 $V_{i,G+1}$ 的第 j 维分量；$X_{i,j,G}$ 为变异前个体 $X_{i,G}$ 的第 j 维分量；$\text{rand}\,(j)$ 是与第 j 维分量值对应的[0,1]范围内的随机数；k 为[1,D]范围内的随机整数；CR 为交叉概率因子，其大小决定了新个体中的分量来自变异个体的比例。CR 较大时，在新个体中，来自变异个体的分量较多，个体进化程度较高，算法收敛速度较快，但易陷入局部搜索；反之，CR 较小时，个体进化程度较低，有利于全局搜索。一般，CR 在 0～1 之间取值。

选择操作基于优胜劣汰的原则，比较新个体 $U_{i,G+1}$ 和原个体 $X_{i,G}$ 的适应度函数值。适应度函数值较小的个体将会被保存下来，进入下一次迭代，而适应度函数值较大的个体会被淘汰。即

$$\begin{aligned} &\text{if } f(U_{i,G+1}) < f(X_{i,G}), \text{ then } X_{i,G+1} = U_{i,G+1} \\ &\text{if } f(U_{i,G+1}) \geqslant f(X_{i,G}), \text{ then } X_{i,G+1} = X_{i,G} \end{aligned} \tag{2.8}$$

式中，$f(\ )$ 为适应度函数。

采用差分进化算法进行超声波电机 Hammerstein 模型参数辨识，用适应度函数值来衡量模型计算结果与实测数据间的误差大小。通过优化计算，得到一组使适应度函数取最小值的模型参数，就完成了建模过程。

由式(2.2)～式(2.4)，Hammerstein 模型动态线性环节的表达式可写为

$$y(k) = -a_1 y(k-1) - a_2 y(k-2) - a_3 y(k-3) - \cdots - a_{n_a} y(k-n_a) + b_0 x(k) \\ + b_1 x(k-1) + \cdots + b_{n_b} x(k-n_b) \tag{2.9}$$

在模型参数辨识过程中，可用上式推算当前时刻的转速值 $y(k)$，并与建模数据中的转速值 $y_e(k)$ 进行比较。将下面均方误差表达式作为适应度函数：

$$J = \sum_{i=1}^{m} \left[\sum_{k=1}^{h} \left[y_i(k) - y_{ei}(k) \right]^2 \Big/ h \right] \tag{2.10}$$

式中，m 为建模数据的组数；h 为每组建模数据的数据点数；y 为使用当前模型按照式 (2.9) 计算得到的转速值；y_e 为建模数据中的实测转速值。

2.1.3　超声波电机 Hammerstein 非线性建模

1.　实验数据测试与处理

用来反映超声波电机运行特性的实验数据，是辨识建模的基础。采用图 2.3 所示超声波电机转速 PI 控制系统，进行不同转速给定值、不同控制参数情况下的阶跃响应实验，以获取用于辨识建模的实验数据。

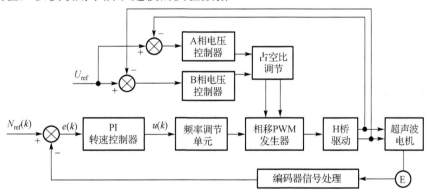

图 2.3　实验用超声波电机转速 PI 控制系统结构框图

实验用超声波电机为日本 Shinsei 公司 USR60 型两相行波型超声波电机，驱动电路为 H 桥结构，采用相移脉冲宽度调制 (pulse width modulation, PWM) 控制方式。图 2.3 中，N_{ref} 为转速给定值，与电机同轴连接的 "E" 为光电编码器，用来测量电机转速以构成闭环控制。转速控制器由 DSP 芯片编程实现，控制器输出的控制量为电机驱动电压的频率值，通过调节频率实现对电机转速的控制。

超声波电机的可控变量有 3 个：电机驱动电压的幅值、频率和两相电压之间的相位差，改变它们的值均会改变电机转速。本章以超声波电机的驱动频率为输入信号、转速为输出信号，建立超声波电机 Hammerstein 非线性模型，故应在调节频率以改变转速的同时，保持驱动电压的幅值和两相电压相位差为固定值。图 2.3 所示系统包含电机两相驱动电压幅值的闭环控制，使两相驱动电压幅值在频率调节过程中保持不变。实验中，设定电压幅值给定值 U_{ref} 为电机的额定驱动电压值 300V（峰峰值），并设定两相驱动电压的相位差为固定的 90°。

　　实验用电机的调速范围为[10,120]r/min。实验中，从 10～120r/min，间隔 10r/min设定转速阶跃给定值。每个转速阶跃给定值情况下，分别采用 3 组不同的 PI 控制参数，测取 3 组不同的阶跃响应数据，这样，共得到 36 组数据用于辨识建模。图 2.4 给出了测得的部分数据。另外，在转速阶跃给定值分别为 30r/min、60r/min、90r/min、120r/min的情况下，各设置两组不同于前述实验取值的 PI 控制参数，进行阶跃响应实验，得到8 组阶跃响应数据用于模型校验。每组建模数据和校验数据，均包含电机驱动频率和转速实验数据，分别对应于电机模型的输入、输出变量。

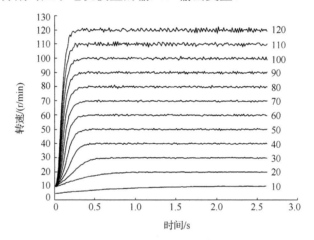

图 2.4　用于建模的实测转速阶跃响应曲线

　　由实验直接测得的频率数据为 DSP 中的"频率控制字"数值，需用下式将其转换为频率值，单位为 kHz。

$$y = 40.07274 + 0.00129x + 5.06958 \times 10^{-8} x^2 \tag{2.11}$$

　　如图 2.4 所示，每组实验数据对应于一次完整的转速阶跃响应过程，既有转速从 0 开始逐渐趋于给定值的动态数据，也有达到并保持在给定值附近的大量稳态数据。显然，动态的转速变化过程包含了反映电机运行特性的主要信息。在辨识建模过程中，过多的稳态数据会在辨识建模过程中削弱动态数据的作用，使模型偏离实际的电机特性。因而，需要对测得的每组实验数据进行处理，分离其中过多的稳态数据，得到图 2.5 所示数据用于建模。应注意的是，因为阶跃响应的调节时间不同，所以各组建模数据的数据点数不同，图 2.5 表明了这一点。因此，在适应度函数式 (2.10) 中，将每组数据的误差平方除以该组的数据点数，以使不同响应速度、不同转速给定值情况下的每组建模数据都对建模结果具有同等的贡献。

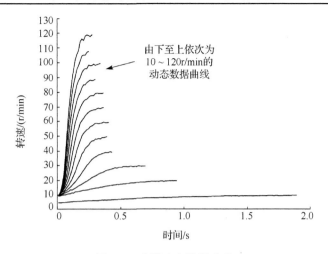

图 2.5　建模动态数据曲线

对于从每组数据中分离出来的稳态数据，求其各组数据点的频率、转速值的平均值，得到图 2.6 中方形点所示数据。图 2.6 所示数据既反映了电机模型的增益大小，也反映了超声波电机频率-转速关系中的非线性特征。对图 2.6 所示数据进行函数拟合，以得到 Hammerstein 模型中静态非线性环节的表达式。对不同拟合函数形式的尝试表明，使用 Gauss 函数可实现较高的拟合精度，且函数中的参数个数较少。Gauss 函数拟合的结果如图 2.6 中曲线所示，其表达式为

$$x = 7.0778 + 188.34\mathrm{e}^{-0.39591(u-41.514)^2} \tag{2.12}$$

式中，x 为模型静态非线性环节的输出变量，u 为静态非线性环节的输入变量，即电机的驱动频率。

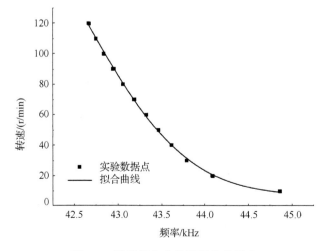

图 2.6　模型静态非线性环节的拟合

在建模过程中，可直接将式(2.12)用作 Hammerstein 模型的静态非线性环节，仅对模型动态线性环节中的未知参数进行辨识。考虑到拟合误差会影响模型的整体精度，也可以将式(2.12)中的 4 个系数值设为待辨识的未知参数，和模型动态线性环节中未知参数一起，采用差分进化算法进行参数辨识，以期获得更高的建模精度。

2. 给定非线性环节情况下的辨识建模

下面将 Hammerstein 模型的静态非线性环节设定为式(2.12)，采用差分进化算法，对模型动态线性环节式(2.2)即式(2.9)中的未知参数 $a_1, a_2, \cdots, a_{n_a}$、$b_0, b_1, \cdots, b_{n_b}$ 进行辨识。

1) 确定优化算法参数

差分进化算法中各个参数的取值是否合适，直接决定了能否得到最优的辨识结果。各个参数的取值，应与具体的优化问题相适应。在差分进化算法中，需要设定数值的算法参数包括种群数量 Np、变异因子 F、交叉概率因子 CR、模型参数初始值上下限 maxbound 及 minbound、最大迭代次数 Gm 等。其中，最大迭代次数用作优化计算的终止条件。下面尝试采用优化算法不同参数值进行模型辨识，以优化结果好、迭代次数/用时少为判据，确定适合于超声波电机 Hammerstein 建模的优化算法参数值，以得到正确的模型辨识结果。

在算法参数选择过程中，在模型参数初始值上下限不变的情况下，为了避免随机产生初始种群对算法参数对比结果的影响，算法参数取不同值的辨识过程都采用同一组初始种群。即当种群数量相同时，使用同一个初始种群；种群数量减少时，则使用同一初始种群的子集；种群数量增加时，则在原初始种群的基础上增加随机产生的差额数量的新个体。在模型参数初始值上下限改变的情况下，则在新的上下限范围内，重新产生初始种群。另外，因优化过程存在随机性，为了更好地体现优化算法不同参数值对应的优化效果，每组优化算法参数值都进行三次模型参数辨识计算(这里记为Ⅰ、Ⅱ和Ⅲ)，并以这三次辨识所得最优目标函数值的平均值作为该组参数值的优化结果。

首先，尝试确定合适的种群数量 Np，并设定其他参数值固定不变，分别取值为：maxbound=100、minbound=−100、Gm=400、$F = 0.7$、$CR = 0.9$、n_a=3、n_b=1。表 2.1 给出了对应不同种群数量的优化计算结果。表 2.1 中，最优目标值指优化所得的目标函数最小值；迭代次数、优化用时分别为达到最优目标函数值所需的迭代次数和计算所需时长。

表 2.1 数据表明，当种群数量为 10 时，迭代次数较多，最优目标函数值明显偏离期望，优化计算并未找到最小值。而在种群数量从 500 逐渐减小到 20 的过

程中，迭代次数和最优目标函数值无明显差异，而因为种群数量减小使得每次迭代的计算量减小，优化所用时间则随着 Np 减小而成比例地减小。考虑到优化计算过程的随机性质，且 Np 越大，种群多样性越强，有利于获得全局最优解，选择 Np 为 50。

表 2.1　不同种群数量情况下的优化结果对比

序号	种群数量	I		II		III		平均值		优化用时/s
		迭代次数	最优目标函数值	迭代次数	最优目标函数值	迭代次数	最优目标函数值	迭代次数	最优目标函数值	
1	500	213	10.76	215	10.76	209	10.76	212.33	10.76	1460.45
2	400	214	10.76	220	10.76	192	10.76	208.67	10.76	1144.56
3	300	215	10.76	221	10.76	213	10.76	216.33	10.76	858.63
4	200	205	10.76	214	10.76	210	10.76	209.67	10.76	585.84
5	100	210	10.76	211	10.76	226	10.76	215.67	10.76	284.27
6	50	206	10.76	221	10.76	216	10.76	214.33	10.76	142.20
7	40	207	10.76	205	10.76	210	10.76	207.33	10.76	115.42
8	30	219	10.76	207	10.76	226	10.76	217.33	10.76	85.67
9	20	222	10.76	187	10.76	201	10.76	203.33	10.76	57.20
10	10	400	24899.63	400	151.23	399	13950.34	399.67	13000.4	28.90

根据确定 Np 过程中各个模型参数的辨识结果，将模型参数初始值上下限调整为 10 和 -10，这个范围足以涵盖可能的最优解。另外，表 2.1 数据表明，达到最优目标值所需的迭代次数均在 300 以内。尝试设置最大迭代次数为 1000，优化所得最优目标函数值仍为 10.76，达到最优目标函数值所需的迭代次数仍在 300 以内。这表明，当迭代次数大于表 2.1 所示迭代次数之后，最优目标函数值不再变化。所以，可将 Gm 调整为 300。

继续尝试修改优化算法参数的数值，并根据优化结果对参数值进行相应调整，表 2.2 列出了部分算法参数值的尝试过程。为了便于比较优化结果的优劣，将迭代次数、最优目标函数值二者合并计算为"综合优化指标"，列入表 2.2，并以此数为依据来选择优化算法参数值。对应于每组"优化算法参数值"的"综合优化指标"值，按下式计算。

$$\lambda_1 \frac{I}{I_{\max}} + \lambda_2 \frac{O}{O_{\max}} \tag{2.13}$$

式中，$I_{\max}$ 为表 2.2 "平均值-迭代次数"列数据的最大值；$O_{\max}$ 为表 2.2 "平均值-最优目标值"列数据的最大值；I、O 分别为每组"优化算法参数值"对应的迭代次数平均值、最优目标值平均值；λ_1、λ_2 为加权系数。考虑到建模更看重最优目标函数值的大小，该值反映了所建模型与实验数据之间的趋近程度，故设 λ_1=0.2、λ_2=0.8。

表 2.2 优化算法参数取不同值情况下的优化结果对比(一)

序号	优化算法参数值	I		II		III		平均值		综合优化指标值
		迭代次数	最优目标函数值	迭代次数	最优目标函数值	迭代次数	最优目标函数值	迭代次数	最优目标函数值	
1	Np=50,maxbound=100 minbound=−100,Gm=400 F=0.7,CR=0.9	206	10.76	221	10.76	216	10.76	214.33	10.76	0.94
2	Np=50,maxbound=10 minbound=−10, Gm =300 F=0.7,CR=0.9	164	10.76	161	10.76	160	10.76	161.67	10.76	0.90
3	Np=50,maxbound=5 minbound=−5, Gm =300 F=0.6,CR=0.8	175	10.76	155	10.76	160	10.76	163.33	10.76	0.90
4	Np=50,maxbound=3 minbound=−3, Gm =300 F=0.8,CR=0.7	287	10.85	261	10.81	298	10.87	282	10.84	0.98
5	Np=50,maxbound=1 minbound=−1, Gm =300 F=0.8,CR=0.8	221	10.76	231	10.76	218	10.76	223.33	10.76	0.94
6	Np=50,maxbound=1 minbound=−1, Gm =300 F=0.5,CR=0.7	168	10.76	165	10.76	203	10.76	178.67	10.76	0.91
7	Np=50,maxbound=1 minbound=−1, Gm =300 F=0.5,CR=0.5	278	10.84	232	10.99	291	11.14	267	10.99	0.99
8	Np=50,maxbound=1 minbound=−1, Gm =300 F=0.7,CR=0.9	136	10.76	107	10.76	114	10.76	119	10.76	0.87
9	Np=50,maxbound=1 minbound=−1, Gm =200 F=0.7,CR=0.9	125	10.76	111	10.76	97	10.76	111	10.76	0.86

观察表 2.2 给出的数据，除第 4 组和第 7 组最优目标函数值较大外，其余各组最优目标函数值相同。对比第 1 组、第 2 组和第 8 组数据可知，在根据参数辨识结果缩小初始值取值范围后，最优目标函数值未改变，但迭代次数明显减小。分别采用这三组参数值进行优化计算，图 2.7 和图 2.8 给出了优化过程中目标函数最小值的变化过程，由图可见，第 8 组目标函数初始值最小。这是由于第 1 组、第 2 组和第 8 组的参数初始值上下限值不同，而参数初始值上下限限定了可行解空间范围。如前述，在相同参数初始值上下限值情况下，采用相同初始种群；否则，初始种群

亦不同。由于第 8 组的参数初始值上下限值较小，对应的可行解空间范围小，其初始种群更接近最优解，故其目标函数初始值较小，收敛速度也较快。于是，可依照表 2.2 第 8 组参数值，取初始值上、下限值为 1 和–1。

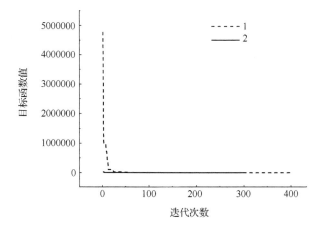

图 2.7　第 1 组和第 2 组目标函数值变化曲线

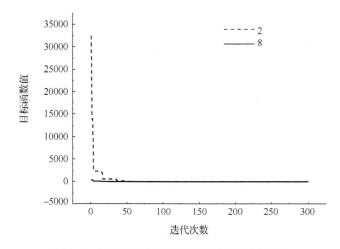

图 2.8　第 2 组和第 8 组目标函数值变化曲线

对比表 2.2 所示调整 F 和 CR 的几组数据可知，当 F=0.7，CR=0.9 时，迭代次数和最优目标值均最小。图 2.9 为第 5、6 和 8 组算法参数对应的优化过程中目标函数值变化曲线，可见第 8 组收敛速度最快，故可考虑将 F 和 CR 分别取值 0.7 和 0.9。对比表 2.2 给出的各组综合优化指标值，第 8 和 9 组的数值相对较小。图 2.10 给出了第 8、9 组对应的优化过程中目标函数值变化曲线，可见收敛速度无明显差异。这两组参数值仅最大迭代次数不同，最大迭代次数越小，优化所需时间越短，故可选择第 9 组优化算法参数值。

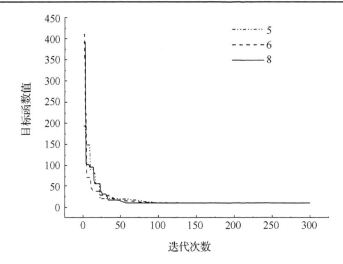

图 2.9 第 5、6 和 8 组目标函数值变化曲线

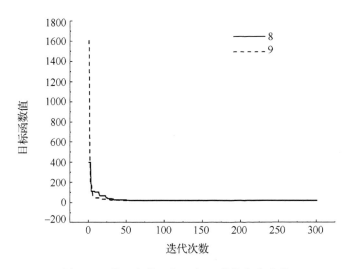

图 2.10 第 8 和第 9 组目标函数值变化曲线

2) 确定模型阶次

在合理范围内，设定不同的模型阶次，利用差分进化算法尝试进行模型参数辨识，对比所得最优目标函数值，以确定模型阶次。目标函数值越小，表示该模型阶次下所建模型越趋近于建模数据所表征的电机实际运行特性。考虑实测响应曲线的表征及控制性能要求，在 2～4 阶之间选择模型阶次，经模型参数辨识，得到优化计算的结果如表 2.3 所示。

表 2.3　不同模型阶次情况下的优化结果及校验结果对比（一）

序号	模型阶次参数值	最优目标函数值			优化所得模型参数	校验目标函数值	综合误差
		I	II	III			
1	$n_a=2$, $n_b=1$	10.90	10.90	10.90	$[a_1,a_2,b_0,b_1]=[-1.0000, 0.1788, 0.8196, -0.6399]$	16.27	2.34
2	$n_a=2$, $n_b=2$	10.05	10.05	10.05	$[a_1,a_2,b_0,b_1,b_2]=[-0.8100, -0.0495, 0.6892,$ $-0.1783, -0.3705]$	43.98	5.78
3	$n_a=3$, $n_b=1$	10.76	10.76	10.76	$[a_1,a_2,a_3,b_0,b_1]=[-0.9616, 0.1121, 0.0368,$ $0.8167, -0.6288]$	8.45	1.36
4	$n_a=3$, $n_b=2$	9.95	9.95	9.95	$[a_1,a_2,a_3,b_0,b_1,b_2]=[-0.8075, -0.0407, -0.0069,$ $0.6814, -0.1550, -0.3814]$	8.78	1.37
5	$n_a=3$, $n_b=3$	9.94	9.94	9.94	$[a_1,a_2,a_3,b_0,b_1,b_2,b_3]=[-0.7931, -0.0266, -0.0395,$ $0.6765, -0.1515, -0.3292, -0.0550]$	10.50	1.59
6	$n_a=4$, $n_b=1$	10.32	10.32	10.32	$[a_1,a_2,a_3,a_4,b_0,b_1]=[-0.9727, 0.0883, 0.0892,$ $-0.0371, 0.8501, -0.6816]$	4.81	0.89
7	$n_a=4$, $n_b=2$	9.42	9.42	9.42	$[a_1,a_2,a_3,a_4,b_0,b_1,b_2]=[-0.8170, -0.1096, 0.1306,$ $-0.0857, 0.6847, -0.1415, -0.4244]$	8.76	1.36
8	$n_a=4$, $n_b=3$	9.38	9.38	9.38	$[a_1,a_2,a_3,a_4,b_0,b_1,b_2,b_3]=[-0.7937, -0.0948,$ $0.0981, -0.0974, 0.6702, -0.1279, -0.3344,$ $-0.0954]$	10.69	1.60
9	$n_a=4$, $n_b=4$	9.04	9.04	9.04	$[a_1,a_2,a_3,a_4,b_0,b_1,b_2,b_3,b_4]=[-0.7924, -0.1488,$ $0.0207, 0.0466, 0.6345, -0.0472, -0.3351,$ $-0.3847, 0.2594]$	22.99	3.12

　　表 2.3 给出的"最优目标函数值"数据表明，随着模型阶次提高、模型复杂度逐渐增大，优化所得最优目标函数值表现出逐渐减小的趋势。这里应注意的是，在采用优化算法进行超声波电机建模的过程中，提供给优化算法进行建模的实验数据，是用来反映实际超声波电机系统的运行特性的唯一依据。优化算法能够将用于建模的这些实验数据与所建模型之间的误差最小化。但是，所用的实验数据是按照采样时间依次采样得到的离散的数据点，在逐渐提高模型阶次以追求误差更小的过程中，可能导致所建模型对建模用实验数据的"过拟合"。即虽然模型与建模数据点的一致性很好，但在相邻数据点之间，会呈现出高阶动态，明显背离实际的超声波电机动态特性。建模数据的数据点个数总是有限的，仅靠建模数据和优化算法本身，不易简便地避免上述情况的发生。为此，在前述实验数据测取过程中，除 36 组建模数据，还测取了"校验数据"。校验数据与建模数据不同，用来评测所建模型的泛化能力，避免发生过拟合情况。

　　现用于模型校验的数据为转速给定值分别为 30r/min、60r/min、90r/min、120r/min的 8 组数据，其中各转速给定值情况均有 2 组数据。模型校验即采用优化所得模型，将校验数据中的输入量代入模型中计算模型输出值，与校验数据中的实测输出量进行比较，进而计算出对应于校验数据的目标函数值。表 2.3 "校验目标函数值"列给出的数值反映了所建模型与校验数据之间的差异，为使得数据之间具有可比性，该数值的计算仍然沿用式(2.10)。

另一方面，建模数据是通过实验在实际的超声波电机系统中测得的，这些实测数据必然包含了噪声和测量误差。考虑到这些偏差的存在，在采用优化算法进行辨识建模的过程中，不应一味地通过提高模型阶次来使优化算法的目标函数值越小越好，目标函数值应在一个合理的区间内，以使所建模型接近实际的超声波电机系统。例如，极端情况下，假设优化所得模型与建模数据完全一致，使得目标函数值为零，那么，所得模型与实际的超声波电机系统一定是有差异的，这种差异主要体现为噪声和测量误差。

另外，在进行表 2.3 所示模型辨识过程中发现，前面在 n_a=3、n_b=1 的情况下所选择的最大迭代次数值并不适用于所有的模型阶次。模型阶次越高，所需辨识的模型参数个数越多，可能需要通过更多次的迭代来找到最优解。故在尝试不同模型阶次进行参数辨识的过程中，需对 Gm 做出相应的调整。

在选择模型阶次时，综合考虑建模数据和校验数据的目标函数值，计算表 2.3 所列 "综合误差"值，用作选择模型阶次的依据。考虑到建模数据和校验数据的组数不同，为使两者的权重一致，采用下式计算综合误差：

$$\frac{I_1}{36} + \frac{I_2}{8} \tag{2.14}$$

式中，I_1 为建模数据的最优目标函数值；I_2 为校验数据的目标函数值；两者分别除以各自的组数。

考察表 2.3 所列 "综合误差"值，可见不同模型阶次情况下，并不是建模最优目标函数值越小，校验数据的目标函数值就越小，表明了进行模型校验的必要性。对比 9 种不同模型阶次情况下的综合误差值，第 6 组误差值明显较小，故选择第 6 组所对应的模型阶次 n_a=4、n_b=1。

上述确定模型阶次的过程，就是对不同阶次的模型进行辨识建模的过程。模型阶次确定了，建模也就完成了。所得超声波电机 Hammerstein 非线性模型的动态线性环节为

$$G(z^{-1}) = \frac{y(k)}{x(k)} = \frac{z^{-1}(0.8501 - 0.6816z^{-1})}{1 - 0.9727z^{-1} + 0.0883z^{-2} + 0.0892z^{-3} - 0.0371z^{-4}} \tag{2.15}$$

模型的静态非线性环节如式(2.12)所示。

图 2.11～图 2.14 给出了式(2.12)和式(2.15)所示模型的计算数据与建模数据、校验数据的对比，从这些图及表 2.3 来看，模型输出与实测输出接近程度较好，建模方法有效。

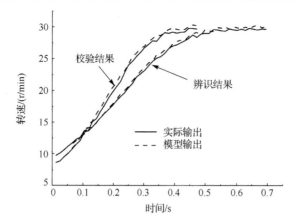

图 2.11　辨识和校验结果(转速 30r/min)

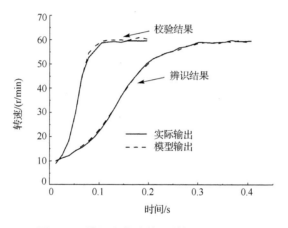

图 2.12　辨识和校验结果(转速 60r/min)

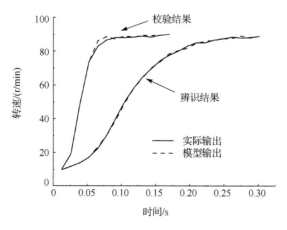

图 2.13　辨识和校验结果(转速 90r/min)

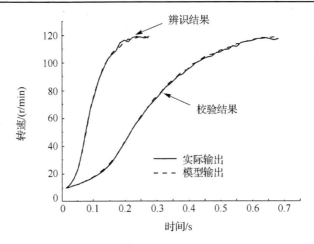

图 2.14　辨识和校验结果(转速 120r/min)

3. 包含非线性环节参数的辨识建模

上一部分直接使用拟合所得式(2.12)作为模型的静态非线性环节,建模误差包含拟合误差。为减小建模误差,将式(2.12)中的系数设为未知的待辨识量,即令 Hammerstein 模型的静态非线性环节为

$$x = c_1 + c_2 e^{c_3(u-c_4)^2} \tag{2.16}$$

式中,c_1、c_2、c_3、c_4 为未知系数。

下面,采用差分进化算法,对超声波电机 Hammerstein 模型静态非线性环节、动态线性环节中的未知参数进行辨识。辨识的过程,仍然分为确定优化算法参数值、确定模型阶次两个步骤。

1) 确定优化算法参数

前面已经确定了差分进化算法的参数,下面主要是确定 c_1、c_2、c_3、c_4 的初始值取值范围和 Gm 的值。

模型非线性环节参数 c_1、c_2、c_3、c_4 的取值范围可根据式(2.12)给出的拟合值来设定。因 c_1、c_2、c_3、c_4 取值相差较大,最初考虑所有参数使用同一初始值取值范围,随后对 c_1、c_2、c_3、c_4 进行相应的加权。试取优化算法几组不同的参数值进行辨识计算,所得最小的最优目标函数值为 38.86,优化结果较差。原因在于,这种方法会导致优化过程中 c_1、c_2、c_3、c_4 值的微小改变在加权后变为较大幅度的改变,不利于更快地找到最优解;另外,也与 rand( )函数的随机数产生过程、差分进化算法的执行过程相关。转而采用为 c_1、c_2、c_3、c_4 设置不同取值范围的方法,优化结果明显改善。

在 n_a=3、n_b=1 情况下,设置 c_1、c_2、c_3、c_4 的初始值取值范围分别为[5,10]、

[160,200]、[−1,1]、[30,50]，尝试优化算法参数取不同值情况下的辨识建模，得到表 2.4 所示优化结果。

表 2.4　优化算法参数取不同值情况下的优化结果对比(二)

序号	算法参数	优化所得模型参数	最优目标函数值	所需迭代次数
1	maxbound=2, minbound=−2, Np=100, Gm=300, F=0.7, CR = 0.9	Z= [5.5339, 199.6132, −0.1981, 40.1300, −1.4202, 0.5550, −0.1271, 1.6029, −1.5926]	16.06	298
2	maxbound=1, minbound=−1, Np=100, Gm =300, F=0.7,CR=0.9	Z=[8.4140, 175.1751, −0.4970, 41.8529, −0.9626, −0.0694, 0.1065, 0.7343, −0.6703]	10.94	297
3	maxbound=1, minbound=−1, Np=100, Gm =1000, F=0.7, CR=0.9	Z=[9.9796, 160.0592, −0.6030, 42.0256, −0.9442, 0.0743, 0.0055, 0.7847, −0.6668]	9.79	852
4	maxbound=1, minbound=−1, Np=100, Gm =300, F=0.65, CR=0.9	Z=[7.7014, 194.7574, −0.7278, 42.1973, −0.9972, −0.0365, 0.0352, 0.6034, −0.6020]	10.12	270
5	maxbound=1, minbound=−1, Np=100, Gm =300, F=0.6, CR=0.9	Z=[7.7947, 167.1404, −0.4948, 41.8032, −0.9548, 0.0090, 0.0250, 0.8761,−0.8006]	10.87	295
6	maxbound=1, minbound=−1, Np=100, Gm =300, F=0.75, CR=0.9	Z=[9.7895, 160.3003, −0.1935, 40.5266, −0.9077, −0.6304, 0.5611, 0.7235, −0.6861]	33.24	99
7	maxbound=1, minbound=−1, Np =100, Gm =300, F=0.65,CR=0.85	Z=[8.7393, 179.5342, −0.3115, 41.4656, −0.9976, −0.2685, 0.2417, 0.8274, −0.8471]	18.46	299
8	maxbound=1, minbound=−1, Np =100, Gm =300, F=0.65, CR=0.95	Z=[6.7667, 186.1057, −0.7973, 42.2838, −0.9868, −0.0174, 0.0119, 0.6097, −0.6035]	10.01	286
9	maxbound=1,minbound=−1, Np =100, Gm =500, F=0.65, CR=0.95	Z=[9.9943, 162.9647, −0.6215, 42.0699, −0.9704, 0.0708, 0.0082, 0.7431, −0.6528]	9.83	492
10	maxbound=1,minbound=−1, Np =100, Gm =500, F=0.65, CR=0.9	Z=[9.6648, 165.1291, −0.5657, 41.9594, −0.9036, 0.0575, 0.0173, 0.7907, −0.6405]	9.82	472
11	maxbound=1,minbound=−1, Np =150, Gm =500, F=0.65, CR=0.9	Z=[8.5207, 167.6432, −0.7458, 42.2433, −0.9784, 0.0013, 0.0201, 0.6641, −0.6311]	10.05	491
12	maxbound=1,minbound=−1, Np =100, Gm =700, F=0.65, CR=0.9	Z=[9.9994, 160.0227, −0.6039, 42.0284, −0.9398, 0.0707, 0.0055, 0.7868, −0.6683]	9.79	550
13	maxbound=1,minbound=−1, Np =100, Gm =600, F=0.65, CR=0.9	Z=[9.9504, 165.2981, −0.6546, 42.1176, −0.9876, 0.0634, −0.0042, 0.7348, −0.6771]	9.89	586

表 2.4 中，Z=[$c_1,c_2,c_3,c_4,a_1,a_2,a_3,b_0,b_1$]，maxbound、minbound 为模型中动态线性环节参数的取值范围。与表 2.2 对比可知，待辨识参数个数的增加，使迭代次数明显增加，优化过程的收敛速度减慢，故尝试调整了 F 和 CR 的值来改善优化结果。表中第 3、9、10、12 组的最优目标函数值相对较小，但第 3 组的迭代次数明显较多，不予考虑。图 2.15 给出了第 9、10、12 组优化过程中最小目标函数值的收敛过程曲线，3 条曲线无明显差异，均呈现稳健的收敛进程。故选用最优目标函数值较小的第 12 组优化算法参数。

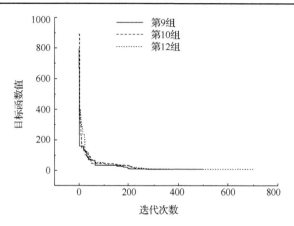

图 2.15　算法参数取不同值的目标函数值变化曲线

从表 2.4 所示参数辨识结果来看，辨识所得 c_3 值均未出现在取值范围的边界，且辨识所得 c_3 值与取值范围的比例适中，说明 c_3 的取值范围合适。改变 c_1、c_2、c_4 初始值取值范围，表 2.5 给出了 4 组不同初始值取值范围的优化结果，可见第 2、3、4 组最优目标函数值相同，图 2.16 给出了这 3 组的目标函数值变化曲线，可以看出第 4 组目标函数值起始下降较快，故选择第 4 组数值作为 c_1、c_2、c_3、c_4 的初始值取值范围。

表 2.5　不同初始值取值范围情况下的优化结果对比

序号	各参数取值范围	最优目标函数值	所需迭代次数
1	c_1 [5,10], c_2 [160,200], c_4 [30,50]	9.79	550
2	c_1 [5,10], c_2 [140,200], c_4 [35,50]	9.77	695
3	c_1 [7,10], c_2 [140,170], c_4 [40,50]	9.77	593
4	c_1 [5,10], c_2 [140,200], c_4 [30,50]	9.77	622

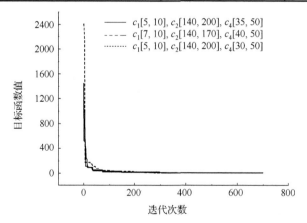

图 2.16　不同初始值取值范围的目标函数值变化曲线

2) 确定模型阶次

本模型阶次确定过程与"给定非线性环节情况下的辨识建模"部分确定模型阶次的过程相同。由表 2.3 可知，$n_a=3$ 的 3 组模型阶次，以及 $n_a=4$、$n_b=1$ 和 $n_a=4$、$n_b=2$ 共 5 组模型阶次的综合误差较小，优化结果较好，故仅尝试这 5 组模型阶次，并取各自 3 次优化结果(分别记为Ⅰ、Ⅱ、Ⅲ)中最小目标函数值所对应的模型参数值进行校验计算。

取算法参数值为 maxbound=1、minbound=−1、Np=100、Gm=700、F=0.65、CR=0.9，c_1 取[5,10]，c_2 取[140,200]，c_4 取[30,50]，进行参数辨识，表 2.6 给出了这 5 组模型阶次的优化结果和校验结果。

表 2.6　不同模型阶次情况下的优化结果及校验结果对比(二)

序号	模型阶次参数值	最优目标函数值			最小值	优化所得参数值	校验目标函数值	综合误差
		Ⅰ	Ⅱ	Ⅲ				
1	$n_a=3, n_b=1$	9.77	9.77	9.77	9.77	Z=[9.9851, 140.1237, −0.6641,42.1155,−0.9614, 0.0655, −0.0030,0.8657, −0.7708]	3.88	0.76
2	$n_a=3, n_b=2$	8.47	8.49	8.48	8.47	Z=[9.5943, 145.1347, −0.6823, 42.1600, −0.7381, −0.1615, −0.0648, 0.6672, −0.2023, −0.4328]	5.35	0.90
3	$n_a=3, n_b=3$	8.64	9.23	9.10	8.64	Z=[5.3179, 153.1158, −0.6282, 42.0951, −0.7179, −0.1602, −0.1047, 0.6841, −0.3210, −0.2138, −0.1333]	8.12	1.26
4	$n_a=4, n_b=1$	9.56	9.55	9.54	9.54	Z=[9.5400, 155.8717, −0.5926, 42.0060, −0.9416, 0.0623, 0.0471, −0.0255, 0.8218, −0.6928]	3.44	0.70
5	$n_a=4, n_b=2$	8.46	8.44	9.11	8.44	Z=[5.6010, 142.7611, −0.5992, 42.0362, −0.7785, −0.1845, 0.0306, −0.0496, 0.7273, −0.2371, −0.4718]	5.28	0.89

对比表 2.6 给出的 5 组综合误差值，第 4 组模型阶次对应的综合误差值最小，辨识误差和校验误差数值适当，辨识效果相对较好，可选定为超声波电机 Hammerstein 模型动态线性环节的阶次。由此，得到辨识模型对应的模型参数为 $Z=[c_1,c_2,c_3,c_4,a_1,a_2,a_3,a_4,b_0,b_1]=$ [9.5400, 155.8717, −0.5926, 42.0060, −0.9416, 0.0623, 0.0471, −0.0255, 0.8218, −0.6928]，模型的静态非线性部分为

$$x = 9.5400 + 155.8717\mathrm{e}^{-0.5926(u-42.0060)^2} \tag{2.17}$$

动态线性部分为

$$\frac{y(z^{-1})}{x(z^{-1})} = \frac{0.8218 - 0.6928z^{-1}}{1 - 0.9416z^{-1} + 0.0623z^{-2} + 0.0471z^{-3} - 0.0255z^{-4}} \tag{2.18}$$

图 2.17～图 2.20 给出了转速阶跃响应的模型计算数据与实测数据对比。可以看出，模型输出与实际输出接近程度较好。与图 2.11～图 2.14 相比，随着综合误差值从 0.89(表 2.3)减小到 0.70(表 2.6)，转速阶跃响应曲线中，计算数据与实测数据之间的最大平均差值也从 0.93874 减小为 0.90709。

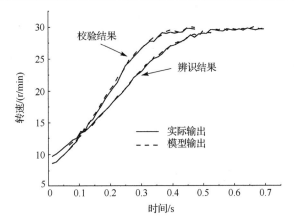

图 2.17　包含非线性环节的辨识和校验结果 (转速 30r/min)

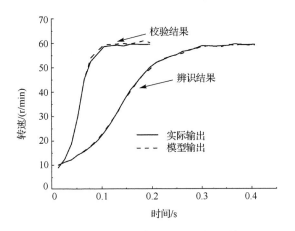

图 2.18　包含非线性环节的辨识和校验结果 (转速 60r/min)

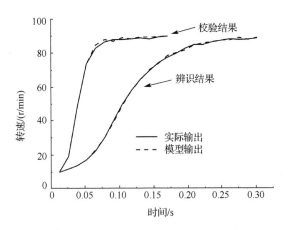

图 2.19　包含非线性环节的辨识和校验结果 (转速 90r/min)

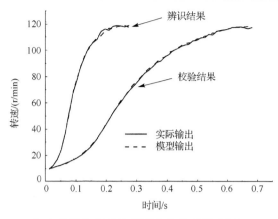

图 2.20　包含非线性环节的辨识和校验结果(转速 120r/min)

值得注意的是，表 2.6 中，第 1、2、4 组三次辨识所得最优目标函数值差异很小，仅在末位有 ±1 的差别，应为反复迭代计算过程中的舍入误差累积所致，可认为三次辨识的结果相同，通过优化计算找到了符合建模期望的最小值。而第 3、5 组三次辨识所得最优目标函数值差异较大。至少，其中数值较大的两次辨识计算显然没有找到最小值，其优化结果可能是局部极小值。而且，从优化辨识的过程来看，第 3、5 组优化计算所需迭代次数较多，其三次辨识所用迭代次数平均值分别为 698 和 695，而第 1、2、4 组三次辨识所用迭代次数平均值分别为 663、664 和 658。由此可见，为使优化算法表现更稳健、保证建模精度，并减少优化辨识过程所需迭代次数/时间、提高建模效率，有必要考虑针对超声波电机 Hammerstein 建模这一特定问题，改进差分进化算法。后面将对此做专门论述。

4. 线性环节增益设为 1 的辨识建模

这里，超声波电机 Hammerstein 模型的静态非线性环节仍取为式(2.16)。考察图 2.1 所示 Hammerstein 模型结构及式(2.16)可知，该模型的稳态增益是由静态非线性和动态线性环节共同表达的，两者的稳态增益相乘得到整个模型的稳态增益。其中，动态线性环节的稳态增益为 b_0。由此可知，b_0 与同样作为待辨识参数的式(2.16)参数之间不是相互独立的，可令 $b_0=1$，将整个模型的稳态增益都交式(2.16)来表达，即将线性环节原有的稳态增益归入非线性环节统一考虑，以减少待辨识参数的个数，减少优化问题的维数。于是，模型动态线性环节的形式改写为

$$y(k) = -a_1 y(k-1) - a_2 y(k-2) - a_3 y(k-3) - \cdots - a_{n_a} y(k-n_a) + x(k)$$
$$+ b_1 x(k-1) + \cdots + b_{n_b} x(k-n_b) \tag{2.19}$$

采用与前一部分辨识建模相同的优化算法参数值，经辨识建模，得到表 2.7 所示五组模型阶次情况下的优化结果和校验结果。

表 2.7　不同模型阶次情况下的优化结果及校验结果对比($b_0=1$)

序号	模型阶次参数值	最优目标函数值			最小值	优化所得参数值	校验目标函数值	综合误差
		I	II	III				
1	$n_a=3, n_b=1$	9.89	9.89	9.89	9.89	Z=[7.5241,140.0000,−0.5323, 41.8801, −0.9048, 0.0755, 0.0052, −0.8077]	5.39	0.95
2	$n_a=3, n_b=2$	9.18	9.18	9.18	9.18	Z=[8.9031, 140.0002, −0.5713, 41.9124, −0.7604, −0.0694, −0.0931, −0.5424, −0.3744]	5.97	1.00
3	$n_a=3, n_b=3$	9.18	9.19	9.19	9.18	Z=[8.7947, 140.2181, −0.5668, 41.9091, −0.7444, −0.0571, −0.1191, −0.5530, −0.3043, −0.0572]	5.09	0.89
4	$n_a=4, n_b=1$	9.57	9.57	9.57	9.57	Z=[7.3463, 140.0036, −0.5286, 41.8797, −0.9129, 0.0662, 0.0452, −0.0249, −0.8103]	3.79	0.74
5	$n_a=4, n_b=2$	8.81	8.81	8.82	8.81	Z=[8.4562, 140.0435, −0.5533, 41.8770, −0.7622, −0.1213, 0.0284, −0.0709, −0.4951, −0.4227]	5.99	0.99

对比表 2.7 中五组模型阶次下的综合误差值，第 4 组的综合误差值较小，可选定 Hammerstein 模型动态线性环节的阶次为 $n_a=4$、$n_b=1$。于是，得到超声波电机 Hammerstein 模型的静态非线性部分为

$$x = 7.3463 + 140.0036e^{-0.5286(u-41.8797)^2} \tag{2.20}$$

动态线性部分为

$$\frac{y(z^{-1})}{x(z^{-1})} = \frac{1-0.8103z^{-1}}{1-0.9129z^{-1}+0.0662z^{-2}+0.0452z^{-3}-0.0249z^{-4}} \tag{2.21}$$

图 2.21～图 2.24 给出了不同转速给定值情况下的转速阶跃响应实测数据与模型计算数据的对比，从辨识结果和校验结果看，模型输出与实际输出接近程度较好。

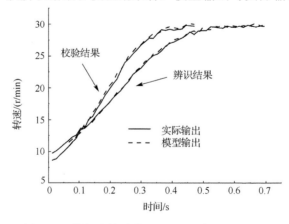

图 2.21　辨识和校验结果($b_0=1$，转速 30r/min)

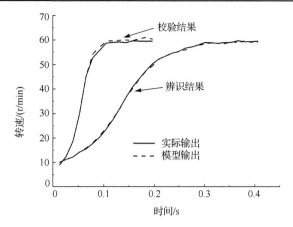

图 2.22 辨识和校验结果(b_0=1，转速 60r/min)

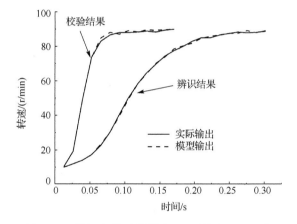

图 2.23 辨识和校验结果(b_0=1，转速 90r/min)

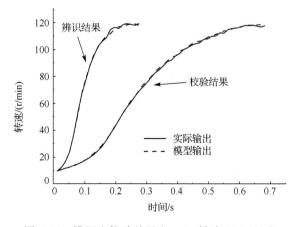

图 2.24 辨识和校验结果(b_0=1，转速 120r/min)

　　表 2.8 给出了"线性环节增益设为 1 的辨识建模"及"包含非线性环节参数的辨识建模"两种建模方法达到最优目标函数值所需的迭代次数。与"包含非线性环节参数的辨识建模"过程相比,这里建模的区别仅在于令 $b_0=1$,待辨识参数个数减少了 1 个。原则上,减少待辨识参数个数,优化计算过程有可能更快收敛。表 2.8 数据表明了这一点,"线性环节增益设为 1 的辨识建模"优化辨识过程所需平均迭代次数,均少于"包含非线性环节参数的辨识建模"方法;尤其是第 1 组模型阶次的迭代次数,减小了 36.0%。另一方面,对比表 2.6 和表 2.7 数据,除了第 3 组 $n_a=3$、$n_b=3$ 的模型阶次,本小节辨识所得最优目标函数值、校验目标函数值、综合误差值,均大于表 2.6 所示数据。这是因为,虽然待辨识参数的个数减少了 1 个,但作为优化辨识基础的建模数据并没有变,建模数据所表达的超声波电机运行特性并没有变,即需要通过优化计算来解决的问题的复杂度,在本质上并没有任何改变。而且,对于差分进化算法这种包含随机搜索策略的优化算法,减少 1 个待优化参数,意味着搜索空间的维度减少了 1 维,随机搜索的空间缩小了,在采用相同的优化算法参数值的前提下,这样有可能导致全局随机搜索的效率降低,从而得到上述表 2.6 和表 2.7 数据的对比结果。

表 2.8　b_0 为待辨识参数和 $b_0=1$ 的迭代次数对比

序号	模型结构参数值	b_0 为待辨识参数				$b_0=1$			
		I	II	III	平均值	I	II	III	平均值
1	$n_a=3$, $n_b=1$	622	697	668	662	417	407	448	424
2	$n_a=3$, $n_b=2$	689	670	624	661	686	623	647	652
3	$n_a=3$, $n_b=3$	696	698	700	698	656	691	691	680
4	$n_a=4$, $n_b=1$	649	662	662	658	593	569	527	563
5	$n_a=4$, $n_b=2$	691	699	695	695	672	639	649	654

　5. 三种模型辨识方法的比较

　　前面分别给出了三种建模方法,三种方法的区别在于 Hammerstein 模型的静态非线性环节的参数是否设为待辨识参数,以及由此带来的稳态增益表述形式。表 2.9 给出了这三种参数辨识方法的优化结果对比。

表 2.9　三种参数辨识方法优化结果对比

序号	模型阶次参数	给定非线性环节			包含非线性环节参数			$b_0=1$		
		最优值	校验值	综合误差	最优值	校验值	综合误差	最优值	校验值	综合误差
1	$n_a=3$, $n_b=1$	10.76	8.45	1.36	9.77	3.88	0.76	9.89	5.39	0.95
2	$n_a=3$, $n_b=2$	9.95	8.78	1.37	8.47	5.35	0.90	9.18	5.97	1.00
3	$n_a=3$, $n_b=3$	9.94	10.50	1.59	8.64	8.12	1.26	9.18	5.09	0.89
4	$n_a=4$, $n_b=1$	10.32	4.81	0.89	9.54	3.44	0.70	9.57	3.79	0.74
5	$n_a=4$, $n_b=2$	9.42	8.76	1.36	8.44	5.28	0.89	8.81	5.99	0.99

　　表 2.9 中最优值均为三次优化辨识结果中的最小值,对比三种参数辨识方式的最优目标函数值,可知非线性环节参数参与辨识建模的五组最优目标函数值均较小。这种辨识方法,待辨识参数个数多于其他两种方式,即种群中每个个体的维数较多,

搜索空间更广；虽然迭代次数较多，但是最优目标函数值较小。另外，从综合误差值来看，三种方法均为第 4 组模型阶次的综合误差值最小，模型阶次取为 $n_a=4$、$n_b=1$ 是合适的；在 $n_a=4$、$n_b=1$ 时，无论是最优目标函数值，还是校验目标函数值、综合误差值，都是非线性环节参数参与辨识时的优化效果最好，令 $b_0=1$ 时的辨识效果次之，非线性环节参数不参与辨识的辨识效果则相对较差。

由此可知，将包含随机策略的优化算法用于辨识建模，在正确使用优化算法并合理设置优化算法参数的前提下，努力减少待辨识参数个数以求更好优化计算结果，并不总是合适的。相反，在设置待辨识参数时，留有一些冗余，维持适度的随机搜索空间范围，使优化进程与具体的辨识建模问题更好匹配，可能得到更好的结果。另一方面，本章所述超声波电机 Hammerstein 模型的静态非线性环节是通过对实测数据的拟合得到的。数据拟合，也是一个优化计算的过程。作为数值分析技术的一个主要分支，拟合有着惯常使用的算法和处理方式。如果将拟合表达式直接用作模型的一部分，而模型其余部分通过辨识建模获得，则因为优化算法努力寻求整体模型与建模数据的一致性，拟合式中包含的拟合误差必然成为优化辨识误差中的一部分，影响整体模型精度的提高，也可能使得模型其余部分的辨识结果偏离其本来应有的结果。为减小整体模型的建模误差，也考虑到差分进化算法等近现代算法通常具有比传统的拟合算法更好的优化能力，仅采用拟合表达式的形式，将其参数作为待定量，和模型其余部分的参数一起，通过优化辨识确定其数值，能够得到更好的建模效果。

为更加直观地表明上述三种建模方法所得辨识模型的精度差别，图 2.25～图 2.32 给出了三种方法所得模型的计算输出与实测建模数据的对比图。图 2.33～图 2.36 则给出了校验数据的对比情况。图 2.37 还给出了三种方法优化建模过程中的目标函数值变化曲线。这些图中，所用模型的阶次均为 $n_a=4$、$n_b=1$。可以看出，无论采用哪一种建模方法，所得模型的计算输出与实验数据的偏差都不大，表明了所述建模方法的有效性。而且，三种方法中，"包含非线性环节参数"方法的偏差最小。

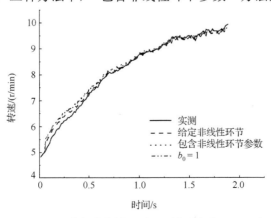

图 2.25　三种方法的辨识结果对比(转速 10r/min)

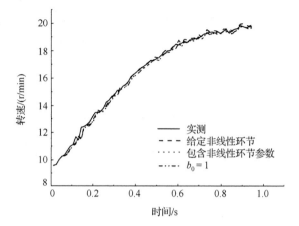

图 2.26　三种方法的辨识结果对比（转速 20r/min）

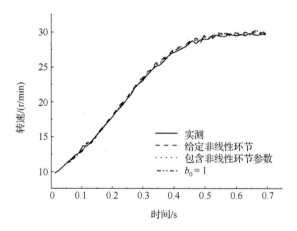

图 2.27　三种方法的辨识结果对比（转速 30r/min）

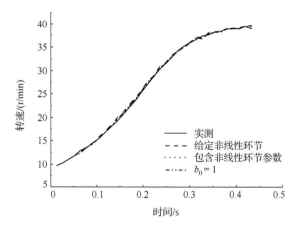

图 2.28　三种方法的辨识结果对比（转速 40r/min）

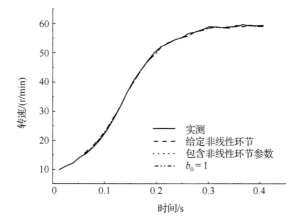

图 2.29　三种方法的辨识结果对比(转速 60r/min)

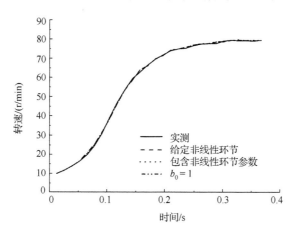

图 2.30　三种方法的辨识结果对比(转速 80r/min)

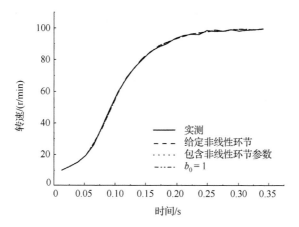

图 2.31　三种方法的辨识结果对比(转速 100r/min)

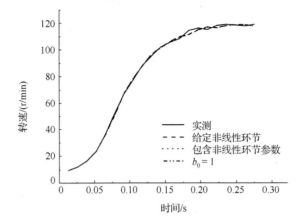

图 2.32　三种方法的辨识结果对比（转速 120r/min）

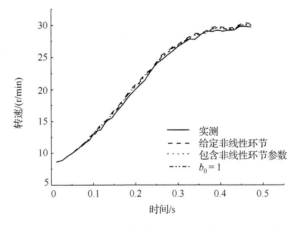

图 2.33　三种方法的校验结果对比（转速 30r/min）

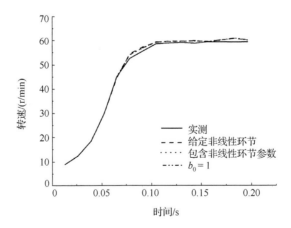

图 2.34　三种方法的校验结果对比（转速 60r/min）

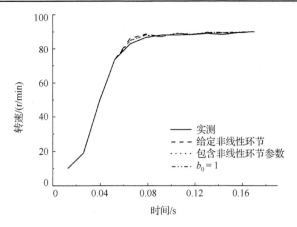

图 2.35　三种方法的校验结果对比(转速 90r/min)

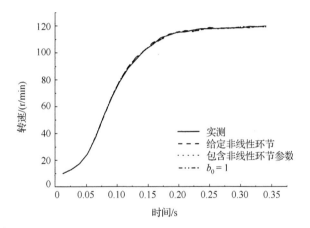

图 2.36　三种方法的校验结果对比(转速 120r/min)

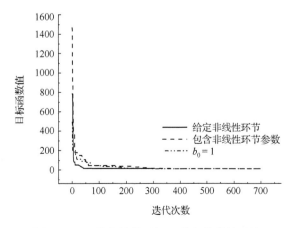

图 2.37　三种方法的目标函数变化曲线对比

前面各表给出的"最优目标函数值"都是按照式(2.10)计算的，是所有36组建模数据的偏差的和。为进一步细致说明三种建模方法的异同，表2.10给出了三种建模方法情况下，36组建模数据各自的均方误差值，图2.38为三种方法各组均方误差值的对比图。从表、图可以看出，与"给定非线性环节"的第一种建模方法相比，另外两种方法在电机转速给定值较低时的均方误差值稍小一些，且误差值随组次的变化更平滑一些。

表 2.10　三种参数辨识方法各组均方误差值对比

序号	转速给定值 (r/min)	均方误差		
		给定非线性环节	包含非线性环节参数	$b_0=1$
1	10	0.0139	0.03146	0.02825
2	10	0.01285	0.02517	0.02365
3	10	0.008649	0.01157	0.01203
4	20	0.03365	0.04066	0.04641
5	20	0.04322	0.04701	0.05429
6	20	0.06849	0.03623	0.03746
7	30	0.1353	0.06471	0.07224
8	30	0.1062	0.05118	0.05940
9	30	0.2217	0.08596	0.1040
10	40	0.1293	0.07043	0.07831
11	40	0.08862	0.06164	0.06440
12	40	0.1460	0.09358	0.1005
13	50	0.1524	0.1187	0.1313
14	50	0.1255	0.1130	0.1216
15	50	0.1750	0.1546	0.1694
16	60	0.1635	0.1213	0.1413
17	60	0.2563	0.2243	0.2370
18	60	0.3328	0.2753	0.3042
19	70	0.1720	0.1485	0.1517
20	70	0.1652	0.1678	0.1625
21	70	0.1986	0.1866	0.1987
22	80	0.2359	0.2381	0.2368
23	80	0.2265	0.2331	0.2241
24	80	0.1674	0.1711	0.1683
25	90	0.3701	0.3633	0.3595
26	90	0.3262	0.3565	0.3526
27	90	0.2700	0.2118	0.2067
28	100	0.4359	0.4136	0.4139
29	100	0.4226	0.4295	0.4263
30	100	0.3655	0.3850	0.3855

续表

序号	转速给定值 (r/min)	均方误差		
		给定非线性环节	包含非线性环节参数	$b_0=1$
31	110	0.8094	0.6966	0.6946
32	110	0.7289	0.7106	0.7055
33	110	0.3095	0.2985	0.2961
34	120	1.478	1.470	1.398
35	120	0.6573	0.6684	0.6583
36	120	0.7706	0.7688	0.7411

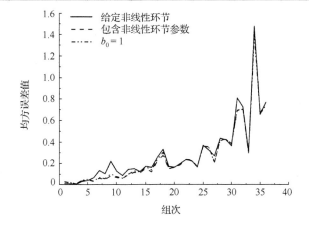

图 2.38 三种方法的各组均方误差对比

另外，值得注意的是，各组建模数据的误差分布并不均匀，在低速时均方误差值较小，而高速时均方误差值明显增大。这表明，所建模型在电机高速、低速运行时的精度是不同的。这一现象的根本原因在于超声波电机在高、低转速的固有运行特性有明显差异。若想建立一个在超声波电机全部转速范围内表现一致的固定参数模型，则需进行误差均化的研究。

经过上述对比，选定"包含非线性环节参数"的第二种建模方法所建模型为超声波电机 Hammerstein 非线性转速控制模型，模型表达式为式(2.17)和式(2.18)。

为给超声波电机控制策略设计与控制系统分析提供必要基础，本节采用差分进化算法进行模型参数辨识，建立超声波电机 Hammerstein 非线性转速控制模型。通过采用适当的函数形式对实验数据进行曲线拟合，得到模型中的静态非线性环节；其表达式为 Gauss 函数，不同于常用的多项式形式，在更好地表述超声波电机非线性特性的同时，也有利于简化模型结构，减少参数个数。随后，分别设计并尝试了给定非线性环节、包含非线性环节参数、$b_0=1$ 等三种辨识建模方法。结果表明，包含非线性环节参数的辨识建模效果最好。模型计算结果和实验数据的对比，表明建模方法有效，所建模型精度较高。

2.2　适用于超声波电机辨识建模的改进差分进化算法

超声波电机辨识建模的过程，是基于实验数据，采用优化算法确定模型参数与阶次的过程。一般而言，所有种类的电机，辨识建模的过程都是如此。这里，优化算法是辨识建模过程中的关键环节。优化算法是否能够找到最优解，表现是否稳健，即是否总是能够收敛于最优解，直接决定了所建模型的精度，甚至是建模的成败。而优化算法收敛于最优解所需要花费的时间长短，则决定了建模效率。

前面采用标准的差分进化算法进行超声波电机辨识建模，得到了模型阶次为 n_a=4、n_b=1 的超声波电机 Hammerstein 非线性转速控制模型，模型精度优于作者所在课题组之前采用蚁群、粒子群、菌群觅食等优化算法建模的情况，表明差分进化算法是一种适用于超声波电机辨识建模的较好的优化算法。不过也应注意，在 2.1 节所述建模过程中，采用相同优化算法参数、模型阶次参数进行的多次优化辨识计算，所得最优目标函数值往往会有差异，有时差异还会较大(如表 2.6 第 3、5 组三次辨识的情况)。显然，所得最优目标函数值相对较大的优化辨识过程，并未收敛于最优解，优化算法表现不够稳健。另一方面，使优化辨识收敛所需的迭代计算次数较多，优化过程所需时间较长，进一步限制了建模效率。

为使优化算法更稳健、保证建模精度，并减少优化辨识过程所需迭代次数/时间、提高建模效率，有必要考虑以超声波电机 Hammerstein 辨识建模为例，针对电机建模这一特定应用领域，改进差分进化算法。

差分进化算法自提出以来，已有许多文献论及其改进方法。总的来看，差分进化算法的改进主要聚焦在以下三个方面：一是采用自适应的优化算法参数，使参数随进化过程动态变化。例如，变异算子影响种群多样性，通常进化初期要求具有较强的种群多样性，而进化后期则期望较快的收敛速度。因此可考虑在进化过程中，使变异算子由大逐渐变小。二是改变算法的结构，如改变变异策略，或采用将多种变异策略进行组合的多变异策略，也可在现有的变异、交叉和选择三个操作中增加或删除一些操作。三是差分进化算法与其他优化算法组合，根据具体问题需求和各种算法的特点，组合成为满足特定应用需要的改进算法。

本节在标准差分进化算法的基础上，对变异操作、选择操作及参数设定进行改进，给出了适用于超声波电机辨识建模的改进差分进化算法。该算法在得到最优解的基础上，能有效减少优化辨识过程所需迭代次数和时间，优化算法表现更为稳健，建模效率更高。

2.2.1 现有改进差分进化算法评测

1. 改进变异操作

变异操作是差分进化算法中最为关键的步骤。差分进化算法利用种群中个体间的差异，引导种群个体的进化方向，使种群个体进化成为性能更为优良的个体，而正是变异操作决定了如何引导种群个体的进化方向。变异策略的设计，对于最优解的求取和求取速度都有很大的影响。合适的变异策略将提供在可行解空间中适用于特定问题的搜索方法，从而可加快搜索到全局最优解的搜索速度。

文献[17]给出了目前使用广泛且较为有效的六种变异策略，分别为

(1) DE/rand/1

$$V_i(t+1) = X_{r1}(t) + F(X_{r2}(t) - X_{r3}(t)) \tag{2.22}$$

(2) DE/best/1

$$V_i(t+1) = X_{\text{best}}(t) + F(X_{r1}(t) - X_{r2}(t)) \tag{2.23}$$

(3) DE/rand/2

$$V_i(t+1) = X_{r1}(t) + F(X_{r2}(t) - X_{r3}(t)) + F_2(X_{r4}(t) - X_{r5}(t)) \tag{2.24}$$

(4) DE/best/2

$$V_i(t+1)) = X_{\text{best}}(t) + F(X_{r1}(t) - X_{r2}(t)) + F_2(X_{r3}(t) - X_{r4}(t)) \tag{2.25}$$

(5) DE/current-to-rand/1

$$V_i(t+1) = X_i(t) + F(X_{r1}(t) - X_i(t)) + F_2(X_{r2}(t) - X_{r3}(t)) \tag{2.26}$$

(6) DE/current-to-best/1

$$V_i(t+1) = X_i(t) + F(X_{\text{best}}(t) - X_i(t)) + F_2(X_{r1}(t) - X_{r2}(t)) \tag{2.27}$$

式中，F、F_2 为变异算子；$r_1, r_2, r_3, r_4, r_5 \in \{1,2,3,\cdots,\text{Np}\}$ 为随机选取的互不相同的数，且均与 i 不同；Np 为初始种群个体数量；$X_i(t)$ 为第 t 代种群中的目标个体矢量，$V_i(t+1)$ 为目标矢量所对应的变异个体矢量，$X_{\text{best}}(t)$ 为第 t 代种群中的最优个体矢量。

变异策略(1)即标准差分进化算法所用变异策略，其基向量为随机个体，搜索范围较大，具有较好的全局搜索能力。变异策略(2)和(4)选择基向量为当前最优个体，利用最优个体来引导搜索方向，搜索范围围绕最优解，具有较好的局部搜索能力，收敛速度较快，但易陷入局部极小值。变异策略(3)在(1)DE/rand/1 基础上又增加了一个随机的差分矢量，和变异策略(1)相同，采用无约束的自由搜索，搜索范围广，种群多样性较强，但收敛速度较慢。变异策略(6)采用将当前最优个体矢量与目标个体矢量的差值及两随机个体矢量的差值相结合的方式，兼顾最优个体导向和随机搜索，以达到在探索和开发即全局搜索和局部搜索之间取得一定平衡的目的。式(2.27)

中，F 和 F_2 的取值可相同也可不同，多数情况下，为了减少参数数目，将其设为相同值。

将上述变异策略分别用于超声波电机辨识建模，取模型阶次 $n_a=4$、$n_b=1$，优化算法参数值为：$F=F_2=0.65$，$CR=0.9$，种群大小 $Np=100$，最大迭代次数 $Gm=700$。这里，最大迭代次数为进化终止条件。为比较不同变异策略的优化效果，避免初始种群随机性对优化结果的影响，所有优化辨识过程均采用同一初始种群。下面进行的优化辨识，除特殊说明，都采用此初始种群。分别采用上述变异策略进行优化辨识，所得结果如表 2.11 所示，表中"迭代次数"为达到最优目标函数值所需的迭代次数。

表 2.11　采用不同变异策略的优化结果对比

序号	变异策略	最优目标函数值	迭代次数
(1)	DE/rand/1	9.54	662
(2)	DE/best/1	9.54	309
(3)	DE/rand/2	33.14	477
(4)	DE/best/2	9.61	700
(5)	DE/current-to-rand/1	32.26	275
(6)	DE/current-to-best/1	9.54	347

考察表 2.11 数据可知，变异策略(3)、(4)和(5)均未找到最优解，与(1)和(2)相比，它们都增加了一个由种群中随机个体构成的差分矢量，虽然有利于增强差分进化算法的全局搜索能力和种群多样性，但同时也增加了搜索方向的不确定性，在最优个体的搜索方向上增加了更多的随机干扰，可能偏离趋近最优解的搜索方向。变异策略(2)和(6)能够得到与标准差分进化算法(1)相同的最优目标函数值，且迭代次数均少于标准差分进化算法。由于差分进化算法的计算过程存在随机性，为了验证采用变异策略(2)和(6)的优化结果是否为偶然结果，分别运行三次，得表 2.12 所示结果。

表 2.12　采用变异策略(2)和(6)的优化结果对比

序号	变异策略	I		II		III	
		最优目标值	迭代次数	最优目标值	迭代次数	最优目标值	迭代次数
(2)	DE/best/1	9.54	309	31.58	233	9.54	112
(6)	DE/current-to-best/1	9.54	347	9.54	319	9.54	176

从表 2.12 可以看出，采用变异策略(2)的第二次优化计算未能找到最优解。考察式(2.23)，变异策略(2)直接以当前最优个体作为基向量来引导搜索方向。这样做，一方面降低了种群多样性；另一方面，也使当前最优个体对优化进程的影响过大。若当前最优个体靠近局部极值而不是最优解，则此方向引导就很可能导致错误的结果。表 2.12 中，采用变异策略(6)的三次优化都得到同一最优目标函数值，均为 9.54，效果较好。

2. 参数的自适应调整

在差分进化算法中，变异算子 F 和交叉算子 CR 是影响种群多样性和收敛速度的重要参数。F 较大时，搜索范围较大，种群多样性较强，但收敛速度较慢；F 较小时，种群多样性降低，收敛速度较快，但可能出现早熟。当以某种方式在变异策略中引入当前最优个体来做定向变异时，若 CR 较大，则新个体中来自变异个体的分量较多，有利于加快收敛速度；反之，则新个体中来自变异个体的分量较少，有利于保持种群多样性。在标准差分进化算法中，变异算子和交叉算子都被设置为固定数值，但进化过程中的不同阶段，对种群多样性、搜索策略的要求是不同的，通常初期侧重于种群多样性，而后期则侧重于收敛速度。故可考虑使 F 值在前期较大、后期较小；CR 则前期较小、后期较大。另外，对于特定的优化问题，需要经多次试验来确定适合特定问题的参数值，以平衡种群多样性和收敛速度。

文献[18]给出了一种变异算子和交叉算子在优化过程中自适应调整的方法，其调整表达式为

$$F = F_0 \times 2^c, \quad c = e^{\left(1 - \frac{Gm}{Gm+1-G}\right)} \tag{2.28}$$

$$\text{CR} = \text{CR}_{\max} + (\text{CR}_{\min} - \text{CR}_{\max}) \times \left(1 - \frac{G}{Gm}\right)^k \tag{2.29}$$

式(2.28)中，Gm 为最大迭代次数；F_0 为预设的变异算子终值；G 为当前迭代次数。随着 G 的增大，F 值逐渐减小，最终达到 F_0。式(2.29)中，k 为正整数；$\text{CR}_{\max}$ 和 $\text{CR}_{\min}$ 分别为交叉算子 CR 的最大值、最小值，用来设定其取值范围。随着 G 的增大，CR 由 $\text{CR}_{\min}$ 逐渐增大，最终达到 $\text{CR}_{\max}$。

将式(2.28)和式(2.29)用于超声波电机辨识建模，并尝试不同的自适应参数值，对比其优化结果。模型阶次仍取为 n_a=4、n_b=1，优化算法中的其他参数值取为：Np=100、Gm=700。初始种群均采用同一种群，结果如表 2.13 所示。

表 2.13　不同自适应参数值优化结果对比

序号	变异算子和交叉算子	最优目标值	迭代次数
1	$c = e^{1-\frac{Gm}{Gm+1-G}}, F = 0.5 \times 2^c; \text{CR} = 1 + (0.5-1) \times \left(1 - \frac{G}{Gm}\right)^4$	9.62	669
2	$c = e^{1-\frac{Gm}{Gm+1-G}}, F = 0.5 \times 2^c; \text{CR} = 0.9 + (0.5-0.9) \times \left(1 - \frac{G}{Gm}\right)^4$	9.56	689
3	$c = e^{1-\frac{Gm}{Gm+1-G}}, F = 0.5 \times 2^c; \text{CR} = 0.9 + (0.6-0.9) \times \left(1 - \frac{G}{Gm}\right)^4$	9.54	690
4	$c = e^{1-\frac{Gm}{Gm+1-G}}, F = 0.5 \times 2^c; \text{CR} = 0.9 + (0.6-0.9) \times \left(1 - \frac{G}{Gm}\right)^3$	14.09	696
5	$c = e^{1-\frac{Gm}{Gm+1-G}}, F = 0.5 \times 2^c; \text{CR} = 0.9 + (0.6-0.9) \times \left(1 - \frac{G}{Gm}\right)^5$	9.63	683

表 2.13 数据表明，只有第 3 组得到了与标准差分进化算法相同的最优目标函数值，其他各组所得最优目标函数值均较大。采用第 3 组参数值进行优化辨识的过程中，变异算子和交叉算子的自适应变化过程如图 2.39 和图 2.40 所示，显示出了变异算子逐渐减小、交叉算子逐渐增大的变化过程。图 2.40 同时给出了表 2.13 中第 4 组情况的交叉算子变化曲线，同样也是渐增的，但是却未能找到最优解。这说明，变异算子和交叉算子的变化过程需要与特定问题相适应。

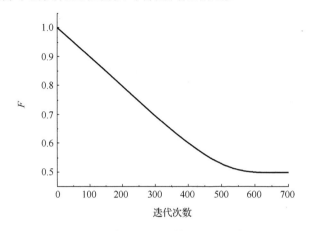

图 2.39　第 3 组变异算子变化曲线

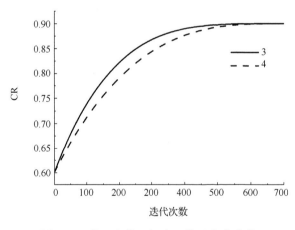

图 2.40　第 3 和第 4 组交叉算子变化曲线

文献[19]试图减弱标准差分进化算法参数确定对具体优化问题的依赖，给出了一种参数随进化个体目标函数值的变化而自适应调节的改进策略，使参数自适应调节过程更注重具体的进化情况。具体来说，就是根据随机选择的 3 个个体的相对位置来调节变异算子的大小。当随机选择的 3 个个体的位置相近时，所生成的差分矢量较小，变异操作的效果会被削弱，故此时需使变异算子为一较大的值；反之，当

随机选择的 3 个个体的位置较分散时，应使变异算子为一较小的值，从而避免生成的变异个体超出搜索空间。变异算子的表达式为

$$F_i = F_{\min} + (F_{\max} - F_{\min}) \frac{f_m - f_b}{f_w - f_b} \tag{2.30}$$

式中，f_m、f_b、f_w 分别为 3 个不同随机个体的目标函数值，$F_{\max}$ 和 $F_{\min}$ 为 F 的上、下限值。

同时，交叉算子根据个体目标函数值与整个种群目标函数平均值的大小进行动态更新。当个体目标函数值小于种群平均值时，个体较优，此时交叉算子可取较小的值，以保护较优个体；当个体目标函数值大于种群平均值时，个体较差，此时交叉算子应取较大的值，以促进较差个体的进化。交叉算子的表达式为

$$\mathrm{CR}_i = \begin{cases} \mathrm{CR}_{\min} + (\mathrm{CR}_{\max} - \mathrm{CR}_{\min}) \dfrac{f_i - f_{\min}}{f_{\max} - f_{\min}}, & f_i \geqslant \overline{f} \\ \mathrm{CR}_{\min}, & f_i < \overline{f} \end{cases} \tag{2.31}$$

式中，$\mathrm{CR}_{\max}$ 和 $\mathrm{CR}_{\min}$ 为 CR 的上、下限值，f_i 为第 i 个目标矢量的目标函数值，$f_{\max}$ 和 $f_{\min}$ 为目前最差个体和最优个体的目标函数值。

取 $F_{\max}=0.9$，$F_{\min}=0.1$，$\mathrm{CR}_{\max}=1$，$\mathrm{CR}_{\min}=0.1$，其他参数值不变，优化所得最优目标函数值为 9.90，迭代次数为 686。可知与文献[18]所述算子自适应方法相比，这种方法并未得到全局最优解，且运行时间为 1630.08s，远大于表 2.13 第 3 组优化辨识所需的时间 529.11s。

3. 双种群自适应进化

文献[20]针对差分进化算法后期收敛速度慢和可能陷入局部极值点的缺点，提出了一种双种群自适应进化的改进差分进化算法。此算法采用不同方式同时初始化两个种群，并采用不同的自适应变异算子和变异策略同时进行进化，在选择操作中从两个种群中选择最优个体进入下一次迭代。

种群初始化中，种群 A 和 B 采用式(2.32)生成初始种群，$[X_{\min}, X_{\max}]$ 为初始值取值范围。

$$\begin{aligned} A &= X_{\max} - (X_{\max} - X_{\min}) \times \mathrm{rand}() \\ B &= X_{\min} + X_{\max} - A \end{aligned} \tag{2.32}$$

两个种群采用不同的变异算子和变异策略，使种群 A 偏向于局部搜索，种群 B 偏向于全局搜索，并同时对两个种群进行选择，这样，种群 A 和种群 B 通过个体交流来协同进化，试图使算法同时兼具较好的全局搜索能力和局部搜索能力。种群 A 的变异算子和变异策略为

$$F_1 = a\left[\cos\left(\frac{(G-1)\pi}{\text{Gm}}\right) + 1\right] + 0.1 \tag{2.33}$$

$$S_{i,G+1} = A_{g,G} + F_1(X_{Abest,G} - A_{l,G}) \tag{2.34}$$

式中，a 为控制参数；g, $l \in \{1,2,3,\cdots,\text{Np}\}$ 为随机选取的互不相同的数，且均与 i 不同；$S_{i,G+1}$ 为种群 A 的变异子代，$X_{Abest,G}$ 为当前种群 A 最优个体矢量。种群 B 的变异算子和变异策略为

$$F_2 = b\left[3 - 2^{\left(1 - \frac{\text{Gm}}{G^2}\right)}\right] \tag{2.35}$$

$$s_{i,G+1} = \text{rand}() \times A_{p,G} + F_2(X_{Bbest,G} - B_{p,G}) \tag{2.36}$$

式中，b 为常数；$p \in \{1,2,3,\cdots,\text{Np}\}$ 为随机选取的数，且与 i 不同；$s_{i,G+1}$ 为种群 B 的变异子代；$X_{Bbest,G}$ 为当前种群 B 的最优个体矢量。种群 B 变异策略中同时引入了种群 A 和 B 的父代个体信息，有利于两种群的相互配合。

随后，对变异子代个体进行筛选，超出可行解范围的个体需采用反向学习机制重新生成，种群 A 和 B 的筛选方式分别为

$$U_{i,j,G+1} = \begin{cases} S_{i,j,G+1}, & X_{\min} \leqslant S_{i,j,G+1} \leqslant X_{\max} \\ X_{\min} + (X_{\max} - X_{\min}) \times \text{rand}(), & \text{其他} \end{cases} \tag{2.37}$$

$$u_{i,j,G+1} = \begin{cases} s_{i,j,G+1}, & X_{\min} \leqslant s_{i,j,G+1} \leqslant X_{\max} \\ X_{\max} - (X_{\max} - X_{\min}) \times \text{rand}(), & \text{其他} \end{cases} \tag{2.38}$$

式(2.37)和式(2.38)表明，A 种群利用 B 种群生成初始个体的方式产生新个体，而 B 种群利用 A 种群生成初始个体的方式产生新个体。

交叉操作与标准差分进化算法相同，但两种群均采用自适应单调递增的交叉算子，表达式为

$$\text{CR} = 0.4 \times \left[\cos\left(\frac{(G-1)\pi}{\text{Gm}} - \pi\right) + 1\right] \tag{2.39}$$

标准差分进化算法的选择操作仅从父代个体和交叉子代中选择最优个体进入下一次迭代，而文献[20]所述改进算法将变异子代加入选择操作，同时从两种群的父代个体、变异子代和交叉子代中选择最优个体，扩大了选择范围。

将双种群自适应进化的改进差分进化算法应用于超声波电机建模，并根据不同参数值的尝试结果，选定 a=0.2、b=0.5，同时将交叉算子表达式改为

$$\text{CR} = 0.4 \times \left[\cos\left(\frac{(G-1)\pi}{\text{Gm}} - \pi\right) + 1\right] + 0.5 \tag{2.40}$$

优化辨识过程中的其他参数值取为：$n_a=4$，$n_b=1$，maxbound=1，minbound=-1，Np=100，c_1 取[5,10]，c_2 取[140,200]，c_4 取[30,50]，最大迭代次数 Gm=500。进行优化计算，得最优目标函数值为 9.55，达到最优目标值所需的迭代次数为 178。与标准差分进化算法优化结果相比，最优目标函数值稍大 0.01，但与标准差分进化算法迭代次数 662（见表 2.11）相比，该改进算法迭代次数明显较小。但由于该算法使用两个种群，每次迭代计算量明显增大。标准差分进化算法达到最优目标函数值（662 代）用时为 503.89s，而双种群自适应算法达到最优目标值（178 代）用时为 606.02s，优化所需计算时间并未减少。而且，除了使用两个种群同时进化，文献[20]所述算法同时给出的这些改进措施，进一步增加了算法复杂性。各个改进措施相互关联，互相影响，使得如何确定一组适当的算法参数，成为应用该算法时必须面对的一个难题。

优化过程中，变异算子和交叉算子的变化曲线如图 2.41 和图 2.42 所示。与图 2.39、图 2.40 对比，变化趋势相同，但变化过程不同。尤其是图 2.41 给出的两条变异算子曲线，体现了对全局搜索和局部搜索的不同考量。

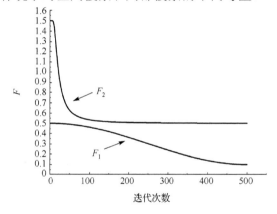

图 2.41 变异算子变化曲线（双种群自适应进化）

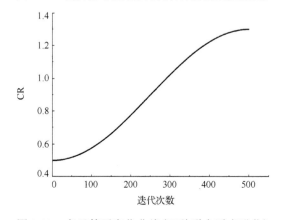

图 2.42 交叉算子变化曲线（双种群自适应进化）

4. 改进方法的组合

前面所述双种群自适应进化的改进差分进化算法，将变异子代加入选择操作，以达到扩大选择范围、减少错失最优解可能性的目的。尝试将此引入前面"改进变异操作"、"参数的自适应调整"所述改进方法中，考察是否能进一步减小最优目标值、加快收敛速度。

在标准差分进化算法的基础上，采用"改进变异操作"所述 DE/current-to-best/1 变异策略，并将变异个体加入选择操作，变异算子和交叉算子采用固定数值。优化辨识所用参数值和采用标准差分进化算法时一致，分别为：$n_a=4, n_b=1$, Np=100, $F=0.65$, CR=0.9, Gm=500。优化所得最优目标函数值为 9.54，收敛于该值所需迭代次数为 117。与未将变异子代加入选择操作的情况相比，在同样找到最优解的前提下，迭代次数明显减少，加快了收敛速度。

由"参数的自适应调整"方法可知，使用自适应变异算子和交叉算子后，得到的最优目标函数值与标准差分进化算法相同，且迭代次数并未减少，故考虑将变异策略改为 DE/current-to-best/1，其参数 F 和 F_2 采用表 2.13 第 3 组的同一变异算子表达式，其他参数值保持不变。进行超声波电机模型的优化辨识，优化所得最优目标函数值为 9.54，所需迭代次数为 377，迭代次数明显减少。在此基础上，再将变异子代加入选择操作，优化所得最优目标函数值依然是 9.54，迭代次数进一步减少为 164。从以上结果可知，使用变异策略 DE/current-to-best/1 和自适应变异算子、交叉算子，并将变异个体加入选择操作时，效果较好。

因变异算子和交叉算子对算法性能均有影响，而算子不同的变化过程对算法性能产生的影响也不尽相同，故考虑尝试不同的变异算子和交叉算子自适应表达形式，使变异算子和交叉算子具有不同的变化过程，其他参数值保持不变。表 2.14 给出四种自适应变异算子和两种自适应交叉算子的优化结果。表 2.14 中第 1 组的自适应算子表达式，与上一段述及的两次优化辨识所用表达式(即表 2.13 第 3 组)相同。图 2.43 和图 2.44 给出了与表 2.14 对应的变异算子、交叉算子变化曲线。

表 2.14　不同自适应算子优化结果对比(Gm=500)

序号	自适应算子	最优目标值	迭代次数
1	$c = e^{1\frac{Gm}{Gm+1-G}}, F = 0.5 \times 2^c; CR = 0.9 + (0.6-0.9) \times \left(1 - \frac{G}{Gm}\right)^4$	9.54	219
2	$F = 0.2 \times \left[\cos\left(\frac{(G-1)\pi}{Gm}\right) + 1\right] + 0.5; CR = 0.9 + (0.6-0.9) \times \left(1 - \frac{G}{Gm}\right)^4$	9.54	472
3	$F = 0.3 \times \left[3 - 2^{\left(1-\frac{Gm}{G^2}\right)}\right]; CR = 0.9 + (0.6-0.9) \times \left(1 - \frac{G}{Gm}\right)^4$	9.88	420

续表

序号	自适应算子	最优目标值	迭代次数
4	$F = 0.4 \times \left[3 - 2^{\left(1-\frac{Gm}{G^2}\right)} \right]; CR = 0.9 + (0.6 - 0.9) \times \left(1 - \frac{G}{Gm}\right)^4$	9.99	388
5	$c = e^{1-\frac{Gm}{Gm+1-G}}, F = 0.5 \times 2^c; CR = 0.4 \times \left[\cos\left(\frac{(G-1)\pi}{Gm} - \pi\right) + 1 \right] + 0.5$	9.69	337

从表 2.14 数据可以看出，只有第 1 组和第 2 组自适应算子形式得到了与标准差分进化算法相同的最优解，且第 1 组的迭代次数明显小于第 2 组，表明第 1 组自适应算子形式与优化环境更加匹配，效果较好，较适合于超声波电机辨识建模这一应用场合。

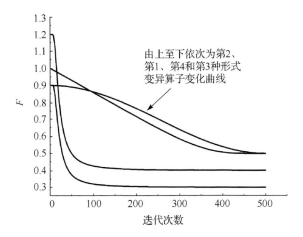

图 2.43　不同自适应算子情况的变异算子变化曲线

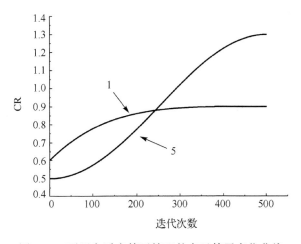

图 2.44　不同自适应算子情况的交叉算子变化曲线

2.2.2 对现有改进差分进化算法的分析

前述评测结果表明，相比于标准差分进化算法，双种群自适应进化、改进变异策略、自适应变异算子和交叉算子三种方法均可在不同程度上减少迭代次数，改善优化辨识进程。本节分析这些改进方法对优化过程的影响和具体的影响方式，针对超声波电机辨识建模，探究改进差分进化算法的简便、有效途径。

可以用来反映优化过程差异的主要指标是收敛速度和种群多样性。当前最优目标函数值变化曲线可表征收敛速度与收敛过程，种群中个体的分布情况可表征种群多样性。但个体在多维搜索空间中的分布情况难以用平面图形完整表达，同时，为了便于描述、比较，需要定义一个指标来衡量种群多样性与个体分布状况。故本节以当前种群中各个体与平均值之间的距离之和来表征迭代过程中个体分布情况的变化，并称之为"分散度"。分散度的数值越大，则种群中个体的分布越分散，种群多样性越强。反之，分散度越小，个体分布越密集，多样性越弱。分散度的计算方法为

$$d = \sqrt{\sum_{i=1}^{Np}\sum_{j=1}^{D}(z(i,j)-\overline{z}(1,j))^2} \tag{2.41}$$

式中，d 为分散度；D 为每个个体的分量维数，即待辨识参数个数；$z(i,j)$ 为个体分量；$\overline{z}(1,j)$ 为个体分量平均值，其计算式为

$$\overline{z}(1,j) = \frac{\sum_{i=1}^{Np}z(i,j)}{Np}, \quad j=1,2,\cdots,D \tag{2.42}$$

1. 双种群自适应优化过程分析

图 2.45 给出了优化过程中的目标函数值变化曲线，图 2.46 为每次迭代的个体分散度变化曲线。

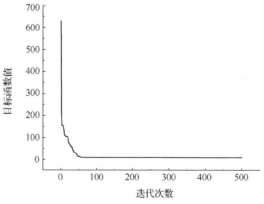

图 2.45 双种群自适应目标函数变化曲线

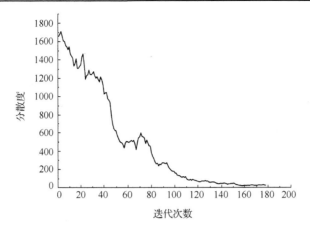

图 2.46　双种群自适应各个体分散度变化曲线

从图 2.46 可以看出，在达到最优目标函数值所需的 178 次迭代中，虽然部分迭代存在分散度增加的情况，但是整体呈现下降趋势。这表明，在优化过程中，各个体逐渐聚拢，群体分布由分散逐渐趋向密集，在迭代次数为 178 时，分散度值为 28.7097。关于分散度在下降过程中出现增加的现象，首先是由于差分优化算法的随机性；其次，观察图 2.41 和图 2.42 给出的变异算子、交叉算子变化曲线，所有曲线都是光滑变化的，体现了对全局与局部搜索各有侧重的调控期望，但图 2.46 所示分散度仍然出现了增加现象，反映出算法复杂度大幅度增加导致的调控难度增加。

下面采用图示的方式来说明个体分布情况变化的细节。种群中的每个个体，是由待辨识的模型参数值构成的。这里，待辨识的超声波电机 Hammerstein 模型动态线性环节表达式仍为式 (2.9)。

取阶次 n_a=4、n_b=1 时，式 (2.9) 中待辨识的系数为 6 个，即 a_1,a_2,a_3,a_4,b_0,b_1。这说明，种群中的每个个体都是多维矢量，不易用平面图形表达其分布状况。本节尝试绘制 1 个待辨识参数变化过程的方式来反映个体分布状况的变化。为使这样的图形更具代表性，选择 6 个待辨识参数中对模型计算值影响最大的参数来绘制图形。由式 (2.9) 可知，参数的数值大，该参数对输出值 $y(k)$ 的影响就相对大一些。通过前面优化辨识所得的模型参数值为 $[a_1,a_2,a_3,a_4,b_0,b_1]$=[−0.9416, 0.0623, 0.0471, −0.0255, 0.8218, −0.6928]，其中 a_1 的绝对值相对较大，所以下面首先分析该参数在迭代过程中的变化情况。

图 2.47 和图 2.48 以迭代次数为横坐标，分别给出了种群中 3 个个体 a_1 值的变化过程。观察 a_1 值在收敛于最优解之前 178 次迭代中的变化过程，可以看出，各个体的 a_1 值在迭代初期差异较大，分布较分散；随着迭代的进行，差异逐渐减小，最后趋于一致，数值基本相同。式 (2.9) 中，b_0 绝对值的数值大小与 a_1 相近，图 2.49 和图 2.50 给出了部分个体 b_0 值的变化过程。可以看出，b_0 与 a_1 的变化规律一致。

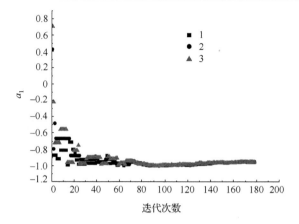

图 2.47　第 1、第 2 和第 3 个体中 a_1 值变化情况（一）

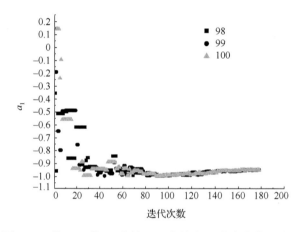

图 2.48　第 98、第 99 和第 100 个体中 a_1 值变化情况（一）

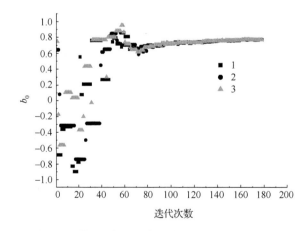

图 2.49　第 1、第 2 和第 3 个体中 b_0 值变化情况

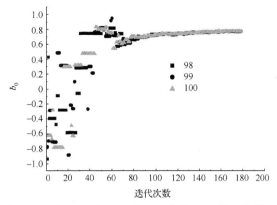

图 2.50　第 98、第 99 和第 100 个体中 b_0 值变化情况

图 2.51 和图 2.52 以种群中全部 100 个个体的序号为横坐标,分别给出了 3 次不同迭代次数时的 100 个个体中 a_1 值的分布情况。为便于比较,两图采用了相同的纵坐标尺度。同样可以看出,随着迭代次数的增加,不同个体中的 a_1 值分布由分散变为密集,最后逐渐趋于相同值。

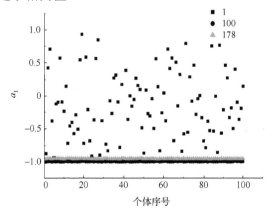

图 2.51　第 1、第 100 和第 178 次迭代 100 个个体分布情况

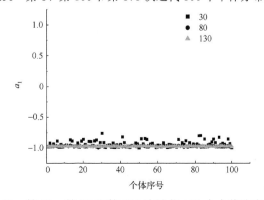

图 2.52　第 30、第 80 和第 130 次迭代 100 个个体分布情况

2. 改进变异策略的优化过程分析

图 2.53 给出了改进变异策略方法的最优目标函数值变化曲线,迭代至 117 代时收敛于最优解。图 2.54 为每次迭代时个体分散度的变化曲线。在迭代次数为 117 时,相对平均值距离之和为 360.9522,远大于前述双种群自适应优化情况的 28.7097。这表明,在收敛时,种群中个体分布更分散一些,种群仍然保持着一定的多样性。

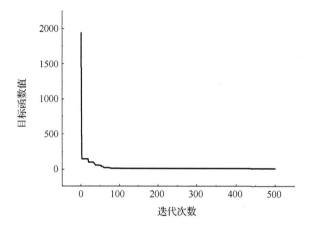

图 2.53　改变变异策略目标函数变化曲线

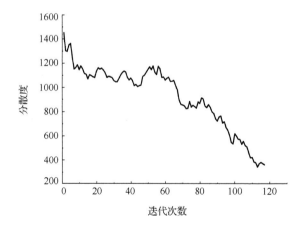

图 2.54　改变变异策略个体分散度变化曲线

图 2.55 和图 2.56 给出了不同个体中 a_1 值在迭代过程中的变化过程,可见,各个体中 a_1 值在迭代过程中逐渐由分散到聚集,只是在收敛时的分布较图 2.47、图 2.48 更分散。

图 2.57 和图 2.58 为不同迭代次数时,全部 100 个个体中 a_1 值大小的分布情况,同样,随着迭代次数的增加,不同个体中的 a_1 值逐渐趋近。

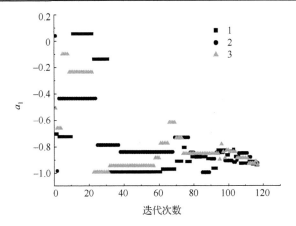

图 2.55　第 1、第 2 和第 3 个体中 a_1 值变化曲线（二）

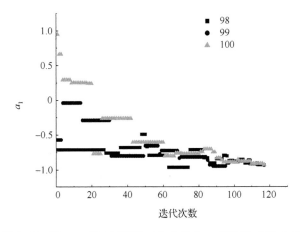

图 2.56　第 98、第 99 和第 100 个体中 a_1 值变化曲线（二）

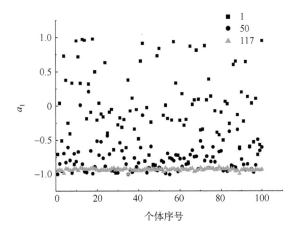

图 2.57　第 1、第 50 和第 117 次迭代 100 个个体分布情况

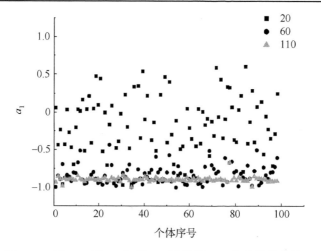

图 2.58　第 20、第 60 和第 110 次迭代 100 个个体分布情况

3. 自适应变异算子和交叉算子优化过程分析

图 2.59 给出了自适应变异算子和交叉算子方法的目标函数值变化曲线,下降过程较为缓慢,出现明显的"台阶"。图 2.60 为每次迭代的分散度值变化曲线,同样呈现总体下降趋势,也有局部的增大区域。在达到最优目标函数值即迭代次数为 219 时,分散度为 158.5432。

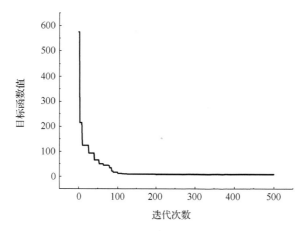

图 2.59　自适应算子目标函数变化曲线

图 2.61 和图 2.62 给出了不同个体中 a_1 值的变化过程,同样是由分散逐渐趋于集中,最后基本相同。图 2.63 和图 2.64 为不同迭代次数时,全部 100 个个体中 a_1 值的分布情况,随着迭代次数的增加,不同个体中的 a_1 值逐渐趋于相同值。

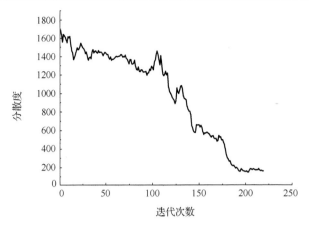

图 2.60　自适应算子个体分散度变化曲线

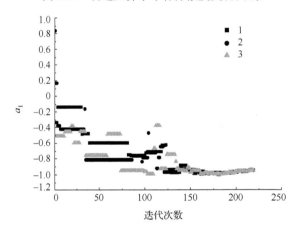

图 2.61　第 1、第 2 和第 3 个体中 a_1 值变化情况(三)

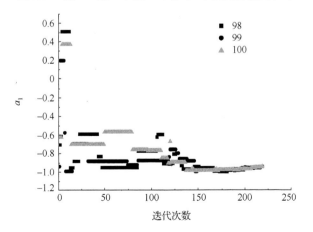

图 2.62　第 98、第 99 和第 100 个体中 a_1 值变化情况(三)

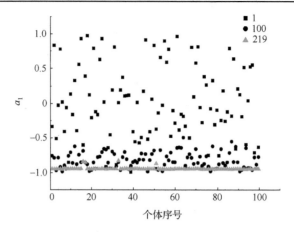

图 2.63　第 1、第 100 和第 219 次迭代 100 个个体分布情况

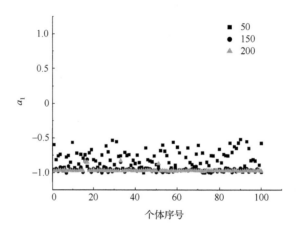

图 2.64　第 50、第 150 和第 200 次迭代 100 个个体分布情况

4. 三种方法的优化过程对比

表 2.15 给出了以上三种改进方法的优化结果对比。

表 2.15　三种改进方法的优化结果对比

序号	改进算法	最优目标值	迭代次数	优化时间/s	收敛时的分散度
1	双种群自适应	9.55	178	606.02	28.7097
2	改变变异策略	9.54	117	177.74	360.9522
3	自适应变异算子和交叉算子	9.54	219	332.54	158.5432

表 2.15 中优化时间为对应于收敛迭代次数的时间。对比表 2.15 中三种改进方法达到收敛所需时间可知，双种群自适应方法因算法较复杂，用时较长。

从三种方法优化过程中个体分布的变化情况可知，随着迭代次数的增加，个体均是由分散逐渐趋于聚集。比较三种方法的个体分布图形，虽然变化趋势相同，但过程有差异。在图 2.61、图 2.62 中，起始阶段快速聚集，随后，在相对较长的一段时间内，个体分散程度与分布区域没有明显变化，这一现象同样体现在图 2.59 和图 2.60 中。在图 2.59 中，这种现象延缓了最优目标函数值的下降趋势。表 2.15 数据也表明，这种方法收敛于最优解需更多的迭代次数。而另外两种方法的个体分布变化过程，则表现相对稳健，呈现渐进的收敛过程。应注意的是，如果对差分进化算法的改进措施是适当的，那么种群中个体趋于聚集通常意味着由侧重于全局搜索转向局部搜索。一般认为，对于差分进化算法这类带有随机性的进化算法，优化初期应侧重于可行解空间内的全局搜索，在找到最优解所在区域之后，则应转而侧重于这一小区域内的局部搜索，直至找到最优解。遗憾的是，还没有什么方法能够在进化算法的优化计算过程中，快速、准确地判定是否已经找到最优解所在区域。在这种情况下，群体中个体分布状态由分散渐进、平稳地趋于聚集，应该是合理的。至于聚集速率的快与慢，则取决于具体的优化算法与优化环境。

表 2.15 数据显示，三种方法中第二种方法的迭代次数最少，收敛速度最快。但第二种方法达到最优目标函数值时的个体分散度最大、聚集程度最低，这点从个体分布情况图(图 2.55～图 2.58)中也可以看出。一方面，优化过程的结果，也就是最优解，只是种群中表现最好的那一个个体，并不要求全部个体都一模一样。也就是说，个体趋同并不是得到最优解的必要前提条件。另一方面，迭代过程中个体的分布状况，并不一定是越集中越好，保持一定的分散性，也许有利于更快达到收敛，更快找到最优解。个体趋同是限制算法的随机性、增强定向进化所导致的必然结果。随机性是进化类优化算法的本质特征之一，保持适当的随机性，也就是使种群中的个体分布在适当范围内，通常是有利的，对全局搜索是这样，对局部搜索也是这样。只是在侧重局部搜索时，随机性应该小一些。

2.2.3　适用于超声波电机建模的改进差分进化算法

根据前面的评测与分析，在现有改进方法中，采用变异策略 DE/current-to-best/1 能够得到较好效果。本节研究该变异策略的改进形式，给出适合于超声波电机辨识建模的改进差分进化算法。

变异策略 DE/current-to-best/1 的变异操作如式(2.27)所示。式中，F 所乘差分矢量为当前最优个体矢量与目标个体矢量之间的差向量，这一项使目标个体产生定向运动，趋近于当前最优个体矢量周边进行局部搜索；而 F_2 所乘差分矢量为两个不同随机个体的差向量，使目标个体产生随机运动，倾向于全局搜索。式(2.27)既考虑了全局搜索又考虑了局部搜索，抓住了优化进程控制的主要问题。其中两个系数 F 和 F_2 的相对大小，反映了侧重于全局搜索还是局部搜索，可以用来调控优化进程。如前所述，一般而言，在优化的起始阶段应侧重于全局搜索，随着优化迭代计算的持续进行,应逐渐过渡到侧重于局部搜索,并应考虑保持适当的随机性。由此看来,系数 F 和 F_2 的相对大小,应该是随着优化进程而变化的。但是,文献[17]将系数 F 和 F_2 设为常数,并且通常使两者数值相等。这样做,不符合优化计算的一般规律。因而,本节尝试在优化过程中调整 F 和 F_2 的相对大小,寻求改进。

根据一般规律,优化起始阶段的目标函数值大,需要进行大范围的全局搜索,可设置 F_2 为较大值,并取 F 为小值,如 0。随着迭代计算的进行,目标函数值逐渐减小,使 F 值增大,逐渐过渡到侧重局部搜索。问题是,F 值何时开始增大?考察之前优化辨识过程中的最优目标函数值变化曲线,如图 2.59 所示,目标函数值在初期快速下降,随后转为缓慢下降,直至收敛。当目标函数值缓慢下降时,当前最优目标函数值已经接近最终的收敛值,可以考虑调整优化计算使之趋于局部搜索。因而,可根据最优目标函数值的当前变化速率来决定 F 值是否开始增大,亦可将最优目标函数值开始缓慢下降时对应的迭代次数 $G1$ 作为 F 值开始增大的条件。

优化起始时,令 $F=0$。当迭代次数大于 $G1$ 时,使 F 值逐渐增大,增大到一定值后保持不变。因为若 F 值过大,则可能会因个体聚集太快而陷入局部极值点,出现早熟。同时,F_2 值随着迭代次数的增加而减小,减至一定值后保持不变,这样可使种群在进入局部搜索后仍保持一定的分散程度,限制聚集的速度和程度。

将上述变异算子自适应调整策略用于超声波电机辨识建模,设置参数为:$n_a=4$、$n_b=1$、$Np=100$、$CR=0.9$、$Gm=500$,尝试不同的变异算子调整表达式和 $G1$ 值对优化过程的影响,其优化结果如表 2.16 所示。

表 2.16　不同变异算子的优化结果对比

序号	变异算子	最优目标值	迭代次数
1	$F_2 = 0.5 \times \left[\cos\left(\dfrac{(G-1)\pi}{Gm} \right) + 1 \right] + 0.1; F = 0.2 - 0.2 \times \left(1 - \dfrac{G-G1}{Gm-G1} \right)^4, G1 = 100$	11.50	499
2	$F_2 = 0.5 \times \left[\cos\left(\dfrac{(G-1)\pi}{Gm} \right) + 1 \right] + 0.4; F = 0.5 - 0.5 \times \left(1 - \dfrac{G-G1}{Gm-G1} \right)^4, G1 = 100$	9.78	498
3	$F_2 = 0.5 \times \left[\cos\left(\dfrac{(G-1)\pi}{Gm} \right) + 1 \right] + 0.4; F = 0.5 - 0.5 \times \left(1 - \dfrac{G-G1}{Gm-G1} \right)^4, G1 = 50$	9.56	491
4	$c = e^{1 - \frac{Gm}{Gm+1-G}}, F_2 = 0.5 \times 2^c; F = 0.5 - 0.5 \times \left(1 - \dfrac{G-G1}{Gm-G1} \right)^4, G1 = 50$	9.54	457

表 2.16 中,只有第 4 组变异算子表达式对应的优化结果为最优值,其他各组都未能找到最优解。图 2.65 和图 2.66 给出了表 2.16 第 3 组和第 4 组变异算子的变化曲线。由图表对照可以看出,不同的表达式、不同的表达式参数所对应的不同的变异算子调整过程,对优化进程及结果有着重要影响。对第 4 组变异算子表达式,尝试不同的参数值,其对应的优化结果如表 2.17 所示。表中第 3、4 和第 5 组取 $G1=0$,即优化计算一开始,F 值就逐渐增大。

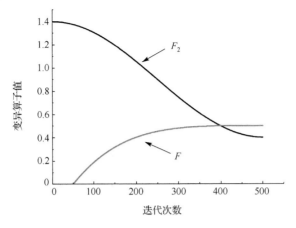

图 2.65　表 2.16 第 3 组变异算子变化曲线

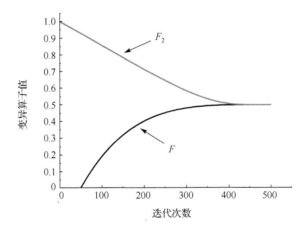

图 2.66　表 2.16 第 4 组变异算子变化曲线

表 2.17　不同取值变异算子的优化结果对比(一)

序号	变异算子	最优目标值	迭代次数
1	$c=\mathrm{e}^{1-\frac{Gm}{Gm+1-G}},F_2=0.65\times2^c;F=0.65-0.65\times\left(1-\dfrac{G-G1}{Gm-G1}\right)^4,G1=50$	14.56	491
2	$c=\mathrm{e}^{1-\frac{Gm}{Gm+1-G}},F_2=0.65\times1.6^c;F=0.65-0.65\times\left(1-\dfrac{G-G1}{Gm-G1}\right)^4,G1=50$	9.60	491
3	$c=\mathrm{e}^{1-\frac{Gm}{Gm+1-G}},F_2=0.65\times1.6^c;F=0.65-0.65\times\left(1-\dfrac{G-G1}{Gm-G1}\right)^4,G1=0$	9.54	475
4	$c=\mathrm{e}^{1-\frac{Gm}{Gm+1-G}},F_2=0.4\times2.5^c;F=0.8-0.8\times\left(1-\dfrac{G-G1}{Gm-G1}\right)^4,G1=0$	9.56	480
5	$c=\mathrm{e}^{1-\frac{Gm}{Gm+1-G}},F_2=0.2\times5^c;F=1-1\times\left(1-\dfrac{G-G1}{Gm-G1}\right)^4,G1=0$	16.93	306

　　由表 2.17 数据可知,只有第 3 组变异算子得到了最优解,其迭代次数也与表 2.16 第 4 组变异算子所需迭代次数接近。可知对于超声波电机辨识建模这一应用,F 值从优化起始就开始增大,还是经过特定代数再增大,并无明显差异。图 2.67 和图 2.68 分别给出了表 2.17 第 2 和第 3 组的变异算子变化曲线和目标函数值变化曲线,两组仅在 F 值的变化上存在差异,但第 3 组的目标函数值下降速度明显较快。为减小改进算法复杂度,可令 F 值从优化起始就增大。

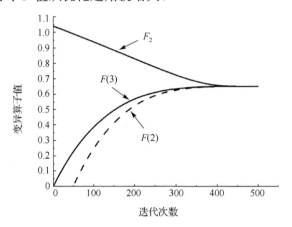

图 2.67　表 2.17 第 2 和第 3 组变异算子变化曲线

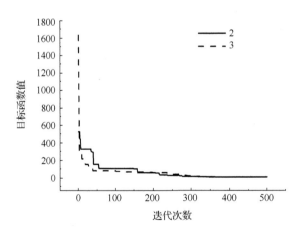

图 2.68　表 2.17 第 2 和第 3 组目标函数值变化曲线

　　另外,考察表 2.17 中第 3、第 4 和第 5 组的变异算子表达式,三组表达式形式相同,仅式中系数不同,对应于 F 和 F_2 的不同变化范围,如图 2.69 所示。优化结果表明,F 的终值过大、F_2 的终值过小,都不利于更快找到最优解。当 F 比 F_2 大得较多时,会因过早进入局部搜索而出现早熟。同时,F 和 F_2 随迭代进程变化的快与慢、变化曲线的形状,也必然影响优化进程。另外,相比于 $F=F_2=0.65$ 的情况,

表 2.16 第 4 组、表 2.17 第 3 组虽然都找到了最优解，但迭代次数较多。看来，表 2.16 和表 2.17 所用表达式对应的曲线变化形状、变化速率并未能够使全局搜索和局部搜索达到一定的平衡和匹配，从而减缓了收敛速度。下面，尝试加快 F 和 F_2 的变化速率，提高 F 的初始值，缩小 F 的变化范围，其优化结果如表 2.18 所示。

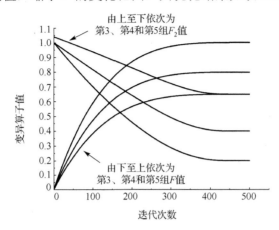

图 2.69　表 2.17 第 3、第 4 和第 5 组变异算子变化曲线

表 2.18　不同取值变异算子的优化结果对比（二）

序号	变异算子	最优目标值	迭代次数
1	$F_2 = 0.65; F = 0.65 + (0.5 - 0.65) \times \left(1 - \dfrac{G}{\mathrm{Gm}}\right)^4$	9.54	257
2	$F_2 = 0.65; F = 0.7 + (0.5 - 0.7) \times \left(1 - \dfrac{G}{\mathrm{Gm}}\right)^4$	9.54	219
3	$F_2 = 0.65; F = 0.8 + (0.5 - 0.8) \times \left(1 - \dfrac{G}{100}\right)^4, G > 100, F = 0.8$	9.57	488
4	$F_2 = 0.65; F = 0.7 + (0.5 - 0.7) \times \left(1 - \dfrac{G}{100}\right)^4, G > 100, F = 0.7$	9.54	187
5	$F_2 = 0.65; F = 0.65 + (0.5 - 0.65) \times \left(1 - \dfrac{G}{100}\right)^4, G > 100, F = 0.65$	9.54	195
6	$c = \mathrm{e}^{1 - \frac{100}{100 + 1 - G}}, F_2 = 0.65 \times 1.6^c, G > 100, F_2 = 0.65; F = 0.65$	9.54	262
7	$c = \mathrm{e}^{1 - \frac{100}{100 + 1 - G}}, F_2 = 0.65 \times 1.6^c, G > 100, F_2 = 0.65;$ $F = 0.65 + (0.5 - 0.65) \times \left(1 - \dfrac{G}{100}\right)^4, G > 100, F = 0.65$	9.54	463

由表 2.18 数据可知，在加快变化速率、缩小变化范围后，不仅能得到最优解，且迭代次数较表 2.16 和表 2.17 明显减少。对比表 2.18 第 5、第 6 和第 7 组数据，可知 F_2 保持 0.65 不变时，迭代次数较少。优化初期 F_2 大于 0.65，虽然会增大全局

搜索空间范围，但并未使最优目标函数值减小，反而减慢了收敛速度，增大了迭代次数。故将 F_2 设为固定值是可行的，且数值不易过大。图 2.70 对比了第 4 和第 5 组的 F 值变化曲线，两组 F_2 值均固定为 0.65，只是第 4 组 F 的终值稍大了 0.05，导致其迭代次数少于第 5 组 4.10%，可见变异算子对优化进程有明显影响。

　　一般而言，在优化初期取 F 较小、F_2 较大，使算法侧重于全局搜索，能够增强种群多样性，更快找到最优解所在区域，故考虑采用另一种表达式，使其相比于表 2.18 第 4 组 F 的表达形式，在优化初期的 F 值更小一些，如式(2.43)。图 2.71 给出了两种表达式的变化曲线对比图，图中 1 对应表 2.18 第 4 组表达式，2 为式(2.43)所示表达形式。可见式(2.43)对应曲线上升更快，使其可以在初始阶段保持为较小值。

$$F = 0.5 + (0.7 - 0.5) \times \left(\frac{G}{50} \right)^4, G > 50, F = 0.7 \qquad (2.43)$$

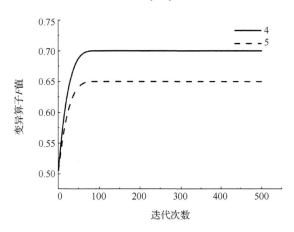

图 2.70　表 2.18 第 4 和 5 组 F 值变化曲线

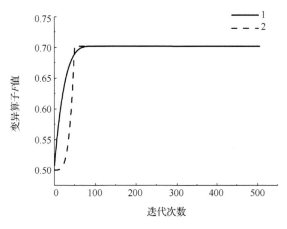

图 2.71　两种形式的 F 值变化曲线

表 2.19 给出了采用式 (2.43) 调整变异算子的超声波电机模型优化辨识结果，取四组不同参数值的变异算子，均能得到最优解。且除第 1 组外，其他三组迭代次数均小于表 2.18 中第 4 组的迭代次数。另外 F 终值增至 1，仍能得到同一最优目标函数值，并未因 F 在迭代 50 次之后取值较大值而出现早熟，说明采用式 (2.43) 调整变异算子是合适的。

表 2.19　不同取值变异算子的优化结果对比（三）

序号	变异算子	最优目标值	迭代次数
1	$F_2=0.65; F=0.5+(0.7-0.5)\times\left(\dfrac{G}{50}\right)^4, G>50, F=0.7$	9.54	354
2	$F_2=0.65; F=0.6+(0.8-0.6)\times\left(\dfrac{G}{50}\right)^4, G>50, F=0.8$	9.54	125
3	$F_2=0.65; F=0.6+(0.9-0.6)\times\left(\dfrac{G}{50}\right)^4, G>50, F=0.9$	9.54	173
4	$F_2=0.65; F=0.6+(1-0.6)\times\left(\dfrac{G}{50}\right)^4, G>50, F=1$	9.54	141

综上，优化辨识效果较好的两种变异算子调整方法如下所示。

(1) DE/current-to-best/1，$F=0.7+(0.5-0.7)\times\left(1-\dfrac{G}{100}\right)^4, G>100, F=0.7; F_2=0.65$。

(2) DE/current-to-best/1，$F=0.6+(0.8-0.6)\times\left(\dfrac{G}{50}\right)^4, G>50, F=0.8; F_2=0.65$。

为了说明改进算法的稳健性，使用随机产生的不同初始种群进行三次优化辨识计算，三次运行结果对比见表 2.20。作为对比，表中也给出了标准差分进化算法、文献[17]所述 F 和 F_2 取为固定值的情况。表中 1～4 组情况，达到最优目标函数值所需时间依次为 216.91s、176.11s、252.98s 和 499.14s。

表 2.20　变异算法不同调整方法的优化结果对比

序号	变异算子	I		II		III		迭代次数平均值
		最优目标值	迭代次数	最优目标值	迭代次数	最优目标值	迭代次数	
1	$F=0.7+(0.5-0.7)\times\left(1-\dfrac{G}{100}\right)^4,$ $G>100, F=0.7; F_2=0.65$	9.54	187	9.54	225	9.54	221	211
2	$F=0.6+(0.8-0.6)\times\left(\dfrac{G}{50}\right)^4,$ $G>50, F=0.8; F_2=0.65$	9.54	125	9.54	279	9.54	114	173
3	$F=F_2=0.65$	9.54	208	9.54	175	9.54	365	249
4	标准差分进化算法	9.56	649	9.55	662	9.54	662	658

　　由表 2.20 可知，标准差分进化算法三次所得最优目标函数值存在差异，而另外三种算法三次优化所得最优目标函数值均相同，表现更为稳健，建模精度更高。与标准差分进化算法相比，另外三种算法迭代次数明显减少，其中第 2 组情况的迭代次数平均值较标准算法减少 73.7%。

　　与文献[17]所述 F 和 F_2 取为固定值的情况相比，本节所述改进差分进化算法(第 2 组)在保持算法稳健性的同时，收敛所需迭代次数进一步减少 30.5%，达到最优目标函数值所需时间也进一步缩短 30.4%，收敛速度更快，建模效率更高。

　　下面对改进差分进化算法(第 2 组)的优化过程进行分析。图 2.72 给出了优化过程中的最优目标函数值变化曲线，可见目标函数值起始下降迅速，随后的缓降阶段持续的代数较少，从而加快了收敛速度。图 2.73 为每次迭代的个体分散度变化曲线。从图 2.73 可以看出，在达到最优目标函数值所需的 125 次迭代中，虽部分迭代存在分散度增加的情况，但整体呈现下降趋势。这表明，在优化过程中，各个体逐渐聚拢，群体分布由分散逐渐趋向密集，在迭代次数为 125 时，分散度值为 438.7354，可见种群在收敛时仍保持一定的多样性，符合期望。另一方面，与图 2.54 和图 2.60 所示分散度变化曲线对比，图 2.73 所示曲线起始下降更快，同时又在末段具有较大的数值。

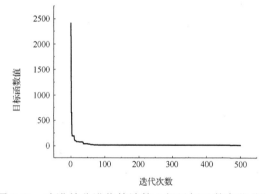

图 2.72　改进差分进化算法第 2 组目标函数变化曲线

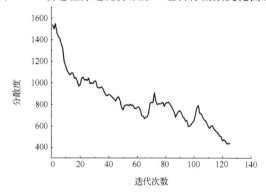

图 2.73　改进差分进化算法第 2 组各个体分散度变化曲线

图 2.74 给出了种群中 3 个个体的 a_1 值在迭代过程中的变化过程，各个体中 a_1 值在迭代过程中由分散渐进、平稳地趋于聚集。图 2.75 为不同迭代次数时，全部 100 个个体中 a_1 值的分布情况。同样，随着迭代次数的增加，不同个体中的 a_1 值逐渐趋近，并在 120 次迭代时依然保持了一定范围内的零散分布。

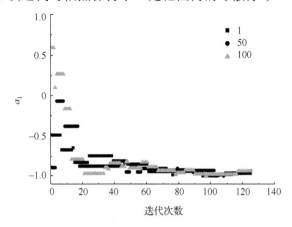

图 2.74　第 1、第 50 和第 100 个体中 a_1 值变化曲线

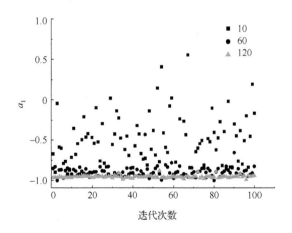

图 2.75　第 10、第 60 和第 120 次迭代 100 个体的分布情况

从上述优化过程来看，与前述已有改进方法相比，本节所述改进算法更趋近于期望的优化状态。

本节针对采用标准差分进化算法进行超声波电机 Hammerstein 辨识建模所存在的算法不够稳健、建模效率低等问题，对标准算法中的变异操作进行改进，引入自适应调整系数，使优化进程中何时侧重全局搜索、何时侧重局部搜索变为可调可控，不再像标准算法那样一成不变，从而可以更好地与电机辨识建模的应用需求相匹配。超声波电机辨识建模应用表明，与标准差分进化算法比较，本节所述改进差分进化算法表现更为稳健，保证了建模精度；与已有改进算法相比，本节方法收敛速度更快，建模效率更高。

参 考 文 献

[1]　Wan Z, Hu H. Modeling and experimental analysis of the linear ultrasonic motor with in-plane bending and longitudinal mode. Ultrasonics, 2014, 54 (3): 921-928

[2]　Mashimo T. Micro ultrasonic motor using a one cubic millimeter stator. Sensors and Actuators, A: Physical, 2014, 213: 102-107

[3]　Renteria-Marquez I A, Renteria-Marquez A, Tseng B T L. A novel contact model of piezoelectric traveling wave rotary ultrasonic motors with the finite volume method. Ultrasonics, 2018, 90: 5-17

[4]　刘博, 史敬灼. 超声波电机频率-转速控制的阶跃响应建模. 微电机, 2010, 43(11): 77-80

[5]　Chen T C, Yu C H. Generalized regression neural-network-based modeling approach for traveling-wave ultrasonic motors. Electric Power Components and Systems, 2009, 37 (6): 645-657

[6]　吕琳, 史敬灼. 基于蚁群优化的超声波电动机系统动态模糊辨识建模. 微特电机, 2011, 39(10): 58-60

[7]　Nooshin B, Mohammad H. Modelling of an ultrasonic motor based on Hammerstein model structure. Proceedings of the 8th International Conference on Control, Automation, Robotics and Vision, Kunming, 2004: 1374-1378

[8]　Zhang X, Tan Y. Modelling of ultrasonic motor with dead-zone based on Hammerstein model structure. Journal of Zhejiang University Science A, 2008, 9(1): 58-64

[9]　Zhang J, Zhang T, Xie Z, et al. Multivariable nonlinear model of ultrasonic motor based on Hammerstein model and uniform design. Proceedings of the 8th IEEE World Congress on Intelligent Control and Automation, Jinan, 2010: 5794-5799

[10]　Mohammad J, Hamed M. Nural network based modeling of travelling wave ultrasonic motor using genetic algorithm. Proceedings of the 2nd IEEE International Conference on Computer and Automation Engineering, Singapore, 2010: 486-490

[11]　邢航, 张铁民, 张建桃, 等. 基于 MPSO-BP 的超声波电动机 Hammerstein 模型建模. 微特电机, 2015, 43(12): 20-22

[12]　吕方方, 史敬灼. 基于粒子群优化的超声波电机非线性 Hammerstein 辨识建模. 微电机, 2011, 44(12): 17-20

[13]　赵娟萍, 史敬灼. 基于 BFO 算法的超声波电机非线性 Hammerstein 辨识建模. 微电机, 2015, 48(11): 13-17

[14] Shi J, Zhang C. Frequency-speed control model identification of ultrasonic motor using step response. Transactions of Nanjing University of Aeronautics and Astronautics, 2015, 32(2): 192-198

[15] 曾辰子, 余旌胡, 邹桢苹. 基于多样变异随机搜索的差分进化算法. 武汉大学学报(理学版), 2018, 64(3): 211-216

[16] 张强, 邹德旋, 耿娜, 等. 基于多变异策略的自适应差分进化算法. 计算机应用, 2018, 38(10): 2812-2821

[17] 肖婧, 许小可, 张永建, 等. 差分进化算法及其高维多目标优化应用. 北京:人民邮电出版社, 2018

[18] 熊伟丽, 陈敏芳, 张乾, 等. 基于改进差分进化算法的非线性系统模型参数辨识. 计算机应用研究, 2014, 31(1): 124-127

[19] 姜海燕, 赵空暖, 汤亮, 等.基于自适应差分进化算法的水稻物候期预测模型参数自动校正. 农业工程学报, 2018, 34(21): 176-184

[20] 刘龙龙, 颜七笙. 差分进化算法的改进及其应用研究. 江西科学, 2018, 36(4): 573-578, 598

第3章　超声波电机经典迭代学习控制

超声波电机的稳定运行，离不开合适的闭环控制策略。设计相对简单的闭环控制策略，能够降低超声波电机系统的复杂性，并降低硬件成本，有利于超声波电机的大量应用。本章将结构简单的 P 型迭代学习控制、非因果迭代学习控制等经典迭代学习控制方法用于超声波电机的转速控制。给出了包含预测的 P 型迭代学习控制策略，以改善转速控制性能。针对超声波电机的非线性运行特征，根据电机驱动频率与转速之间的特性关系实测数据，得到确定学习增益数值的简便方法。进而提出了在线自适应调节学习增益的改进控制策略。随后，针对超声波电机这一时变非线性控制对象，给出一种非因果迭代学习控制律的一般化表达形式；基于 2D 系统稳定性理论，给出 ILC 动态重复过程的稳定性判据，并研究其设计方法和控制参数的具体选取方法。3.4 节则采用优化方法设计了超声波电机滤波型迭代学习控制策略。

3.1　改进的超声波电机 P 型迭代学习转速控制

超声波电机的运行，离不开合适的驱动电路和闭环控制策略。作为运动控制的执行元件，超声波电机特殊的运行机理，使其运行过程表现出明显的非线性及时变特征，不易得到理想的运动控制性能。

为使超声波电机满足应用需求，一方面，对超声波电机非线性运行机理的分析与研究不断深入[1-6]，并尝试采用各种方法来改进超声波电机的运行特性[7-9]，或是提出新型的电机结构[10-17]。在理论分析的基础上，设计合理的驱动方式，也可以改善电机的性能。例如，文献[18]～[20]给出了一种新的频率跟踪方法来提高超声波电机系统的运行效率。

另一方面，设计适当的闭环控制策略，也可以明显改善超声波电机系统的运行性能。为克服超声波电机自身固有的非线性及时变特性，不断满足越来越高的应用需求，其控制策略的研究渐趋复杂化。许多复杂的控制器，如滑模控制器[21]、模糊滑模控制器[22]、鲁棒 PID 控制器[23]、鲁棒逆控制器[24]、H_∞ 与离散时间 RST 控制器[25]、模型参考自适应控制器[26]、模糊预测控制器[27]、基于递归小波的 Elman 神经网络控制器[28]等，先后被提出并用于超声波电机。这些控制策略，算法复杂，不仅增加了系统复杂度，而且在线计算量大，其实现需要更高档的 DSP 等芯片，从而增加了系统成本，不利于超声波电机的大规模产业化应用。同时，复杂控制策略也不易被该领域内的多数研究者接受并应用，限制了超声波电机领域整体的研究与应用水平的提高。

我们当然希望控制策略越简单越好，但是，简单控制策略的研究并不简单。简单控制策略，需要和复杂策略一样面对超声波电机的明显非线性和时变特征，并得到符合期望的电机控制性能。合理的思路是，探求较为简单的控制策略形式，并针对超声波电机的运行特点进行合理设计并做有针对性的改进，才有可能得到相对简单并适用的控制策略。

Arimoto 等人在 20 世纪 80 年代提出的迭代学习控制思想[29]，是一种通过模仿人类学习行为来获得学习能力的渐进控制过程。该控制器在重复的运行过程中，基于对经验知识的学习来确定趋近期望控制过程的控制量变化轨迹，从而得到更好的控制性能。迭代学习控制算法较为简单，不依赖于被控对象的精确模型，适用于超声波电机这类具有高度非线性、模型难以准确确定且可重复运行的被控对象。

本节针对超声波电机的时变非线性，研究几种形式简洁的迭代学习控制策略，对超声波电机进行转速控制。实验表明，电机转速响应表现出渐进的学习过程，控制效果良好，且控制算法相对简单，易于实现，能够有效降低超声波电机伺服控制系统的复杂度。

3.1.1　迭代学习控制的基本算法

迭代学习控制策略针对具有可重复性的被控对象，利用先前的控制经验，根据该系统的输入变量和输出期望信号之间的相互关系，来在线寻求一个理想的输入变量变化过程，从而使被控对象达到控制要求并输出期望的输出信号。这里所谓的可重复性，有两层含义。一是系统的运动是重复的。对于电机转速控制来说，即指其转速给定信号是重复施加的，电机每次运行均具有相同的期望输出转速。二是在上述每一次的重复运行过程中，被控对象的向量函数及其相互之间的函数关系是不变的。

作为普通和精密运动控制执行部件的超声波电机，经常工作于具有重复性的运动控制场合。据此，采用迭代学习控制方法，有可能通过相对简单的控制器形式、较小的在线计算量，利用电机运动的重复性，实现电机控制性能的渐进调整，并在有限次数的重复运动后，达到较好的控制性能。这就为降低超声波电机系统的控制复杂度提供了一种新的可能思路。

迭代学习控制的基本控制规律为

$$u_{k+1}(t) = u_k(t) + K_{\mathrm{P}}e_k(t) \tag{3.1}$$

$$e_k(t) = N_{\mathrm{ref}}(t) - n(t) \tag{3.2}$$

式中，t 为时间；$u_{k+1}(t)$ 为系统第 $k+1$ 次重复运行过程中，在 t 时刻的控制器输出控制量，本章取为超声波电机的驱动频率值；$u_k(t)$ 为系统第 k 次运行过程中 t 时刻的控制量；$e_k(t)$ 为系统第 k 次运行过程中 t 时刻的转速误差；$N_{\mathrm{ref}}(t)$ 为电机转速给定值；

$n(t)$ 为电机的实际转速值；比例环节 K_P 为学习增益。因为学习律为比例环节，所以式 (3.1) 所示控制规律又称为 P 型迭代学习控制。

迭代学习控制的目的是在系统结构和参数都未知的前提下，经过多次重复运行，控制器的输出 $u(t)$ 趋近于事先未知的 $u_d(t)$，从而使得电机转速 $n(t)$ 趋近于期望的 $N_{ref}(t)$。当达到控制要求的精度后，停止迭代学习并保存最近一次运行的控制器输入输出数据，就完成了迭代学习过程。

图 3.1 给出了超声波电机迭代学习控制系统的基本结构框图。图中"控制量记忆"、"误差记忆"与"延时"环节用来存储以前运动过程中的控制量和误差，K_P 环节表示学习控制律。这些环节构成了迭代学习控制器，对应于式 (3.1)。显然，采用不同的学习控制律，可以得到不同的学习过程和控制过程。系统中，控制器的输出为超声波电机频率的给定值，通过驱动电路给出具有相应频率的驱动电压作用于超声波电机。与电机同轴刚性连接的旋转编码器检测电机转速得到反馈信号，其与转速给定值之差作为控制器的输入，进而通过重复的迭代学习控制，得到更好的控制过程。

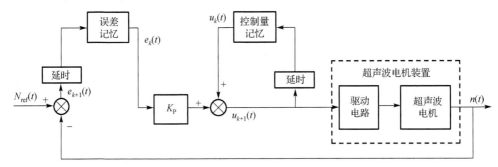

图 3.1　超声波电机迭代学习控制系统基本框图

考察式 (3.1) 与图 3.1，系统当前控制过程的控制量 $u_{k+1}(t)$ 是由前次的控制量 $u_k(t)$ 和误差 $e_k(t)$ 计算得到的，即控制量与当前的系统输出转速误差 $e_{k+1}(t)$ 无关。从这一点来看，图 3.1 所示系统实质上是一个开环控制系统。如前述，迭代学习控制是针对具有可重复性的系统提出的，其可重复性包含被控对象及其系统的时不变性质。对于时不变系统，采用式 (3.1) 计算控制量，能够保持控制的有效性，因为在每一次重复的控制过程中，控制对象的特性始终保持不变，变化的只是随机的扰动信号。由于随机扰动的量值通常微小，采用式 (3.1) 有可能保证并加快系统学习过程的收敛。对于快时变的被控对象，对象的当前特性与前次控制时的特性有明显差异，可将式 (3.1) 改为式 (3.3) 以考虑系统当前状态的特征。

$$u_{k+1}(t) = u_k(t) + K_P e_{k+1}(t) \tag{3.3}$$

式中，$e_{k+1}(t)$ 为系统第 $k+1$ 次运行过程 t 时刻的转速误差。对应于式 (3.3) 的控制系统框图如图 3.2 所示，控制形式进一步简化。

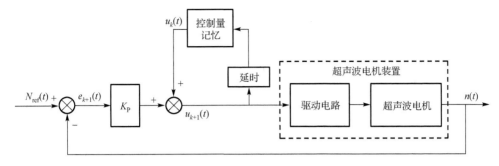

图 3.2　超声波电机 P 型迭代学习控制系统基本框图

式 (3.3) 控制量与当前转速误差相关。从单次控制过程来看，式 (3.3) 具有闭环控制的性质，有利于提高系统的鲁棒性，在扰动、时变等情况下，可能保持较好的控制性能。从多次重复控制过程来看，每次的控制量都是在记忆前次控制量的基础上，根据时变对象当前的误差信息进行修正，同样具有迭代学习的特征。但使用前次控制量与当前误差的组合累积来计算控制量，也有可能使动态性能变差，如出现较大的超调。

考察式 (3.3) 和图 3.2 控制过程的在线计算量，与传统的固定参数 PID 控制器相比，仅增加了控制量的一次存储与读取操作，计算量相当。超声波电机具有时变特征，但在连续进行的多次控制过程中，由于间隔时间短，超声波电机的特性变化并不明显，可采用式 (3.1) 或式 (3.3) 进行控制。

3.1.2　开环 P 型迭代学习转速控制

设定转速阶跃给定值为 30r/min，进行 P 型迭代学习控制实验，希望得到超调为 0 且响应速度较快的阶跃响应。实验用电机为 Shinsei USR60 型行波型超声波电机，驱动电路为 H 桥结构，采用相移 PWM 控制方式。本章采用超声波电机驱动电压的频率作为控制量。驱动频率升高，对应电机转速下降，于是控制器的比例系数、积分系数及学习增益等都为负值。

迭代学习控制过程是通过记忆前次控制过程，逐步学习不断改进的过程。在这个过程中，首次控制过程因为没有前次记忆，无法进行学习，仅为其后控制过程提供第一次记忆作为学习基础。所以，可采用任意控制器进行首次控制。为便于说明学习效果，实验中采用比例系数为 -1、积分系数为 -2 的 PI 控制器进行首次控制。该控制器可以保证超声波电机系统的稳定运行，但控制效果不够理想，响应时间较长。首次运行过程中，记忆控制器输出的控制量。从第二次控制过程开始，采用 P 型迭代学习控制律式 (3.3) 作为控制器。

采用式 (3.1) 对超声波电机进行转速控制，学习增益 K_P 是唯一需要确定的控制参数。该值不仅与单次控制过程的动态性能相关，而且直接决定了迭代学习过程是否能够收敛。实验表明，K_P 值越大，每次迭代学习所导致的控制量增量越大，转速阶跃响应趋近于给定值曲线的速度越快，但也会导致更大的超调。而且，随着迭代学习进程的持续，超调从无到有并逐渐增大。例如取 $K_P = -3.5$，连续进行 9 次迭代学习控制的阶跃响应实验，得到 9 次转速响应如图 3.3 所示。

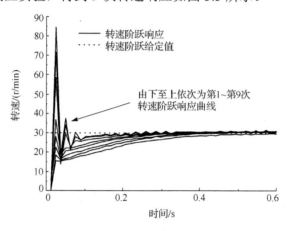

图 3.3　转速阶跃响应曲线（$K_P = -3.5$）

图 3.3 中，第 8 和第 9 次阶跃响应的超调明显增大，考虑到期望无超调，且学习导致的曲线其他部分变化已不明显，故而停止迭代学习。由图 3.3 可以看出，随着迭代学习次数的增加，控制强度逐渐加强，阶跃响应上升时间逐渐减小，最终都会稳定在给定值，P 型迭代学习策略是有效的。

图 3.3 阶跃响应中的超调，不符合期望。从现象上看，因为阶跃给定值在起始时刻跳变为非零的固定值(30r/min)，而电机转速此时为 0，于是得到较大的转速误差。观察式(3.1)或式(3.3)给出的控制策略，较大的起始转速误差必然导致起始控制量随着迭代的持续而快速增大，从而导致超调。

1. 阶跃给定值的柔化处理

从原理上讲，迭代学习控制策略在本质上是一个在线的控制响应优化过程，P型迭代学习采用了最简单的比例渐近优化策略。这一优化过程试图"渐近"的目标，是减小控制误差至零，即使响应曲线不断趋近于给定值曲线并最终重合。也就是说，给定值曲线表达了我们的控制期望。实验中，给定值为固定值阶跃信号，如图 3.3 中虚线所示。显然，考虑到包括超声波电机在内的任何被控对象都会有惯性，转速响应曲线不可能和图 3.3 虚线重合，于是经过 P 型迭代学习，得到了转速数据点分布在图 3.3 虚线所示给定值上、下的响应曲线，即出现了超调。既然转速响应曲线与图3.3 虚线所示阶跃给定值曲线不可能完全重合，迭代学习也就不可能达到误差始终为零这一收敛状态，这是出现超调的一个主要原因。另一方面，既然不可能重合，这样的阶跃给定值曲线也就没有真实反映合理的控制期望。应该采用恰当的方式来表达合理的控制期望，使得迭代学习过程有可能达到收敛状态。据此，对转速阶跃给定值做柔化处理：

$$N'_{\text{ref}} = (1 - \beta^i)N_{\text{ref}}, \qquad i = 1,2,3,\cdots \tag{3.4}$$

式中，N'_{ref} 为柔化之后的转速给定值；β 为常数，$0<\beta<1$；i 为一次阶跃响应过程中的采样点次序。图 3.4 给出了 β 值分别取为 0.5、0.6、0.7 和 0.8 时，阶跃给定值的柔化曲线。β 值越大，柔化后的转速给定曲线越平缓。柔化处理只是给出了合理的期望响应曲线作为在线迭代学习的目标，并没有改变转速阶跃给定值的数值大小。取 $K_P = -3.5$、$\beta=0.7$，进行 P 型迭代学习控制实验，连续 9 次阶跃实验结果如图 3.5 所示，控制性能指标数据如表 3.1 所示。表中"稳态波动平均值"为转速达到稳态后，转速误差绝对值的平均值；"稳态波动最大值"为稳态转速误差绝对值的最大值。

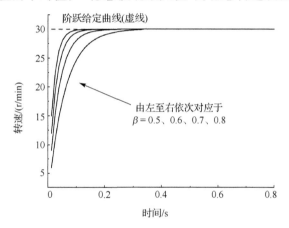

图 3.4　柔化的阶跃转速给定曲线

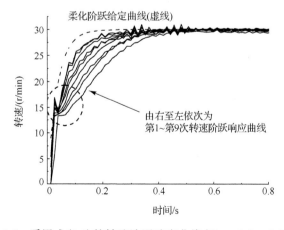

图 3.5　采用式 (3.4) 的转速阶跃响应曲线 ($K_P = -3.5$，$\beta=0.7$)

表 3.1　P 型迭代学习控制性能指标($K_P = -3.5$，$\beta=0.7$)

阶跃响应次数	调节时间/s	超调量/%	稳态波动平均值/(r/min)	稳态波动最大值/(r/min)
1	0.364	0	0.1152	0.40
2	0.312	0	0.1794	0.51
3	0.312	0	0.1034	0.32
4	0.273	0	0.2656	0.68
5	0.247	0	0.1719	0.52
6	0.312	0	0.1522	0.71
7	0.234	0	0.3910	1.09
8	0.195	0	0.3848	1.23
9	0.195	0	0.3453	1.19

分析图 3.5 及表 3.1 数据，从总体上看，转速响应曲线逐渐趋于柔化的给定曲线，无超调，调节时间从 0.364s 减小为 0.195s，减小幅度为 46.4%，说明迭代学习控制是有效的。但是，第 3 和第 9 次阶跃响应的调节时间均未减小，第 6 次的调节时间反而增大；另外，从第 7 次响应过程开始，转速稳态波动的平均值、最大值均明显增大；全部 9 次阶跃响应转速稳态波动平均值、最大值的均值分别为 0.2343r/min、0.739r/min。这些表明，学习过程并不理想。

增加学习增益 K_P 值进行实验，结果表明，K_P 值越大，迭代学习收敛速度越快，但转速稳态波动的误差值也增大。

2. 包含一步预测的开环 P 型迭代学习控制

考察图 3.5 所示阶跃响应控制过程，在转速起始上升阶段出现了转速下陷的现象，如图 3.5 中虚线圆圈所示。而且，随着迭代学习过程的进行，转速下陷越来越明显。图 3.3 所示阶跃响应过程，也存在类似现象。分析实测的控制量和转速数据表明，由于经柔化处理的阶跃给定值在起始时刻非零，存在较大的转速误差，因而控制器输出控制量的增量较大。在采用式(3.1)进行迭代学习控制时，对于每一次阶跃响应，转速都是从零开始逐渐增大，起始时刻的误差都是同一较大的数值，于是起始时刻的控制量逐次累加，而越来越大的控制量，导致了超出当前给定值的转速尖峰，如图 3.5 虚线圆圈所示。这使得式(3.2)所示的转速误差变为负值，控制量因而减小，使得转速降低，出现了转速的下陷现象。

由此可知，为避免图 3.5 所示的转速下陷现象，应削弱起始阶段由逐次累加所导致的过大的控制量。考察式(3.1)所示控制律，将其改写为对应于数字控制的形式，可得 i 时刻的控制量为

$$u_{k+1}(i) = u_k(i) + K_P e_k(i) \tag{3.5}$$

式中，$i = 1, 2, 3, \cdots$。

式(3.5)表明，第 $k+1$ 次控制过程中，当前时刻(即 i 时刻)的控制量，是由前一次控制过程中 i 时刻的控制量与转速误差决定的。这里需注意的是，i 时刻的转速误差是当前时刻测量得到的最新数值，而 i 时刻的控制量则是根据该误差值计算得到的，反映了控制器为了减小当前误差所做的控制量调整。由于被控对象的惯性，i 时刻控制量的作用效果如何，至少要到 $i+1$ 时刻才能够体现出来。如果能够在 i 时刻预测 $i+1$ 时刻的误差信息，并据此修正当前时刻的控制量，将可以得到更符合期望的控制效果。从这一点来看，式(3.5)所示迭代学习控制律，显然并没有充分利用前次控制过程的已知信息来改进当前的控制进程。若将式(3.5)修改为

$$u_{k+1}(i) = u_k(i) + K_P e_k(i+1) \qquad (3.6)$$

即利用前次控制过程中 $i+1$ 时刻的误差值，来计算 i 时刻的控制量。这样，在迭代学习过程中，会更加充分地利用前次控制信息来改进当前控制作用，实现了一步预测控制；同时，也避免了初始时刻大误差值的逐次累积，使得初始阶段的控制量变化趋缓。

将式(3.6)用作控制器，采用比例系数为-1、积分系数为-2的 PI 控制器进行首次控制，取学习增益 $K_P = -6$、柔化系数 $\beta=0.5$，进行超声波电机 P 型迭代学习控制实验，得到图 3.6 所示电机转速阶跃响应实验结果，表 3.2 为图示阶跃响应的性能指标数据。图中，共进行了 6 次迭代学习，转速的下陷现象消失，阶跃响应曲线平滑上升。随着迭代学习的一次次进行，转速阶跃响应的超调始终为零，调节时间持续减小，从 0.4847s 减小为 0.2620s，减小幅度为 45.9%；6 次阶跃响应转速稳态波动平均值、最大值的均值分别为 0.1582r/min、0.515r/min，小于表 3.1 中数据值，说明迭代学习控制效果有改善，只是学习收敛的速率较慢。

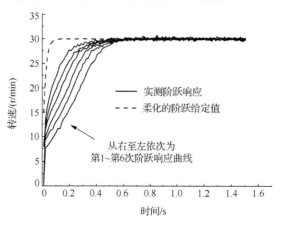

图 3.6　转速阶跃响应曲线(一)

表 3.2　包含一步预测的 P 型迭代学习控制性能指标

阶跃响应次数	调节时间/s	超调量/%	稳态波动平均值/(r/min)	稳态波动最大值/(r/min)
1	0.4847	0	0.1070	0.34
2	0.4585	0	0.1738	0.46
3	0.4061	0	0.1497	0.43
4	0.3799	0	0.1609	0.46
5	0.3275	0	0.1796	0.81
6	0.2620	0	0.1781	0.59

　　上述实验中，超声波电机能够无超调运行，通过迭代学习，电机控制性能逐渐趋好，表明经过改进的 P 型迭代学习控制策略是有效的，但学习收敛速度较慢。实际应用中，我们期望较快的学习收敛速率以保持较好的超声波电机控制性能。考察控制策略式(3.6)，学习增益 K_P 是该控制器中唯一的控制参数。K_P 的取值，对迭代学习过程及电机转速控制性能有重要影响。若 K_P 取值稍小，则迭代学习的收敛速度慢，转速控制响应趋近于期望状态的速度也就慢。当增加 K_P 即增加控制强度后，超声波电机运行时明显的非线性影响，会导致较大的稳态波动误差，甚至出现振荡，如图 3.7 所示。同时，迭代学习控制过程虽然能够单调收敛，但趋近期望响应曲线时，收敛速度放慢，学习过程对控制性能的改进量变小。由此，如何确定合适的 K_P 数值，成为超声波电机迭代学习控制系统设计中必须解决的关键问题。

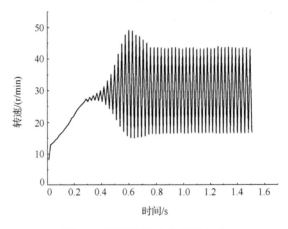

图 3.7　转速阶跃响应曲线(二)

　　关于 K_P 的具体取值，至今没有规范化的设计方法。其值的确定需要同时兼顾动态、稳态控制性能及学习收敛性能，需要在学习收敛速度和抑制噪声影响的鲁棒性之间进行折中。对简单的被控对象，也许可以设定一个 K_P 值，使得这几种不同的性能要求得到较好的折中。但对于复杂对象，如超声波电机，虽然能够通过记忆、学习，实现控制性能渐进，但显然无法兼顾上述几种性能要求。

3. 变增益的开环 P 型迭代学习转速控制

在超声波电机 P 型迭代学习控制系统中，当控制器结构确定后，控制器参数 K_P 数值的选择，主要取决于作为被控对象的超声波电机的性能。超声波电机的运行，具有明显的非线性特征。在不同转速情况下，超声波电机的控制灵敏度不同，有必要采取不同的学习增益 K_P 值，即在线自适应调节 K_P 值，系统结构如图 3.8 所示。与图 3.1 相比，图 3.8 增加了"K_P 自适应调节"环节。

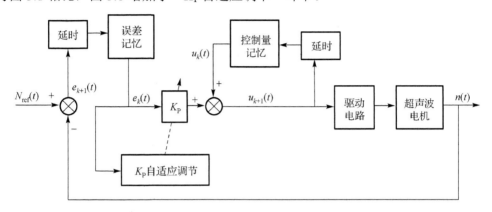

图 3.8　变增益的超声波电机 P 型迭代学习控制系统框图

在上述系统中，迭代学习控制器输出的控制量是超声波电机驱动电压的频率值。图 3.9 为实测的超声波电机驱动频率与其转速之间的稳态关系特性，图中方形点为测试数据点。由图 3.9 可以看出，在低速、高速情况下，相同的控制量(频率)增量对应的转速变化量是不同的，即控制灵敏度不同。高速时，相同频率增量导致的转速变化量大，即控制灵敏度高；低速时，控制灵敏度则相对较低。在图 3.8 所示系统中，K_P 值与控制器输出控制量的大小直接相关。相同条件下，K_P 值越大，经过控制器计算得到的控制量增量越大。由此，为了在全转速范围内得到一致的控制响应性能，电机高速运行时的 K_P 值应较小，以避免超调和过大的稳态转速波动；而低速时，则应增大 K_P 值，以适当加快响应。

下面考虑如何确定 K_P 的具体数值。图 3.9 是以频率为自变量、转速为因变量的电机稳态特性。而图 3.8 所示控制器，则是根据转速误差计算出合适的频率值，与图 3.9 所示特性曲线的自变量、因变量关系是相反的。因此，将图 3.9 的自变量、因变量互换，得到图 3.10。图 3.10 中方形点所示数据点，与图 3.9 中的测试数据点完全相同。对图 3.10 所示实验数据做一阶数值微分，得到图 3.11 中方形点所示数据点，用作对应于不同转速情况的 K_P 值。考察图 3.11 所示数据点，低速时，数据值(绝对值)较大；随着转速升高，数值逐渐减小，与前述 K_P 值变化规律一致。

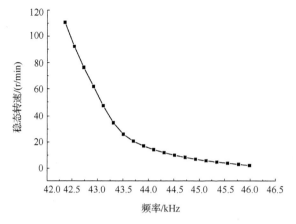

图 3.9　电机驱动频率-稳态转速特性

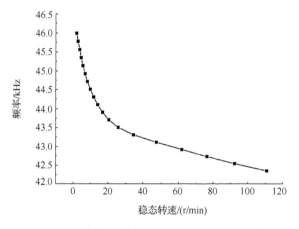

图 3.10　电机稳态转速-驱动频率对应关系

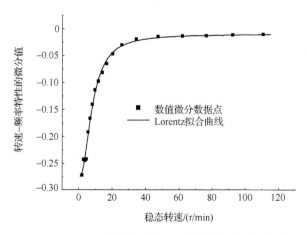

图 3.11　电机稳态转速-频率关系的数值微分与拟合

为应对控制过程中可能出现的任意转速情况，需要对图 3.11 所示数据点做曲线拟合。采用式 (3.7) 所示 Lorentz 函数，对图 3.11 所示数据做曲线拟合，得到图中实线所示拟合曲线，式 (3.8) 给出了对应的拟合函数表达式。

$$y = y_0 + \frac{2A}{\pi} \frac{w}{4(x - x_c)^2 + w^2} \tag{3.7}$$

$$y = -0.009573 - \frac{14.89}{(x - 1.016)^2 + 56.34} \tag{3.8}$$

式中，自变量 x 为电机转速 n 值；因变量 y 为 K_P 值；y_0、A、x_c 和 w 为待定系数。由于频率越低、转速越高，所以 K_P 为负值。另外，如图 3.9 和图 3.10 所示，此处频率值以 kHz 为单位，以便理解和比较。在实际控制系统中，超声波电机转速控制器通过 DSP 编程实现，频率值表现为 DSP 芯片特殊功能寄存器中的二进制参数值。考虑到 DSP 中的表述形式，程序中使用的 K_P 值应为式 (3.8) 计算值的 622.7 倍。

考虑到图 3.11 所示数据来自稳态的频率-转速关系数据，为避免动态过程中出现过大的超调、失稳等状况，在将 K_P 取为图 3.11 所示数据值时，应进行适当的限幅，以限制控制作用，使其不至于过强。如前述，转速越低，图 3.11 所示数据绝对值越大。根据实验验证，选取 K_P 限幅值为图 3.11 中转速为 15r/min 时对应的微分数值。于是得到 K_P 值与转速之间的对应关系，如图 3.12 中实线所示。其中，曲线段符合式 (3.8)；当转速小于等于 15r/min 时，K_P 值固定不变。这就是图 3.8 所示系统中 "K_P 自适应调节" 环节的在线调节规律。

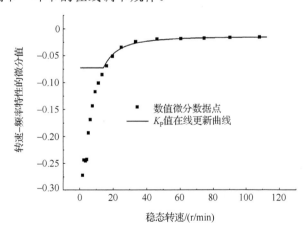

图 3.12　学习增益 K_P 值在线更新曲线

采用上述 K_P 在线自适应调节机制，进行超声波电机 P 型迭代学习控制实验，得转速阶跃响应曲线如图 3.13 所示，表 3.3 给出了对应的性能指标数据。除 K_P 值在线变化外，实验所用其他参数值，与图 3.6 相同。与图 3.5、图 3.6 和表 3.1、

表 3.2 对比可以看出，迭代学习进程的收敛速度、转速控制响应趋近于期望状态的速度都明显加快，第 4 次的阶跃响应曲线已经基本与图中虚线表示的期望曲线重合。而且，随后持续进行的迭代学习控制，阶跃响应曲线始终保持与期望曲线基本重合，控制性能并未下降，更未出现图 3.7 所示的失稳状况，表明上述"K_P 自适应调节"环节有效改善了超声波电机迭代学习控制性能。6 次阶跃响应的迭代学习过程，调节时间从 0.5764s 减小为 0.0917s，减小幅度为 84.1%；6 次阶跃响应转速稳态波动平均值、最大值的均值分别为 0.1409r/min、0.497r/min，比表 3.2 数据值进一步减小。

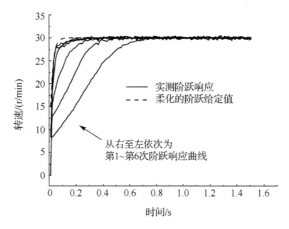

图 3.13　K_P 在线自适应调节情况下的转速阶跃响应曲线

表 3.3　变增益 P 型迭代学习控制性能指标

阶跃响应次数	调节时间/s	超调量/%	稳态波动平均值/(r/min)	稳态波动最大值/(r/min)
1	0.5764	0	0.1287	0.40
2	0.3406	0	0.1213	0.45
3	0.2227	0	0.1558	0.45
4	0.1310	0	0.1487	0.56
5	0.1179	0	0.1210	0.42
6	0.0917	0	0.1699	0.70

4. 转速控制实验研究

前述实验结果都是在电机空载的情况下测得的。本节进行电机加载等实验研究，进一步探究变增益开环 P 型迭代学习控制策略的转速控制性能。

对实验用电机施加 0.1Nm 负载，使用与图 3.13 所示实验相同的控制参数值，进行连续 6 次迭代学习控制阶跃响应实验，得到阶跃给定、柔化阶跃给定情况下的实验结果分别如图 3.14、图 3.15 所示。对比图 3.13 空载情况与图 3.14、图 3.15 的实验结果，迭代学习收敛过程无显著区别，只是由于加载情况下控制量增强，图 3.14 中第 5 和第 6 次阶跃响应出现超调，不过超调量很小。表 3.4 对比了上述三组阶跃响应的调节时间变化过程，表中"减小率"为当前阶跃响应调节时间相对于同组第 1 次阶跃响应调节时间的减少量，用以表征迭代学习收敛过程的快慢。观察表中数据，同样可以看出三组之间无明显区别；加载时，调节时间的减小速率甚至稍快于空载情况。这主要是由于外部加载削弱了电机定转子间摩擦阻力沿圆周不均匀分布的影响。这种不均匀分布，是由机械加工偏差及电机定转子间的摩擦材料碎屑引起的。

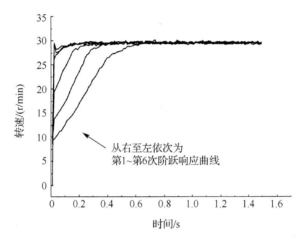

图 3.14 转速阶跃响应曲线(阶跃给定，负载 0.1Nm)

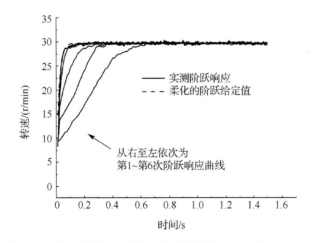

图 3.15 转速阶跃响应曲线(柔化阶跃给定，负载 0.1Nm)

表 3.4　变增益 P 型迭代学习控制性能指标(负载 0.1Nm)

阶跃响应次数	图 3.13 柔化阶跃给定		图 3.14 阶跃给定		图 3.15 柔化阶跃给定	
	调节时间/s	减小率/%	调节时间/s	减小率/%	调节时间/s	减小率/%
1	0.5764	—	0.5240	—	0.5240	—
2	0.3406	40.91	0.3013	42.50	0.2882	45.00
3	0.2227	61.36	0.1703	67.50	0.1834	65.00
4	0.1310	77.27	0.0786	85.00	0.0917	82.50
5	0.1179	79.55	0.0786	85.00	0.0655	87.50
6	0.0917	84.09	0.0524	90.00	0.0655	87.50

　　图 3.16 和图 3.17 给出了加载 0.2Nm 情况下的实验结果,相应的调节时间对比如表 3.5。观察图中阶跃响应曲线变化过程及表 3.5 给出的数据,同样可以看出加载对电机转速控制性能影响不明显,并未使迭代学习性能及转速控制性能下降。同时,由于加载,稳态转速波动量较空载情况减小。不过,同加载 0.1Nm 时一样,图 3.16 所示阶跃给定情况在第 6 次响应过程中出现了小幅度的超调,超调量较加载 0.1Nm 时稍大,直接导致了表 3.5 中斜体所示的调节时间不降反升。图 3.17 所示柔化给定情况则无超调,第 4 次转速阶跃响应就已接近虚线所示给定值变化曲线(即期望的响应曲线),且随后几次阶跃响应一直稳定在该曲线附近。

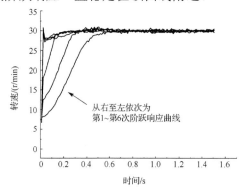

图 3.16　转速阶跃响应曲线(阶跃给定,负载 0.2Nm)

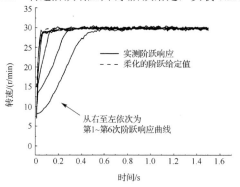

图 3.17　转速阶跃响应曲线(柔化阶跃给定,负载 0.2Nm)

表 3.5　变增益 P 型迭代学习控制性能指标(负载 0.2Nm)

阶跃响应次数	图 3.13 柔化阶跃给定		图 3.16 阶跃给定		图 3.17 柔化阶跃给定	
	调节时间/s	减小率/%	调节时间/s	减小率/%	调节时间/s	减小率/%
1	0.5764	—	0.4585	—	0.4585	—
2	0.3406	40.91	0.2751	40.00	0.2620	42.86
3	0.2227	61.36	0.1310	71.43	0.1310	71.43
4	0.1310	77.27	0.1310	71.43	0.0655	85.71
5	0.1179	79.55	0.0917	80.00	0.0524	88.57
6	0.0917	84.09	*0.1572*	*65.71*	0.0655	85.71

下面改变实验中加载的方式。在连续进行的 6 次阶跃响应过程中，仅对第 2 和第 4 次响应过程施加负载转矩，其他 4 次响应过程为空载，得实验结果如图 3.18 和图 3.19 所示。所用控制参数值仍然与图 3.13 所示实验相同，加载转矩为 0.2Nm。考察图 3.18 和图 3.19，与前述实验结果明显不同的是，两图中加载的第 2 和第 4 次阶跃响应曲线都出现了稳态误差。开环 P 型迭代学习控制律式(3.6)表明，开环控制律的控制量是根据前次响应过程的控制量、误差值计算的，与当前控制状态无关。例如，加载的第 2 次阶跃响应过程中的控制量，是根据空载的第 1 次阶跃控制量、误差值计算而来的；加载导致当前控制过程不同于第 1 次响应的变化，并未使控制量发生相应的变化以应对负载扰动，控制量依然按照式(3.6)跟随第 1 次响应过程，于是不仅使得第 2 次阶跃响应较第 1 次的性能改进量明显减小，而且出现了稳态误差。同样加载的第 4 次阶跃响应的情况，也是相同的。另外，比较图 3.18 和图 3.19 与图 3.13～图 3.17，由于图 3.18 和图 3.19 中第 2 次阶跃响应各点的误差增大，于是第 3 次阶跃响应相对于第 2 次的控制性能改进量明显大于图 3.13～图 3.17 情况。

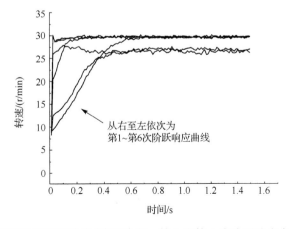

图 3.18　转速阶跃响应曲线(阶跃给定，第 2 和第 4 次阶跃响应负载 0.2Nm)

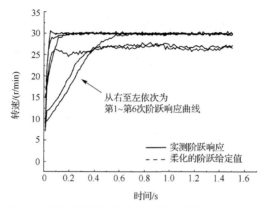

图 3.19 转速阶跃响应曲线（柔化阶跃给定，第 2 和第 4 次阶跃响应负载 0.2Nm）

下面进行改变转速阶跃给定值的开环 P 型迭代学习转速控制实验。图 3.20 给出的实验结果中，第 1 次阶跃响应的阶跃给定值为 30r/min，从第 2 次阶跃响应开始，转速给定值变为 90r/min，实验所用控制参数值与图 3.13 所示实验相同。可以看出，仍然是由于控制律式(3.6)的开环性质，第 2 次阶跃响应曲线最终稳定在与第 1 次相同的 30r/min，而不是新的给定值 90r/min。直到第 3 次阶跃响应过程，转速才达到新的给定值 90r/min；而且由于第 2 次阶跃响应存在的大幅值误差，第 3 次阶跃响应过程的控制性能改进幅度也大，以至于出现了超调。不过，随后的第 4 和第 5 次阶跃响应曲线已无超调，并与柔化的阶跃给定值曲线基本重合，体现了迭代学习策略的有效性。

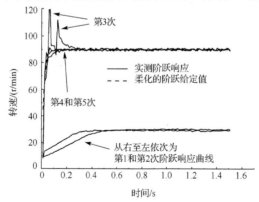

图 3.20 转速阶跃响应曲线（柔化，转速给定值：第 1 次 30r/min、其他 90r/min）

综上所述，对于持续施加固定负载转矩的情况，变增益开环 P 型迭代学习转速控制策略具有较好的鲁棒性，且柔化阶跃给定情况的控制性能优于阶跃给定情况。但是对于时变负载、时变转速给定值这些扰动形式，鲁棒性较差，开环迭代学习控制器不能及时响应这些外来扰动的变化，控制性能不尽如人意。

这是由控制策略的开环性质决定的。传统的迭代学习控制策略，以被控对象具有"可重复性"为前提条件；时变负载、时变给定值实验设定的扰动形式，显然已经不具有"可重复性"了。为增强系统应对扰动的能力，设计具有闭环控制特征的迭代学习控制策略，如式(3.3)，是可选的途径之一。另一方面，前述实验也表明，在具有"可重复性"的实验中，变增益开环 P 型迭代学习转速控制策略表现良好。

　　本质上，迭代学习控制策略是一类在线优化控制策略，以控制过程中误差始终等于零为优化目标。P 型迭代学习控制是迭代学习控制策略中算法最简单的一种。为寻求适用于超声波电机的简单控制方法,本节尝试将其用于超声波电机转速控制,并根据超声波电机的非线性运行特征，给出了改进的控制算法。为削弱因逐次叠加导致的过强的控制作用，给出一种包含一步预测的 P 型迭代学习控制策略；为加快学习收敛，并兼顾动态和稳态控制性能，给出一种学习增益在线自适应调节的 P 型迭代学习控制策略,并给出了根据超声波电机频率-转速特性确定学习增益数值的具体方法。实验表明，所设计的超声波电机转速迭代学习控制器，能够通过迭代学习逐步改善控制性能，学习收敛速度快，控制性能良好。

3.2　超声波电机闭环 P 型迭代学习转速控制

3.2.1　闭环 P 型迭代学习控制策略的改进

　　设定转速阶跃给定值为 30r/min，并对阶跃给定值做柔化处理，柔化系数 $\beta=0.5$；采用式(3.3)所示控制律作为超声波电机转速控制器，进行闭环 P 型迭代学习控制实验，得图 3.21 所示实验结果。图 3.21 给出了迭代学习控制过程中的第 1～第 6 次阶跃响应曲线，其中第 1 次阶跃响应采用比例系数为-1、积分系数为-2 的 PI 转速控制器，随后的 5 次阶跃响应采用式(3.3)给出的闭环 P 型迭代学习控制律，学习增益 K_P 取为-15。图 3.21 中，转速上升阶段还是出现了与图 3.5 所示实验结果类似的下陷现象。

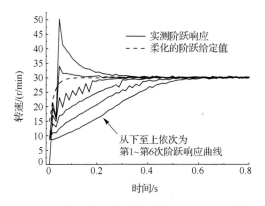

图 3.21　转速阶跃响应曲线($K_P = -15$，柔化)

为便于分析转速下陷的原因,图 3.22 给出了图 3.21 阶跃响应起始时间段的放大图形, 图 3.23 和图 3.24 分别给出了与图 3.22 所示阶跃响应对应的转速误差、控制器输出控制量(DSP 频率控制字)变化过程。

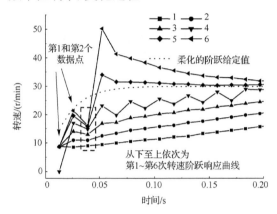

图 3.22　转速阶跃响应曲线($K_P = -15$，柔化，局部放大)

考察图 3.22～图 3.24 给出的实测数据,阶跃响应起始位置的第 1 个数据点,转速小于给定值, 图 3.23 所示转速误差值为正且相对较大, 于是按照式(3.3)计算出的第 1 个控制量(频率控制字)值 $u_{k+1}(1)$ 较前次控制量 $u_k(1)$ 减小且减小量较大, 如图 3.24 所示;控制量减小, 即频率降低, 使转速升高、误差减小。于是, 第 2 个数据点的转速误差虽然仍为正, 但数值较小;这导致计算出的控制量值 $u_{k+1}(2)$ 虽然还是较前次控制量 $u_k(2)$ 减小, 但减小的幅度小于 $u_k(1)-u_{k+1}(1)$。其结果是, $u_{k+1}(2)$ 值大于 $u_{k+1}(1)$, 电机驱动频率升高, 导致第 3 个数据点的转速不升反降, 误差反而增大, 转速响应曲线在第 3 个数据点的时刻出现下陷现象。随着迭代学习过程的进行, 控制量逐渐累积, 下陷现象越来越明显, 并直接导致第 5 和第 6 次阶跃响应出现超调, 如图 3.22 和图 3.23 所示。

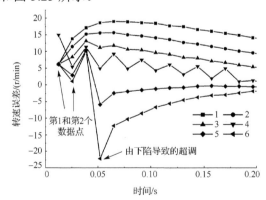

图 3.23　转速误差曲线($K_P = -15$，柔化)

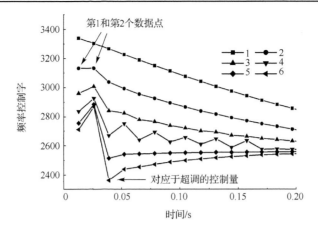

图 3.24　控制器输出控制量曲线（$K_P = -15$，柔化）

观察图 3.22 和图 3.23，在第 2 个数据点时刻，转速误差虽然数值较小，但依然为正值，即实际转速小于给定值。在这个时刻，控制器给出的控制量应该使转速升高以减小误差。但是，按照式(3.3)计算出的控制量，却使得电机转速下降、误差增大，这显然是不合适的。式(3.3)所示控制律是导致转速下陷的主要原因。式(3.3)表明，当前时刻的控制量是根据前一次阶跃响应过程的控制量 $u_k(i)$、当前转速误差 $e_{k+1}(i)$ 计算得出的，与前一时刻的控制量 $u_{k+1}(i-1)$ 无关；无论 $e_{k+1}(i)$ 为正值或是负值，$u_{k+1}(i)$ 都可能大于或是小于 $u_{k+1}(i-1)$。按照式(3.3)所示控制律进行控制，如图 3.23 所示，可以使当前转速误差值较前一次阶跃响应过程减小，但不能保证当前阶跃响应过程中的每个数据点是符合期望的，于是出现了转速下陷的现象。

由于式(3.3)使用当前转速误差 $e_{k+1}(i)$ 计算控制量，这里无法使用前述"一步预测"的方法来消除转速下陷。基于上述分析，可在控制量计算中加入判断，当式(3.3)计算出的控制量会导致误差增大时，改用式(3.9)计算控制量。

$$u_{k+1}(i) = u_{k+1}(i-1) + K_P e_{k+1}(i) \tag{3.9}$$

式(3.9)为闭环 I(积分)控制器，根据当前控制过程中前一时刻的控制量数值来计算当前时刻控制量，这样得到的控制量增量能够减小当前误差。控制量计算的流程图如图 3.25 所示。因减小电机驱动频率可以使转速上升，故图 3.25 以式(3.10)作为当前控制量会导致转速误差增大的判据。

$$\left[u_{k+1}(i) - u_{k+1}(i-1) \right] e_{k+1}(i) > 0 \tag{3.10}$$

控制过程中，先使用式(3.3)计算控制量，若计算结果使式(3.10)成立，则改用式(3.9)计算控制量。

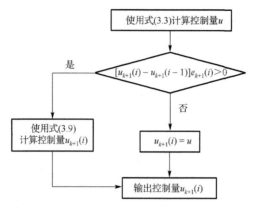

图 3.25　改进的 P 型迭代学习控制策略流程图

3.2.2　闭环 P 型迭代学习转速控制实验

采用图 3.25 所示改进的 P 型迭代学习控制策略作为超声波电机转速控制器,取 $K_P = -15$,进行给定值未经柔化处理的阶跃响应实验,阶跃给定值为 30r/min,得图 3.26 所示实验结果。在图示连续 6 次阶跃响应过程中,转速"下陷"现象消失。

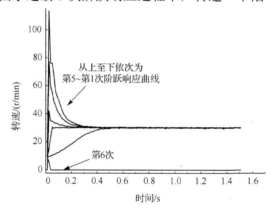

图 3.26　采用图 3.25 控制策略的转速阶跃响应曲线($K_P = -15$,阶跃)

另一方面,通过式(3.9)的控制量计算,转速误差逐次累加,起始阶段控制作用越来越强,如图 3.27 控制量(频率控制字)变化曲线所示。图中,第 1 次阶跃响应的起始控制量为 3296,至第 3 次阶跃响应已降为 2533,转速起始上升速率逐渐加快,第 3 次阶跃响应出现超调,随后超调逐渐增大,至第 5 次阶跃响应,转速峰值已达到 113.12r/min,超调量值 277%;而第 6 次阶跃响应,转速在起动之后突降为 0,这是由于控制量过强,超出了电机允许运行范围,电机停转。因为第 6 次阶跃响应的控制量数值均在 1600 以下,所以图 3.27 未给出该变化曲线,以避免其他 5 条曲线无法分辨。

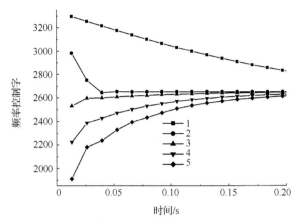

图 3.27　控制器输出控制量曲线($K_{\mathrm{P}} = -15$，阶跃)

　　减小学习增益至 $K_{\mathrm{P}} = -7$，其他测试条件不变，测得图 3.28 所示迭代学习过程。与图 3.26 对比可知，迭代学习进程减缓，至第 6 次阶跃响应出现 26.3%的超调。其中，从第 2 次～第 3 次的阶跃响应曲线变化程度，明显大于其他各次响应曲线。考察第 3 次阶跃响应控制过程，由于式(3.9)中 $K_{\mathrm{P}}e_{k+1}(i)$ 项的数值偏大，在某一时刻按照式(3.9)计算得到控制量后，其后所有时刻均有式(3.10)所示判据成立。于是，第 3 次阶跃响应不再是 P 型迭代学习控制过程中的一次迭代，而是完全变成了闭环 I(积分)控制，导致了响应过程的明显变化。图 3.26 所示的第 2 和第 6 次阶跃响应，也存在同样现象。这样脱离迭代学习过程的控制现象，是由式(3.9)中 $K_{\mathrm{P}}e_{k+1}(i)$ 项数值偏大引起的，考虑将式(3.9)调整为

$$u_{k+1}(i) = u_{k+1}(i-1) + \left[u_k(i) - u_k(i-1)\right] \tag{3.11}$$

得到阶跃响应实验结果如图 3.29 所示。除采用式(3.11)而非式(3.9)进行控制量修正外，其他测试条件与图 3.26 相同。从图 3.29 可以看出，转速超调显著且渐增。

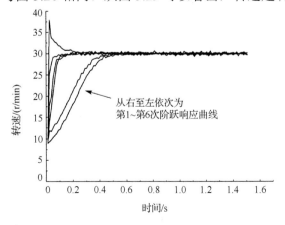

从右至左依次为
第1~第6次阶跃响应曲线

图 3.28　采用式(3.9)的转速阶跃响应曲线($K_{\mathrm{P}} = -7$，阶跃)

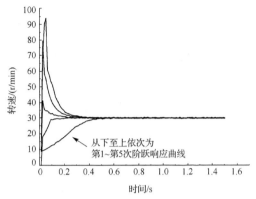

图 3.29　采用式(3.11)的转速阶跃响应曲线($K_P = -15$，阶跃)

　　下面采用经柔化处理的转速阶跃给定值，尝试图 3.25 所示迭代学习控制策略。取柔化系数 $\beta = 0.5$，得到图 3.30～图 3.33。其中，图 3.30、图 3.31 分别与图 3.26、图 3.28 的测试条件相同，图 3.32 是 $K_P = -10$ 的情况。图 3.33 除采用式(3.11)而非式(3.9)外，其他测试条件与图 3.26 相同。

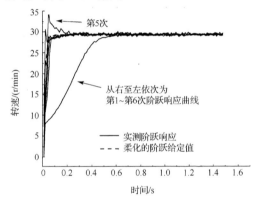

图 3.30　采用图 3.25 控制策略的转速阶跃响应曲线($K_P = -15$，柔化)

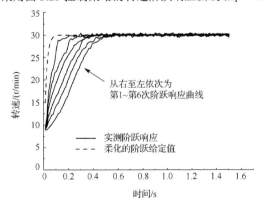

图 3.31　采用图 3.25 控制策略的转速阶跃响应曲线($K_P = -7$，柔化)

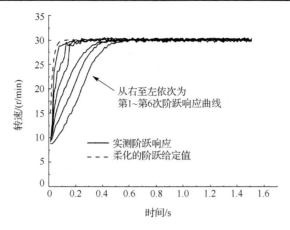

图 3.32　采用图 3.25 控制策略的转速阶跃响应曲线($K_P = -10$，柔化)

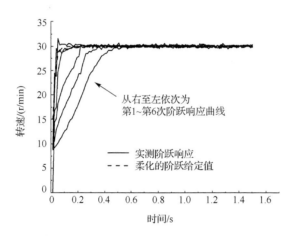

图 3.33　采用式(3.11)的转速阶跃响应曲线($K_P = -15$，柔化)

由于学习增益 $K_P = -15$ 数值较大，图 3.30 所示控制过程的学习收敛速度很快，第 2 次阶跃响应就已经接近柔化的给定值曲线，第 3 和第 4 次阶跃响应同样非常接近给定值；第 5 次阶跃响应出现 19.3%的超调，但第 6 次阶跃响应的超调量已经降至 4.17%。考虑到超声波电机驱动系统的时变特性，如图 3.30 这样快的学习速率可能导致"过学习"，出现过大的超调。因而，通常认为平稳渐进的学习收敛过程更为妥当，为此，可适当降低 K_P 值。图 3.31 为取 $K_P = -7$ 的测试结果，学习收敛速率明显降低，第 6 次阶跃响应仍未靠近给定值曲线。可见，K_P 值还可稍大。图 3.32 取 $K_P = -10$，学习收敛速度较图 3.31 加快，第 6 次阶跃响应已靠近给定值曲线。

图 3.33 采用式(3.11)进行控制量修正。随着迭代学习过程的进行，响应曲线渐次趋近柔化给定值曲线(图中虚线)，控制性能逐渐趋好，第 6 次阶跃响应出现 5.43%的小幅度超调。

　　对比图 3.30、图 3.31、图 3.33 与相同测试条件的图 3.26、图 3.28、图 3.29，采用柔化处理的阶跃给定值曲线，控制效果明显好于采用阶跃给定值的情况。

　　上述超声波电机转速控制实验都是在电机空载情况下进行的。对电机施加 0.2Nm 负载，测得柔化阶跃给定情况下的迭代学习控制实验结果如图 3.34 所示。与空载实验结果图 3.32 对比，转速控制性能无明显变化，且控制性能在迭代学习的作用下，逐次趋好。将加载方式调整为仅对第 2 次、第 4 次阶跃响应加载，其他 4 次阶跃响应过程为空载，得图 3.35 所示实验结果。与图 3.32、图 3.34 对比，由于突然加载，第 2 和第 4 次阶跃响应较前次响应过程的控制性能改进程度明显变小，反映了式 (3.3) 所示控制律中前次控制量的影响。与开环 P 型迭代学习控制实验结果(图 3.19)对比，图 3.35 没有出现稳态误差，控制响应更为稳健，表明闭环 P 型转速控制策略对负载变化的鲁棒性较好。

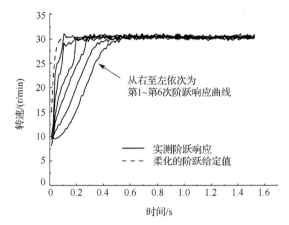

图 3.34　采用图 3.25 控制策略的转速阶跃响应曲线($K_P = -10$，柔化，负载 0.2Nm)

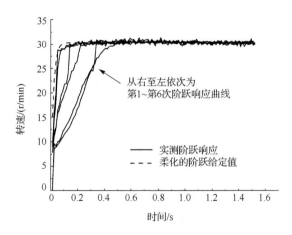

图 3.35　采用图 3.25 控制策略的转速阶跃响应曲线($K_P = -10$，柔化，第 2 和第 4 次阶跃响应负载 0.2Nm)

为进一步验证闭环控制策略的性能，进行转速阶跃给定值突变的实验研究，图 3.36 给出了实验结果。图中第 1 次阶跃响应的转速给定值为 30r/min，随后，第 2～第 6 次阶跃响应的转速给定值改变为 90r/min。与开环控制实验结果图 3.20 比较，图 3.36 所示第 2 次阶跃响应已经感知到转速给定值的变化，不存在稳态误差；只是由于第 1 次阶跃响应的控制量较小，随后阶跃响应过程的上升速度较慢。图 3.34～图 3.36 中，第 5 和第 6 次阶跃响应均已接近柔化给定值变化曲线，表明了迭代学习控制的有效性。

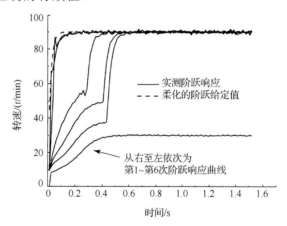

图 3.36　转速阶跃响应曲线($K_p = -10$，柔化，负载 0.2Nm，转速给定值：第 1 次 30r/min、其他 90r/min)

综上，与开环 P 型迭代学习控制相比，闭环 P 型迭代学习控制策略对转速给定值、负载的变化具有更强的鲁棒性，更适合于不具有"可重复性"的应用场合。

3.3　超声波电机简单预测迭代学习转速控制

预测控制充分利用了模型信息，根据当前时刻和过去时刻的控制信息预估未来时刻的系统信息，具有很好的跟踪性能和抗干扰能力。迭代学习算法相对简单，但往往存在鲁棒性问题。本节将预测思想引入迭代学习控制律，尝试以相对简单的方式来改善迭代学习控制系统的鲁棒性。针对超声波电机的运行特性，在迭代学习律中引入未来时刻的预测误差，给出一种简单预测迭代学习控制律。

3.3.1　简单预测迭代学习控制

1. 鲁棒迭代学习控制律

在开环 P 型迭代学习控制律中引入反馈信号，即当前转速误差信息，可得所谓"鲁棒迭代学习控制律"：

$$u_k(i) = u_{k-1}(i) + p_1 e_{k-1}(i+1) + p_2 e_k(i) \tag{3.12}$$

式中，$u_k(i)$、$u_{k-1}(i)$ 分别为系统第 k 次和第 $k-1$ 次运行过程中 i 时刻的控制量；$e_{k-1}(i+1)$ 为系统第 $k-1$ 次运行过程中 $i+1$ 时刻的转速误差；$e_k(i)$ 为系统第 k 次运行过程中 i 时刻的转速误差；p_1、p_2 为学习步长。

采用式 (3.12)，进行超声波电机转速迭代学习控制实验，实验电机同前。取柔化阶跃给定值为 30r/min，得图 3.37 所示实验结果。由图可见，式 (3.12) 所示迭代学习控制律能够使得电机转速控制性能逐次改进，但从第 3 次阶跃响应开始，曲线不够光滑，出现转速下降、转折；随迭代次数增加，转折幅度逐渐增大，至第 5 次出现超调，第 6 次无超调但仍有转折现象。

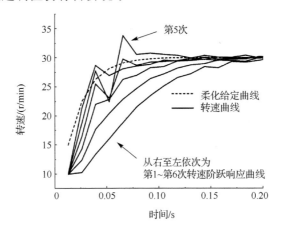

图 3.37　采用式 (3.12) 的转速迭代学习控制响应

事实上，为避免图 3.37 所示的转速下降现象，式 (3.12) 已将等号右侧第二项取为 $e_{k-1}(i+1)$ 而不是 $e_{k-1}(i)$，但依然出现了转速下降现象。考察图 3.37 所示阶跃响应对应的控制量变化过程，导致转速下跌和转折的直接原因是转速起始上升阶段的控制量过大。考察控制律式 (3.12)，等号右侧第三项为当前时刻 (i 时刻) 的转速误差 $e_k(i)$，即引入反馈，构成闭环控制律以增强鲁棒性。根据控制经验，转速误差是逐渐减小的，若能引入预测，采用未来一个时刻的预测误差 $e_k(i+1)$ 替换 $e_k(i)$，减小初始阶段的控制量变化量，可能进一步加强系统的鲁棒性，改善转速控制效果：

$$u_k(i) = u_{k-1}(i) + p_1 e_{k-1}(i+1) + p_2 e_k^*(i+1) \tag{3.13}$$

$$e_k^*(i+1) = N_{\text{ref}} - y_k^*(i+1) \tag{3.14}$$

式中，$e_k^*(i+1)$、$y_k^*(i+1)$ 分别为系统第 k 次运行过程中 $i+1$ 时刻的预测转速误差和预测转速；N_{ref} 为转速给定值。

2. 预测模型

本节推导预测模型，以得到 $i+1$ 时刻的预测转速，从而获取用于计算当前控制量的预测误差。设被控对象模型为如下一般形式：

$$A(z^{-1})y(i) = z^{-d}B(z^{-1})u(i) + C(z^{-1})\xi(i) \tag{3.15}$$

式中，$A(z^{-1})$、$B(z^{-1})$、$C(z^{-1})$ 分别为 n_a、n_b、n_c 阶多项式；$u(i)$、$y(i)$、$\xi(i)$ 分别表示输入、输出和白噪声序列；d 为纯延时，对于超声波电机系统，$d=1$。

则对未来 $i+1$ 时刻输出量的最优预测估计为

$$y^*(i+1|i) = \frac{G(z^{-1})}{C(z^{-1})}y(i) + \frac{F(z^{-1})}{C(z^{-1})}u(i) \tag{3.16}$$

$i+1$ 时刻的输出量为

$$\begin{aligned}
y^*(i+1) &= y^*(i+1|i) + E(z^{-1})\xi(i+1) \\
&= \frac{G(z^{-1})}{C(z^{-1})}y(i) + \frac{F(z^{-1})}{C(z^{-1})}u(i) + E(z^{-1})\xi(i+1)
\end{aligned} \tag{3.17}$$

预测误差为

$$\tilde{y}(i+1|i) = y^*(i+1) - y^*(i+1|i) \tag{3.18}$$

式 (3.16) ～式 (3.18) 中

$$E(z^{-1}) = 1 \tag{3.19}$$

$$G(z^{-1}) = g_0 + g_1 z^{-1} + \cdots + g_{n_g} z^{-n_g}, \qquad n_g = n_a - 1 \tag{3.20}$$

$$F(z^{-1}) = f_0 + f_1 z^{-1} + \cdots + f_{n_f} z^{-n_f}, \qquad n_f = n_b \tag{3.21}$$

且有

$$C(z^{-1}) = A(z^{-1})E(z^{-1}) + z^{-1}G(z^{-1}) \tag{3.22}$$

$$F(z^{-1}) = B(z^{-1})E(z^{-1}) \tag{3.23}$$

下面证明式 (3.16) 为未来 $i+1$ 时刻输出量的最优预测估计。设 $C(z^{-1})$ 被 $A(z^{-1})$ 除的商为 $E(z^{-1})$，余式为 $z^{-1}G(z^{-1})/A(z^{-1})$，则有

$$\frac{C(z^{-1})}{A(z^{-1})} = E(z^{-1}) + \frac{z^{-1}G(z^{-1})}{A(z^{-1})} \tag{3.24}$$

由式 (3.15) 和式 (3.24) 可得

$$\begin{aligned}
y^*(i+1) &= \frac{z^{-1}B(z^{-1})}{A(z^{-1})}u(i+1) + \left[E(z^{-1}) + \frac{z^{-1}G(z^{-1})}{A(z^{-1})}\right]\xi(i+1) \\
&= \frac{B(z^{-1})}{A(z^{-1})}u(i) + \frac{G(z^{-1})}{A(z^{-1})}\xi(i) + E(z^{-1})\xi(i+1)
\end{aligned} \tag{3.25}$$

由式(3.15)可得

$$\xi(i+1) = \frac{A(z^{-1})}{C(z^{-1})} y(i) - \frac{z^{-1}B(z^{-1})}{C(z^{-1})} u(i)$$

将上式代入式(3.25)，并根据式(3.22)和(3.23)得式(3.17)。

考察预测误差

$$\begin{aligned}
\tilde{y}^2(i+1|i) &= \left[y^*(i+1) - y^*(i+1|i) \right]^2 \\
&= \left[\frac{G(z^{-1})}{C(z^{-1})} y(i) + \frac{F(z^{-1})}{C(z^{-1})} u(i) + E(z^{-1})\xi(i+1) - y^*(i+1|i) \right]^2 \\
&= \left[E(z^{-1})\xi(i+1) \right]^2 \\
&\quad + 2E(z^{-1})\xi(i+1) \left[\frac{G(z^{-1})}{C(z^{-1})} y(i) + \frac{F(z^{-1})}{C(z^{-1})} u(i) - y^*(i+1|i) \right] \\
&\quad + \left[\frac{G(z^{-1})}{C(z^{-1})} y(i) + \frac{F(z^{-1})}{C(z^{-1})} u(i) - y^*(i+1|i) \right]^2
\end{aligned}$$

由于白噪声不可测，若使预测误差最小，应使上式第三项为 0，即得式(3.16)。证毕。

3. 超声波电机输出转速的预测

选用如下可变增益的超声波电机数学模型

$$x(i) = 7.0778 + 188.34\exp(-0.39591(u(i) - 41.514)^2) \tag{3.26}$$

$$\frac{y_g(i)}{u(i)} = \frac{0.2933 - 0.2710z^{-1}}{1 - 0.0031z^{-1} + 0.0009z^{-2} + 0.0017z^{-3}} z^{-1} \tag{3.27}$$

$$y(i) = x(i)y_g(i) \tag{3.28}$$

式中，u 为输入，x 为增益，y 为电机转速。

取 $C(z^{-1})=1$，将模型式(3.27)转换为式(3.15)形式，得

$$A(z^{-1}) = a_0 + a_1 z^{-1} + a_2 z^{-2} + a_3 z^{-3} = 1 - 0.0031z^{-1} + 0.0009z^{-2} + 0.0017z^{-3}$$

$$B(z^{-1}) = b_0 + b_1 z^{-1} = 0.2933 - 0.2710z^{-1}$$

这里，$n_a=3$，$n_b=1$。由式(3.19)，并将式(3.20)代入式(3.22)，可得

$$\begin{aligned}
1 &= A(z^{-1}) + z^{-1}G(z^{-1}) \\
&= 1 - 0.0031z^{-1} + 0.0009z^{-2} + 0.0017z^{-3} + z^{-1}(g_0 + g_1 z^{-1} + g_2 z^{-2}) \\
&= 1 - 0.0031z^{-1} + 0.0009z^{-2} + 0.0017z^{-3} + g_0 z^{-1} + g_1 z^{-2} + g_2 z^{-3}
\end{aligned} \tag{3.29}$$

$$0 = (g_0 - 0.0031)z^{-1} + (g_1 + 0.0009)z^{-2} + (g_2 + 0.0017)z^{-3} \tag{3.30}$$

得

$$G(z^{-1}) = 0.0031 - 0.0009z^{-1} - 0.0017z^{-2} \tag{3.31}$$

同理，根据式(3.23)可得

$$F(z^{-1}) = B(z^{-1})E(z^{-1}) = B(z^{-1}) = 0.2933 - 0.2710z^{-1} \tag{3.32}$$

$$
\begin{aligned}
y_g^*(i+1|i) &= \frac{G(z^{-1})}{C(z^{-1})}y_g(i) + \frac{F(z^{-1})}{C(z^{-1})}u(i) \\
&= (0.0031 - 0.0009z^{-1} - 0.0017z^{-2})y_g(i) + (0.2933 - 0.2710z^{-1})u(i) \\
&= 0.0031y_g(i) - 0.0009y_g(i-1) - 0.0017y_g(i-2) + 0.2933u(i) - 0.2710u(i-1)
\end{aligned}
$$

$$\tag{3.33}$$

　　采用式(3.33)估计 $i+1$ 时刻电机转速值，需要用到未知的 $u(i)$。为降低控制算法的复杂度，根据预测迭代学习控制律式(3.13)以及控制的一般规律，尝试采用下列算式估计当前时刻的控制量 $u'(i)$，用于转速的预测估计。式(3.34)舍弃式(3.13)中未知的当前响应过程误差 $e_k^*(i+1)$，并用 $e_{k-1}(i)$ 替换 $e_{k-1}(i+1)$，试图补偿由舍去 $e_k^*(i+1)$ 而带来的估计偏差。式(3.35)是用 $e_k(i)$ 替换式(3.13)中的 $e_k^*(i+1)$，式(3.36)和式(3.37)则尝试用前次响应过程中的控制量增量来替代式(3.13)中的 $e_{k-1}(i+1)$ 项和 $e_k^*(i+1)$ 项。

$$u_k'(i) = u_{k-1}(i) + p_1 e_{k-1}(i) \tag{3.34}$$

$$u_k'(i) = u_{k-1}(i) + p_1 e_{k-1}(i+1) + p_2 e_k(i) \tag{3.35}$$

$$u_k'(i) = u_k(i-1) + u_{k-1}(i) - u_{k-1}(i-1) \tag{3.36}$$

$$u_k'(i) = u_k(i-1) + u_{k-1}(i+1) - u_{k-1}(i) \tag{3.37}$$

　　为评估分别采用式(3.34)~式(3.37)估计 $u(i)$ 的偏差大小，用式(3.26)~式(3.28)作为电机模型，采用式(3.13)控制律及预测模型式(3.33)进行超声波电机迭代学习转速控制的仿真研究。仿真过程中，第一次控制采用比例系数、积分系数分别为−1、−2 的固定参数 PI 转速控制器。以第一次控制过程中记录的转速误差等数据为基础，从第二次控制过程开始，采用式(3.13)所示控制律进行迭代学习转速控制仿真。由于减小驱动频率对应于转速增加，因此式(3.13)中的学习步长 p_1、p_2 应为负值。

　　取转速阶跃给定值 30r/min，学习步长为 $p_1 = -7$、$p_2 = -1$，仿真得式(3.34)~式(3.37)作用下的第 2~第 6 次迭代学习响应的实际转速误差与预测转速误差的对比结果如图 3.38 所示，图中实线为实际转速误差，虚线为预测转速误差。表 3.6 给出了四种情况下的最大估计误差绝对值、积分平方误差(integral square error，ISE)、绝对误差积分(integral of absolute error，IAE)数据。从图中可以直观看出，图 3.38(b)实际转速误差与预测转速误差曲线几乎重合；从表 3.6 中数据可知，式(3.35)作用下的误差指标数据最小。

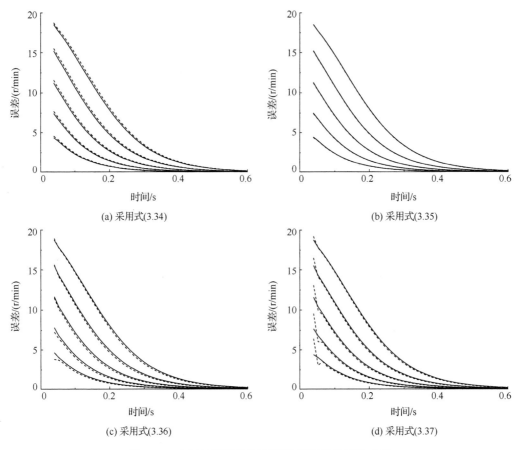

图 3.38　实际转速误差和预测转速误差的变化曲线

表 3.6　电机转速估计的误差　　　　　　　（单位：r/min）

阶跃响应次数	最大估计误差绝对值				ISE				IAE			
	式(3.34)	式(3.35)	式(3.36)	式(3.37)	式(3.34)	式(3.35)	式(3.36)	式(3.37)	式(3.34)	式(3.35)	式(3.36)	式(3.37)
2	0.35	0.04	0.27	0.44	1.8	0.017	1.7	0.83	7.1	0.71	6.3	5.0
3	0.35	0.04	0.28	0.95	1.4	0.017	1.2	1.6	5.8	0.64	5.9	5.3
4	0.35	0.06	0.31	1.5	0.96	0.016	1.1	3.0	4.3	0.55	5.3	5.4
5	0.29	0.06	0.54	1.9	0.47	0.01	1.1	4.5	2.8	0.38	4.6	5.2
6	0.20	0.05	0.82	2.0	0.19	0.0058	1.1	5.0	1.7	0.26	3.5	4.6

采用式 (3.35) 估计 $u(i)$，进行电机转速迭代学习控制的仿真研究，由控制律式 (3.13) 可知，等式右边两项误差项之和决定当前控制量的增量大小，两项误差项系数的相对大小决定其作用权重，会影响控制性能。根据转速误差的变化规律，取学习步长 p_1、p_2 之和为一固定值，并取不同的 p_1、p_2 值，通过仿真了解不同权重对控制性能的影响。

尝试学习步长之和取不同值，仿真结果表明该值(指绝对值)较小时，转速变化幅度过小，响应过程调节时间较长；该值较大时，控制量出现下降现象，从而导致转速曲线不平滑，由此确定学习步长之和取为−8。随后，取转速阶跃给定值为 30r/min。设学习步长 p_1、p_2 均为−4，即两项误差项的相对权重相等，得到迭代学习控制仿真结果如图 3.39(a) 所示。由图 3.39(a) 可知，转速没有超调，进行 5 次迭代学习后的阶跃响应调节时间为 0.182s。改变学习步长为 $p_1=-6$，$p_2=-2$，该调节时间减小为 0.156s；继续调整相对权重为 $p_1=-6.5$，$p_2=-1.5$，调节时间减小为 0.143s。由此可见，改变控制量计算式中两项误差项的相对权重，转速调节时间会明显改变；增大前一次响应误差的相对权重能够加快响应速度，减小调节时间。继续调整学习步长为 $p_1=-7$、$p_2=-1$，得到预测迭代学习转速响应曲线如图 3.39(b) 所示。与图 3.39(a) 相比，图 3.39(b) 转速不仅上升速度更快，曲线也更为平稳，表明减小当前预测误差权重可以增加响应曲线的平滑性。

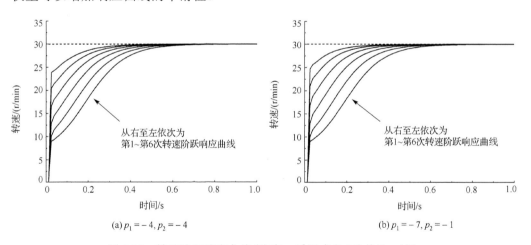

(a) $p_1=-4$, $p_2=-4$　　　　　　　　(b) $p_1=-7$, $p_2=-1$

图 3.39　转速阶跃响应曲线(仿真，采用式 (3.35) 估计 $u(i)$)

3.3.2　简单预测迭代学习转速控制实验研究

预测迭代学习控制器通过编写 DSP 程序实现，并进行实验研究。电机空载情况下，转速阶跃给定值设定为 30r/min，为验证前述仿真结果，令学习步长 p_1、p_2 均为−4，采用预测迭代学习控制器进行转速控制实验。第一次响应仍采用与仿真相同参数的固定 PI 控制器，随后连续进行 5 次迭代学习控制实验，得到转速响应曲线如图 3.40(a) 所示。

从图 3.40(a) 中可以看到，转速无超调，并稳定在给定值。随迭代学习的进行，调节时间由 0.429s 减小至 0.104s。改变学习步长相对权重，令 $p_1 = -2$，$p_2 = -6$，得实验结果如图 3.40(b) 所示。调节时间逐渐减小，转速无超调。但图 3.40 所示的阶跃响应曲线上升过程中，转速出现小幅度下降，且图 3.40(b) 所示下降现象更明显些。

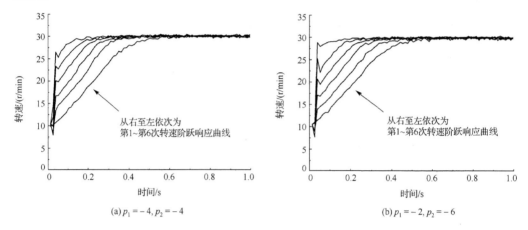

(a) $p_1 = -4, p_2 = -4$　　　　　　　　(b) $p_1 = -2, p_2 = -6$

图 3.40　转速阶跃响应曲线(实测，30r/min)

设 $p_1 = -6$、$p_2 = -2$，实验结果如图 3.41 所示，表 3.7 给出了性能指标数据。由图和表可知，转速没有超调，随着迭代学习过程的进行，调节时间逐渐减小。转速下降现象消失，曲线较为平滑，表明所述控制策略是有效的。

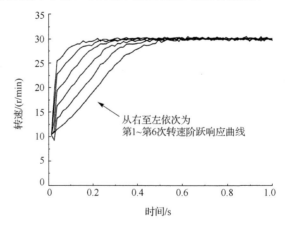

图 3.41　转速阶跃响应曲线(实测，$p_1 = -6$，$p_2 = -2$)

表 3.7 迭代学习控制性能指标($p_1 = -6$, $p_2 = -2$)

阶跃响应次数	上升时间/s	调节时间/s	超调量/%	稳态波动最大值/(r/min)	稳态波动平均值/(r/min)
1	0.429	0.507	0	0.40	0.1444
2	0.442	0.468	0	0.62	0.2115
3	0.247	0.351	0	0.55	0.1213
4	0.208	0.234	0	0.44	0.1613
5	0.104	0.117	0	0.46	0.1411
6	0.078	0.091	0	0.59	0.1580

改变转速阶跃给定值为 90r/min，设 $p_1 = -1$, $p_2 = -3$，得到图 3.42(a)所示转速响应曲线。从图中可以看到，第 5 和第 6 次阶跃响应的转速上升过程中出现小幅度的转速下降现象。改变学习步长为 $p_1 = -2$、$p_2 = -1$，得转速响应曲线如图 3.42(b)所示。与图 3.42(a)所示实验结果比较，转速下降现象消失，调节时间逐渐减小，无超调。

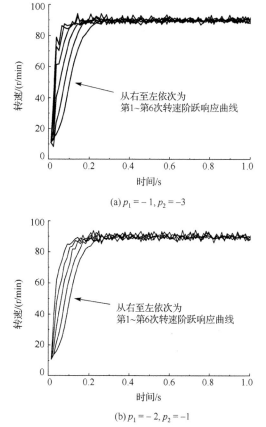

(a) $p_1 = -1$, $p_2 = -3$

(b) $p_1 = -2$, $p_2 = -1$

图 3.42 转速阶跃响应曲线(实测，90r/min)

　　实际应用中，给定值往往是在不断变化的，为评估简单预测迭代学习控制器式(3.13)对转速给定值变化的适应能力，进行改变转速阶跃给定值的实验，即第 1 次将阶跃给定值取为 30r/min，第 2～第 6 次的转速给定值改变为 90r/min。取学习步长 $p_1 = -1$、$p_2 = -3$，得实验结果如图 3.43 所示。由图可知，第 2 次转速给定值改变为 90r/min 后，稳态转速高于前次的 30r/min。随后，随着迭代学习的进行，稳态误差逐渐减小，稳态转速逐渐趋近新的给定值 90r/min。至第 6 次阶跃响应，稳态转速已经达到 90r/min，表明所述控制策略对转速给定值变化具有一定的适应能力。

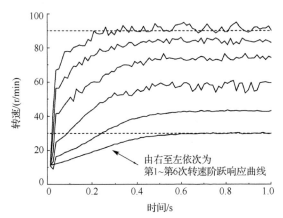

图 3.43　转速阶跃响应曲线(实测，变给定值)

3.3.3　简单预测迭代学习控制器优化设计

　　前面所述简单预测迭代学习控制策略中，学习步长 p_1、p_2 的取值直接影响学习收敛进程与超声波电机转速控制效果。本节以获得稳健的学习收敛进程、改善转速控制性能为目的，采用樽海鞘群算法(salp swarm algorithm，SSA)，基于超声波电机辨识模型，通过离线仿真优化，设计 p_1、p_2 值。随后，通过实验验证设计的有效性。

　　1.　基本的樽海鞘群算法

　　樽海鞘群算法(SSA)是一种智能优化算法[30]。樽海鞘是一种深海生物。在深海中，樽海鞘群中的个体之间，通常首尾相连，以"链"的形式集体移动，每个个体只影响相邻下一个樽海鞘的移动。在 SSA 中，链式排列的樽海鞘群体称为"种群"，位于"链"最前面的是领导者，其他个体均为追随者。算法起始，随机生成种群的初始位置：

$$x^i = \text{rand}(1,1) \times (\text{ub} - \text{lb}) + \text{lb} \tag{3.38}$$

式中，$\text{rand}(1,1)$ 是区间[0,1]之间的随机数；x^i 为第 i 个个体的位置，$i=1,2,\cdots,N$，N 为种群规模；ub、lb 分别为搜索范围的上限和下限。

在樽海鞘群算法中，由适应度函数值反映的优化目标位置，被称为"食物源"。为使种群在领导者的带领下渐趋食物源，将领导者的位置更新公式设计为

$$x^1 = \begin{cases} F + c_1((\text{ub} - \text{lb})c_2 + \text{lb}), & c_3 \geqslant 0.5 \\ F - c_1((\text{ub} - \text{lb})c_2 + \text{lb}), & c_3 < 0.5 \end{cases} \tag{3.39}$$

式中，x^1 为第一个樽海鞘(即领导者)的位置，F 为食物源的位置，c_2、c_3 是区间 $[0,1]$ 上的随机数，c_1 定义为

$$c_1 = 2\exp\left(-\left(\frac{4t}{T}\right)^2\right) \tag{3.40}$$

式中，t 为当前迭代次数，T 为最大迭代次数。c_1 可以平衡 SSA 的探索能力和开发能力。

在樽海鞘群算法的优化过程中，作为优化目标的最终食物源位置是未知的，故将当前适应度最优的樽海鞘个体位置设为食物源，作为 F 代入式(3.39)进行个体位置更新。

种群中追随者的位置更新公式为

$$x^{i\prime} = \frac{1}{2}(x^i + x^{i-1}) \tag{3.41}$$

式中，$x^{i\prime}$ 为更新后的樽海鞘位置，x^i、x^{i-1} 为更新前的樽海鞘位置。

上述樽海鞘群基本算法的执行步骤如下所示。

(1)初始化：设置算法参数，包括种群中个体数量 N、最大迭代次数 T 以及搜索范围的上限 ub 和下限 lb 等，初始化种群中每个个体的位置，并设计适应度函数以准确反映优化目标。

(2)计算适应度：根据适应度函数计算 N 个樽海鞘个体的适应度值。

(3)选定食物源：根据适应度值将樽海鞘个体排序，适应度最优的樽海鞘个体排在首位，将其位置设为食物源。

(4)选择领导者和追随者：根据排列顺序，确定领导者和追随者。

(5)位置更新：根据更新公式分别对领导者和追随者的位置进行更新。

(6)重复步骤(2)～(5)，直至达到设定的最大迭代次数，所得最优个体位置即优化结果。

2. 基于 SSA 算法的控制器参数优化设计

在 MATLAB 环境中编写超声波电机仿真程序，采用 SSA 算法确定使控制效果符合期望的最优学习步长 p_1 和 p_2 值。考虑到期望的超声波电机转速阶跃响应为调节时间短、超调 0 或尽量小、无静差，将适应度函数设计为

$$J = 100\sigma + t_{\text{s}} + 1\text{s} \tag{3.42}$$

式中，σ 为超调量，单位为 r/min；t_s 为调节时间，单位为 s，对于仿真及实验所用 USR60 型超声波电机，其转速阶跃响应调节时间数值通常小于 1s；ls 为罚值，用来反映转速响应是否有静差。当静差为 0 时，ls=0；当静差非 0 时，ls=1000。

SSA 算法参数设置为：种群规模 N=30，最大迭代次数 T=200，并将 p_1 和 p_2 值的搜索范围设为相同的[-5,0]。为使优化算法的前期搜索过程具有较强的随机性，从而保持适度的全局搜索能力，领导者的数量可以取多个。但领导者过多会使随机性过强，从而导致算法稳定性降低，影响局部开发能力。因此，选取一半樽海鞘个体作为领导者。

设置超声波电机转速阶跃给定值为 30r/min，采用基本的 SSA 算法进行优化计算，得到适应度值在优化过程中的变化曲线如图 3.44 所示。图中，横轴为迭代次数，所示适应度值为该次迭代所得种群的最优适应度值。优化所得最优控制参数为 $p_1 = -4.9316$，$p_2 = -4.8263$，对应的适应度值为 0.117，对应的转速响应没有超调，无稳态误差，调节时间为 0.117s。从图 3.44 来看，种群最优适应度值优化过程中波动较大，不能确信所得解为最优解。为此，尝试改进 SSA 算法，并采用改进算法进行学习步长的优化设计。

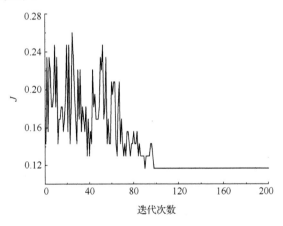

图 3.44　适应度值变化曲线（SSA 算法）

3. 基于改进 Tent 映射的种群初始化方法

樽海鞘种群位置的初始化方法，直接影响优化进程的收敛速度和精度。如上所述，基本 SSA 算法与大部分群智能优化算法一样，初始位置采用随机方法生成，有可能使种群初始位置集中于某些区域，在搜索范围内的遍历性较差，不利于优化起始阶段的全局搜索。同时，每次优化过程的初始种群都是随机产生的，不均匀分布的不同初始种群之间的差异，可能导致优化过程甚至优化结果出现明显差异，降低算法的稳定性。

为改善初始种群位置的遍历性，借用 Tent 混沌映射产生初始种群位置。与常规的随机方法相比，混沌序列具有更好的遍历性。其基本思路是通过映射关系在区间[0,1]产生混沌序列，再转化到种群中个体的搜索空间。产生混沌序列的各种方法中，Tent 映射能够生成更好的均匀分布序列，但存在小周期和不确定周期点等缺点。为削弱这些缺点的影响，可在基本 Tent 混沌映射中加入一个随机变量 r，得到改进的 Tent 映射表达式为

$$y^{i+1} = \begin{cases} \mu y^i + r/N, & 0 \leqslant y^i \leqslant 0.5 \\ \mu(1-y^i) + r/N, & 0.5 < y^i \leqslant 1 \end{cases} \tag{3.43}$$

式中，y^i 是混沌序列，$i=1,2,\cdots,N$；r 是区间[0,1]内随机数；μ 是混沌参数，μ 越大，混沌性越好，一般选取 $\mu=2$。

应用 Tent 混沌映射来产生初始种群时，令 $i=1$，取初始值 y^1，根据迭代式(3.43)，i 自加 1，产生 y^2，直至 $i=N$，得到混沌序列 $y^1,y^2,\cdots,y^i,\cdots,y^N$。混沌序列与相应的樽海鞘个体初始位置之间的关系为

$$x^i = \text{lb} + (\text{ub} - \text{lb})y^i \tag{3.44}$$

式中，x^i 为樽海鞘初始位置；ub、lb 为参数搜索范围的上下界。

采用改进后的 Tent 混沌序列来初始化樽海鞘种群位置，所得初始种群位置如图 3.45(a)所示。作为对比，图 3.45(b)给出了图 3.44 对应的初始种群中个体位置分布情况。可见，图 3.45(b)所示个体分布在左下角有一片空白区域，而改进的 Tent 映射得到的初始种群位置在搜索空间分布更为均匀。采用图 3.45(a)所示初始种群进行优化计算，算法参数不变，转速阶跃给定值仍为 30r/min，优化过程中适应度值变化曲线如图 3.46 所示，得到最优控制参数为 $p_1 = -4.8310$，$p_2 = -4.9148$，适应度值为 0.117，转速响应无超调，无稳态误差。从图中可以看到，相较于图 3.44，采用混沌序列，使最优适应度值在优化过程中的波动幅度减小。

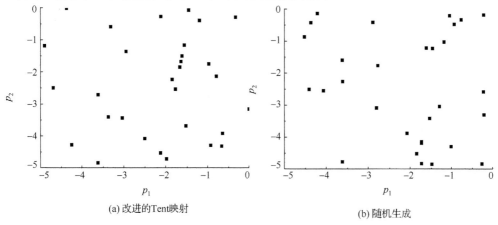

(a) 改进的Tent映射　　　　　　　　　(b) 随机生成

图 3.45　初始种群位置(改进 Tent 映射)

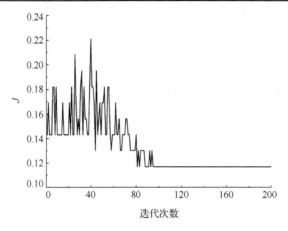

图 3.46　适应度值变化曲线(改进的 Tent 映射)

4. 改变领导者数量和 c_1

领导者位置更新公式(式(3.39))表明，领导者位置更新即在食物源 F 附近随机选取新的位置，其中参数 c_1 指定了领导者位置更新的范围大小。c_1 越大，范围越大，更新后樽海鞘个体的位置可能距离当前最优食物源更远。在优化进程后期、侧重于局部开发的时候，较大的 c_1 值会使领导者位置偏离可能的最优解。因此应随着优化过程的持续，适当减小 c_1 数值，使领导者位置在食物源附近区域更新。同时，领导者的数量与优化算法的随机性相关。由式(3.39)可知，领导者数量越多，随机性越大。由图 3.46 可知，适应度值的波动表明随机性仍较强，因此可减少领导者数量以降低算法的随机性。将 c_1 调整为

$$c_1 = \exp\left(-\left(\frac{8t}{T}\right)^2\right) \tag{3.45}$$

同时，将领导者数量减少为 $N/5$，得适应度值变化曲线如图 3.47(a)所示，得到最优控制参数为 $p_1 = -4.9617$，$p_2 = -4.6759$，适应度值为 0.117。从图 3.47(a)中可以看到，得到最优适应度值所用迭代次数明显减少。这是由于参数 c_1 自身是衰减的，参数改变后，初始值减小，衰减速度变快。当 c_1 很小时，领导者位置更新幅度很小或保持不变，因此食物源位置不变，使得算法的随机性降低。

为平衡优化过程中的全局搜索与局部开发能力，考虑减小参数 c_1 的衰减速度，取

$$c_1 = 0.2\exp\left(-\left(\frac{2t}{T}\right)^2\right) \tag{3.46}$$

领导者数量不变，得种群最优适应度值变化曲线如图 3.47(b)所示，所得优化参数

为 $p_1 = -4.8088$，$p_2 = -4.9940$，$J = 0.117$。相较于图 3.47(a)，得到最优适应度值所用
迭代次数增加，最优适应度值曲线波动幅度减小。

进一步，保持参数 c_1 衰减速度不变，仅增大其初值，即令

$$c_1 = 0.5\exp\left(-\left(\frac{2t}{T}\right)^2\right) \tag{3.47}$$

同时，将领导者数量减少为 $N/10$，得到适应度值变化曲线如图 3.47(c)所示，得到
优化参数为 $p_1 = -4.7743$，$p_2 = -4.9924$，最优适应度值为 0.117。从图中可以看到，
加大 c_1 幅度使最优适应度值曲线的波动增大。

为减弱优化算法的随机性，只设置一个领导者，其他参数保持不变，图 3.47(d)
给出了适应度值变化曲线，得到优化参数 $p_1 = -4.9692$，$p_2 = -4.6576$，最优适应
度值为 0.117。可以看到，适应度值曲线波动减小，算法随机性降低。表明樽海鞘群优
化算法所设参数合适，能够取得最优解。

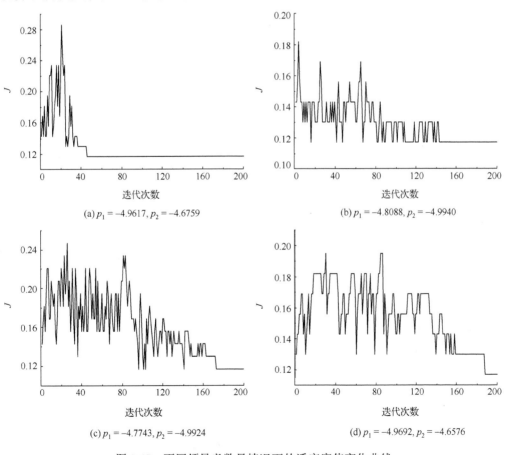

(a) $p_1 = -4.9617$，$p_2 = -4.6759$　　　　　　　　(b) $p_1 = -4.8088$，$p_2 = -4.9940$

(c) $p_1 = -4.7743$，$p_2 = -4.9924$　　　　　　　　(d) $p_1 = -4.9692$，$p_2 = -4.6576$

图 3.47　不同领导者数量情况下的适应度值变化曲线

从上述 6 组种群适应度值优化结果来看，最优适应度值均为 0.117。为减小控制强度，取优化参数之和绝对值最小的一组参数，即 $p_1 = -4.9692$，$p_2 = -4.6576$，图 3.48 给出了该组优化参数下的转速响应曲线。由图可知，转速没有超调和稳态误差，调节时间 0.117s。但响应曲线初始阶段转速上升较快，之后增长缓慢，尤其第 6 次响应曲线最为明显。

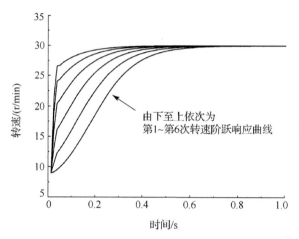

图 3.48　转速阶跃响应曲线(仿真，$p_1 = -4.9692$，$p_2 = -4.6576$)

针对图 3.48 阶跃响应曲线平滑性较差的问题，对转速给定值进行柔化处理。仍设定种群规模 $N=30$，最大迭代次数 $T=200$，学习步长 p_1 和 p_2 的搜索范围仍为 $[-5,0]$。柔化阶跃给定情况下，取适应度函数为

$$J = \sum_{k=1}^{100} e(k)^2 + \mathrm{ls} \tag{3.48}$$

式中，$e(k)$ 为 k 时刻的转速误差；ls 同上。

将柔化系数设为 0.5，转速阶跃给定值仍为 30r/min，同样采用改进的 Tent 混沌映射进行种群初始化。设置领导者数量为 $N/5$，c_1 采用式(3.47)计算，得最优适应度值变化曲线如图 3.49(a)所示，相应的最优参数为 $p_1 = -4.9949$，$p_2 = -4.9928$，最优适应度值为 146.7640，调节时间为 0.13s。

保持 c_1 不变，领导者数量减少为 $N/10$，得适应度值变化曲线如图 3.49(b)所示，得到优化参数为 $p_1 = -4.9937$，$p_2 = -4.9853$，最优适应度值为 147.1353，调节时间为 0.13s。

比较上述两组优化结果，选择适应度值最小的一组参数 $p_1 = -4.9949$，$p_2 = -4.9928$。图 3.50 给出了该组优化参数的转速响应曲线。因为对阶跃给定值做了柔化处理，降低了响应速度，调节时间较图 3.48 略有增加，但响应曲线趋于平稳。

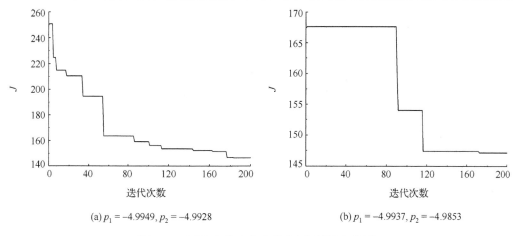

(a) $p_1 = -4.9949$, $p_2 = -4.9928$　　　　　　(b) $p_1 = -4.9937$, $p_2 = -4.9853$

图 3.49　适应度值变化曲线(改变领导者数量)

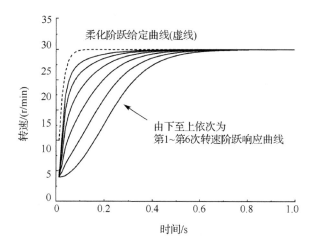

图 3.50　转速阶跃响应曲线(仿真，$p_1 = -4.9949$，$p_2 = -4.9928$)

5. 实验验证

　　编写 DSP 程序实现上述预测迭代学习转速控制器，进行超声波电机转速控制实验研究。仍取转速阶跃给定值为 30r/min，参数为前述优化所得 $p_1 = -4.9692$，$p_2 = -4.6576$，得转速阶跃响应如图 3.51(a)所示。从图中可以看到，第 2～第 6 次转速响应的稳态值均大于给定值，即存在稳态误差。图 3.51(b)为对应的预测转速误差曲线。由实验数据可知，当实际转速等于给定值时，由预测模型得到的预测转速仅为 20r/min 左右，从而使得预测转速误差值大于 0。由控制量计算式可知，预测转速误差过大，初始阶段控制量先增大后减小，转速下陷。预测转速误差大于 0，控制量继续增加，导致转速增大，并大于给定值。

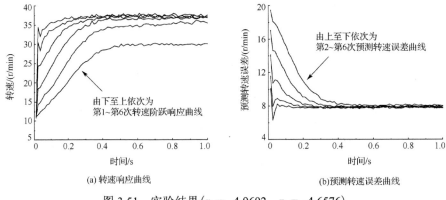

(a) 转速响应曲线　　　　　　　　　　　　　　(b)预测转速误差曲线

图 3.51　实验结果($p_1 = -4.9692$，$p_2 = -4.6576$)

　　预测不准确而产生的稳态误差，可以通过对预测不准的转速值进行补偿来减小预测误差。考察图 3.51(b)中转速响应动态部分的预测转速误差数据，并由图 3.15(a)得到实际转速误差数据，两者的差值即为需要补偿的数值。图 3.52 中数据点给出了两者的差值，图中横轴为实际的转速误差值。从图中可知，两者差值随着实际转速误差减小，即实际转速的增加而增大，因此以实际转速误差为自变量，两者差值为因变量，进行曲线拟合的结果为

$$y' = 10.06704 - 0.68325x + 0.01773x^2 \tag{3.49}$$

式中，x 为实际转速误差，y' 为预测转速待补偿数值。

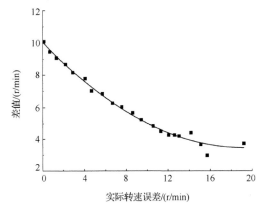

图 3.52　预测误差补偿拟合曲线

　　将式(3.49)加入预测模型输出计算中，补偿预测转速值，使用修改后的 DSP 程序进行实验，转速给定值为 30r/min，优化参数仍为 $p_1 = -4.9692$，$p_2 = -4.6576$，得转速阶跃响应结果如图 3.53 所示。从图中可以看出，稳态误差明显减小，转速稳态值趋近于给定值。前三次响应曲线平滑性较好，第 4～第 6 次响应初始阶段仍出现转速下陷现象。与仿真结果图 3.48 对比，图 3.53 所示曲线初始阶段预测转速误差值仍较大，响应过快，这一点与图 3.48 中第 6 次响应曲线类似。

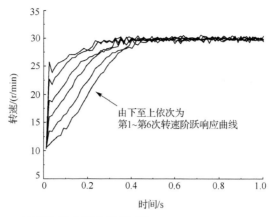

图 3.53　转速阶跃响应曲线(实测，$p_1 = -4.9692$，$p_2 = -4.6576$)

取柔化系数为 0.5，转速给定值为 30r/min，对应优化参数取 $p_1 = -4.9949$，$p_2 = -4.9928$，得转速响应曲线如图 3.54 所示，表 3.8 给出了控制性能指标。从图 3.54 和表 3.8 中可以看到，此时转速下陷消失，曲线较为平稳。与相同参数下的仿真结果图 3.50 对比，转速响应结果一致，转速响应曲线平滑，没有超调，稳态误差为 0，调节时间逐渐减小，控制性能较好。

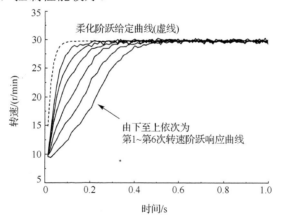

图 3.54　柔化的转速响应曲线(实测，$p_1 = -4.9949$，$p_2 = -4.9928$)

表 3.8　柔化的迭代学习控制性能指标($p_1 = -4.9949$，$p_2 = -4.9928$)

阶跃响应次数	上升时间/s	调节时间/s	超调量/%	稳态波动最大值 /(r/min)	稳态波动平均值 /(r/min)
1	0.338	0.39	0	0.50	0.1410
2	0.273	0.312	0	0.61	0.1521
3	0.208	0.247	0	0.5	0.1465
4	0.169	0.195	0	0.65	0.1614
5	0.117	0.156	0	0.58	0.1766
6	0.078	0.104	0	0.45	0.1449

本节基于对未来时刻输出转速的近似预测，给出一种简单的预测迭代学习控制策略。在控制律设计过程中引入下一时刻的转速预测误差，使当前控制量的计算以减小未来时刻误差为目的，并给出了转速预测误差的估计方法。

采用樽海鞘群优化算法对简单预测迭代学习转速控制器中的学习步长进行优化设计。针对实验存在的预测不准确的问题，进行预测转速补偿。实验结果表明，所述控制策略用于超声波电机转速控制时，控制性能逐渐得到改进，柔化给定情况下的控制效果较好。

3.4　超声波电机简单滤波型迭代学习转速控制

3.4.1　滤波型迭代学习控制律

设计 3 阶低通滤波器 $A(z^{-1})$：

$$A(z^{-1}) = \frac{b_1 z^{-1} + b_2 z^{-2}}{1 + a_1 z^{-1} + a_2 z^{-2} + a_3 z^{-3}} \tag{3.50}$$

将该滤波器引入鲁棒迭代学习控制策略，得控制律为

$$u_k(i) = A(z^{-1})u_{k-1}(i) + q_1 e_{k-1}(i) + q_2 e_k(i) \tag{3.51}$$

在滤波型迭代学习控制策略中，控制参数的取值直接影响超声波电机转速控制系统的控制性能。由迭代学习控制策略的收敛性条件，仅能给出参数取值范围而无法确定具体的参数值。采用优化算法，辅以超声波电机系统仿真，对控制参数进行离线优化设计，是该控制策略参数设计的一种可行途径。

对于式(3.51)控制律，待定控制参数可写为矩阵形式 $S=[q_1, q_2, a_1, a_2, a_3, b_1, b_2]^{\mathrm{T}}$。其中，$a_1, a_2, a_3, b_1, b_2$ 为作用于前次控制量的三阶滤波器的待定参数。在前述控制器设计过程中，由于不能准确表述滤波器参数与系统控制性能之间的对应关系，按照通行做法，以滤波器截止频率作为这些参数的主要设计依据，来间接调节控制性能。本节采用优化方法，以"获得符合期望的控制性能"为目的，可以将滤波器参数与其他控制参数放在一起，直接与控制性能指标相关联，共同进行优化设计，以期获得最优设计结果。

为使转速稳态误差为 0，滤波器参数应满足：

$$-a_1 - a_2 - a_3 + b_1 + b_2 = 1 \tag{3.52}$$

由此关系式可知，5 个滤波器参数中只有 4 个是独立的。若取 a_1, a_2, a_3, b_1 为独立参数，则待优化控制参数为 $S=[q_1, q_2, a_1, a_2, a_3, b_1]^{\mathrm{T}}$。

3.4.2　樽海鞘群优化算法

3.3 节叙述了基本的樽海鞘群算法，并给出了基于改进的 Tent 映射的种群初始化方法。下面采用式(3.44)得到参数 q_1、q_2 的初始种群位置。

由式(3.43)可知，混沌序列 y^i 范围为[0,1]，为使滤波器初始种群位置在滤波器初始参数附近分布，采用式(3.53)得到滤波器参数的初始种群位置。

$$x^i = 0.1(0.5 - y^i) + s \tag{3.53}$$

式中，s 为滤波器初始参数值。

在控制参数的优化设计过程中，需要设计适应度函数来指导优化进程。适应度函数应准确反映优化目标，即"期望的"超声波电机转速控制性能。这里，我们希望通过连续 6 次迭代学习控制，使第 6 次转速阶跃响应无超调、调节时间较短，且响应曲线平滑，没有之前的仿真、实验结果中曾经出现的"下陷"现象。为此，将适应度函数设计为

$$J = 100\sigma + t_s + 100\text{ls} \tag{3.54}$$

式中，J 为适应度值；σ 为超调量，单位为 r/min；t_s 为调节时间，单位为 s，指转速阶跃响应曲线进入转速给定值×$(1 \pm 5\%)$的区域且不再超出该区域所需的时间；ls 用来反映转速曲线是否下陷，定义为

$$\text{ls} = \begin{cases} 0, & n_6(i) - n_6(i-1) \geqslant 0 \\ \max |n_6(i) - n_6(i-1)|, & n_6(i) - n_6(i-1) < 0 \end{cases} \tag{3.55}$$

式中，$n_6(i-1)$、$n_6(i)$ 分别为第 6 次转速阶跃响应在第 $i-1$ 时刻、第 i 时刻的转速值，$i=0,1,\cdots,m$，m 为一次阶跃响应过程中进行仿真计算的点数。若 i 时刻转速值不小于前一时刻转速值，则 ls=0；否则，取 ls 为两者最大负差值的绝对值。

取 SSA 参数种群规模 N=30，最大迭代次数 T=200。根据前述仿真和实验结果，将参数 q_1、q_2 的搜索范围试取为[−6, −3]，滤波器参数 a_1、a_2、a_3、b_1 的搜索范围设为[−2,2]，并将初始参数值取为$[a_1, a_2, a_3, b_1, b_2]^T = [-1.1970, 0.7901, -0.2052, 0.2435, 0.1444]^T$，这组参数值来自仿真尝试的结果。若参数越界，则维持原值不变。为使优化算法的前期搜索过程具有较强的随机性，从而保持适度的全局搜索能力，领导者的数量可以取多个。但领导者过多会使随机性过强，算法稳定性降低，并影响局部开发能力。折中考虑，尝试选取一半樽海鞘个体作为领导者。

取超声波电机转速阶跃给定值为 30r/min，采用改进的 Tent 混沌序列来初始化樽海鞘种群位置，使用基本 SSA 算法的更新算式(3.39)～式(3.41)进行优化，优化所得最优控制参数为$[q_1, q_2, a_1, a_2, a_3, b_1, b_2]^T = [-5.5536, -5.2626, -1.0674, 0.1919, -0.0104, 0.7643, -0.6502]^T$，对应的适应度值为 0.104；优化过程中适应度值变化曲

线如图 3.55 所示。图中，横轴为迭代次数，纵轴为该次迭代所得种群的最佳适应度值。图 3.56 为最优控制参数情况下的转速迭代学习控制响应仿真曲线，无超调，无稳态误差，第 6 次响应的调节时间为 0.104s。不过，转速响应曲线的上升过程明显存在转折，起始上升快，接近给定值转为缓升，平滑性较差。在实际应用中，为减弱对负载的机械冲击，希望转速变化过程较为平滑。为此，需要修改式 (3.54) 所示适应度函数，使其能够反映这一需求。考察图 3.56 所示阶跃响应曲线，其与期望的平滑曲线之间的主要区别在于趋近给定值的速率过于缓慢。于是，将式 (3.54) 中调节时间对应的转速范围由转速给定值×(1±5%) 变更为转速给定值×(1±0.5%)，使图 3.56 所示阶跃响应曲线缓慢趋近给定值所需的时间被计入调节时间，从而将上述需求纳入适应度函数。由此，取不同的优化算法参数进行优化计算，得表 3.9 所示优化结果。表中，cc 为式 (3.40) 中 c_1 表达式指数项中的系数。

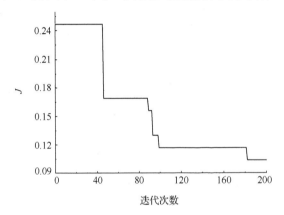

图 3.55　适应度值变化曲线 (基本 SSA 算法)

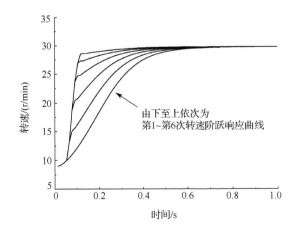

图 3.56　转速阶跃响应曲线 ($q_1 = -5.5536$, $q_2 = -5.2626$)

表 3.9　使用基本优化算法的优化结果

cc	T	J	q_1	q_2	a_1	a_2	a_3	b_1	b_2
3	200	0.351	−5.8504	−5.8706	0.2827	−0.0546	−0.0489	0.8133	0.3659
		0.364	−5.8751	−5.8490	−0.4772	−0.0681	0.0864	0.6255	−0.0844
		0.416	−5.8795	−5.3088	−1.3677	0.7180	−0.1514	0.4350	−0.2361
4	300	0.351	−5.9223	−5.9461	−0.2701	−0.0239	0.0236	0.6873	0.0423
		0.364	−5.7662	−5.9174	−1.0330	0.3544	−0.0475	0.6168	−0.3428
		0.377	−5.9905	−5.7468	−1.0534	0.6025	−0.1644	0.4895	−0.1048
3	300	0.416	−5.7605	−5.9276	−1.4786	0.8275	−0.1790	0.3773	−0.2074
		0.39	−5.9486	−4.7545	−0.1245	0.1266	−0.0497	0.5115	0.4409
		0.351	−5.9831	−5.4798	−0.5800	0.0848	0.0195	0.7345	−0.2103
3	400	0.182	−5.5895	−5.2516	−1.0819	0.0717	0.0863	0.6903	−0.6141
		0.377	−5.9544	−5.7906	−1.0884	0.5394	−0.1164	0.4831	−0.1485
		0.338	−5.9939	−5.8576	0.2894	−0.0811	−0.0276	0.8083	0.3724
		0.364	−5.9725	−5.6539	−0.3806	−0.1623	0.1310	0.6044	−0.0163
		0.377	−5.9785	−4.7854	−0.9802	0.2226	−0.0005	0.6822	−0.4403
2.5	400	0.364	−5.9555	−5.8268	−0.8728	0.4122	−0.0981	0.5672	−0.126
		0.351	−5.9939	−5.86309	−0.5984	0.09043	−0.0007	0.7274	−0.2360
		0.364	−5.8802	−5.7677	−0.9050	0.2037	0.0057	0.6617	−0.3573
2	400	0.351	−5.9552	−5.6699	0.4766	−0.0954	−0.0446	0.8064	0.5301
		0.351	−5.9339	−5.8859	0.3186	−0.0952	−0.0310	0.7278	0.4646
		0.364	−5.9951	−5.5493	−0.2958	0.0220	0.0295	0.5650	0.1907

　　表 3.9 数据表明，cc=3、T=400 的情况下，得最小适应度值 0.182。图 3.57 给出了该组最优控制参数对应的转速阶跃响应仿真曲线。从图中可以看到，转速曲线较为光滑，与图 3.56 所示曲线有明显不同，表明上述对适应度函数的修正是有效的。图 3.58～图 3.63 给出了该组参数优化过程中，6 个控制参数的个体分布变化情况。图中横轴为迭代次数，纵轴为控制参数的数值。从图中可以看到，在优化过程中，图 3.60～图 3.63 所示滤波器参数随迭代次数增加而逐渐趋近某一数值，优化进程较为理想；而图 3.58 和图 3.59 中，参数在前 30 次迭代中逐步收敛，但 30～150 代左右出现一段平台，随后参数值呈现较为复杂的变化历程，优化过程偏离理想状态。

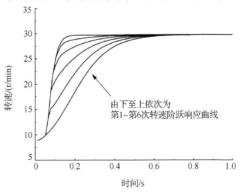

图 3.57　转速阶跃响应曲线(cc=3、T=400)

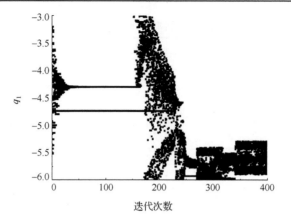

图 3.58　q_1 变化曲线（cc=3、T=400）

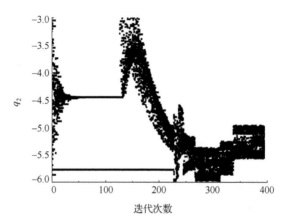

图 3.59　q_2 变化曲线（cc=3、T=400）

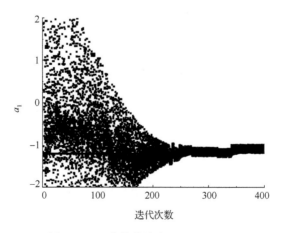

图 3.60　a_1 变化曲线（cc=3、T=400）

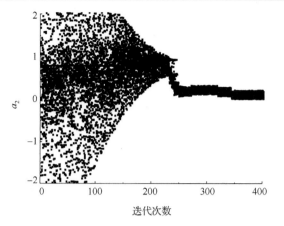

图 3.61　a_2 变化曲线（cc=3、T=400）

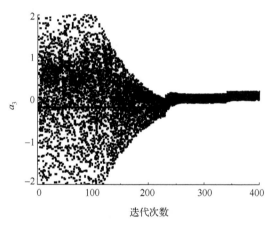

图 3.62　a_3 变化曲线（cc=3、T=400）

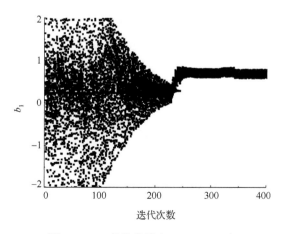

图 3.63　b_1 变化曲线（cc=3、T=400）

3.4.3 改进樽海鞘群优化算法

考察樽海鞘群算法的领导者更新算式(3.39)，等号右侧第二项括号内的表达式，与用来生成初始种群个体的式(3.38)相同。也就是说，式(3.39)对领导者位置的更新方式，是在当前最优个体的基础上，加或减一个随机个体。像式(3.39)这样，以两个个体相加减的形式来进行个体更新，意义不明。从另一个角度来看，等号右侧第二项括号内 lb 的作用是给更新的个体施加一个偏置量，该偏置量等于 c_1 与系数 lb 的乘积。对于一次优化进程而言，lb 是一个恒定值。且对于不同的待优化问题，lb 值当然会是不同的，这就使得同样的樽海鞘群算法，同样的更新算式(3.39)，对不同的待优化问题有着不同的表现。而且，增加这样一个非随机性质的偏置量，对于改善优化进程而言，显然也无明确意义。因此，删去式(3.39)中的 lb 项，得

$$x^1 = \begin{cases} F + c_1((ub-lb)c_2), & c_3 \geqslant 0.5 \\ F - c_1((ub-lb)c_2), & c_3 < 0.5 \end{cases} \tag{3.56}$$

进一步，考虑式(3.39)等号右侧第一项 F。领导者位置更新是在当前食物源附近进行的。当前食物源 F，就是当前最优个体的位置。若仅取当前最优个体作为唯一的领导者，这样的更新方式是恰当的。但是，当按照适应度值排序选取前一半樽海鞘个体作为领导者时，除最优个体之外的其他领导者自身也具有较好的适应度值；如果也使用这样的更新方式，则抛弃了这些次优个体自己的位置，都向当前最优个体位置附近聚集。考虑到当前最优个体不一定靠近最终的优化结果，甚至可能偏离甚远(尤其是在优化进程初期)，以当前最优个体为导向的位置更新方法不利于保持种群多样性以保证找到全局最优解。除当前最优个体之外的其他领导者，可能更靠近全局最优解，有必要在更新过程中考虑其自身位置。将式(3.39)中的食物源位置改为考虑当前个体位置的形式,即取当前位置与食物源连线上的某一随机点作为"食物源"，替代式(3.56)等号右侧的第一项 F，得

$$x^1 = \begin{cases} x^i + (F-x^i)c_4 + c_1((ub-lb)c_2), & c_3 \geqslant 0.5 \\ x^i + (F-x^i)c_4 - c_1((ub-lb)c_2), & c_3 < 0.5 \end{cases} \tag{3.57}$$

式中，c_4 是区间[0,1]上的随机数。

对于待优化的滤波器参数 a_1, a_2, a_3, b_1，取其领导者位置更新公式为式(3.58)，以适当限制其波动幅度。

$$x^1 = \begin{cases} x^i + (F-x^i)c_4 + c_1(0.5(ub-lb)c_2), & c_3 \geqslant 0.5 \\ x^i + (F-x^i)c_4 - c_1(0.5(ub-lb)c_2), & c_3 < 0.5 \end{cases} \tag{3.58}$$

再考虑式(3.40)给出的 c_1 表达式，其中指数项中的系数"4"可被修改以调整 c_1 随优化进程的变化曲线形状。图 3.64 以最大迭代次数 T=100 为例，给出了该系数

分别取不同值情况下的 c_1 变化曲线形状。可见，该系数值越小，c_1 值由起始点处的极大值下降的速率越慢，这意味着优化进程越倾向于加强全局搜索。考察图中曲线，系数为 4 的情况下，当迭代次数增加到 $0.66T$ 时，式 (3.40) 中指数项的值已降至 10^{-4} 量级，式 (3.39) 使种群中"领导者"群体向最优个体紧密聚集；随着迭代次数继续增加，领导者的更新量更小，小到可忽略。既然领导者位置已不再变化，就很可能出现最优适应度值不再下降的"收敛"状态。但这种利用 c_1 表达式人为制造的收敛，可能是真的收敛，也可能是假象。

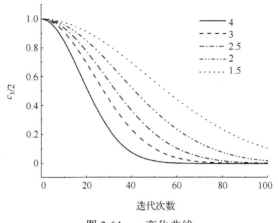

图 3.64　c_1 变化曲线

从优化算法来看，c_1 值应逐渐减小以调控优化进程，使其从侧重全局搜索逐渐过渡到注重局部开发，但即便是在侧重局部开发的末段，也可以允许一个小范围内的随机变化。如上所述，如果 c_1 值趋于 0，则意味着随机进行的局部开发也停止了。所以，为了便于调控全局搜索与局部开发，并在末段保持一个小范围的随机变化量，可修改 c_1 表达式为

$$c_1 = 0.05 + 2\exp\left(-\left(\frac{\mathrm{cc} \times t}{T}\right)^2\right) \tag{3.59}$$

同时，在追随者位置更新公式中加入随机性，不再以固定的中点位置作为更新位置：

$$x^{i'} = x^i + w(x^{i-1} - x^i) \tag{3.60}$$

式中，w 为 [0,1] 之间的随机数。

采用改进的 Tent 混沌序列来初始化樽海鞘种群位置，使用改进后的 SSA 算法更新式 (3.56)～式 (3.60)，并进行优化计算。一次迭代更新过程中，算法中待优化控制参数使用的是相同的 c_4 和 w、不同的 c_2 和 c_3。调整算法参数各进行 3 次优化所得结果如表 3.10 所示。

表3.10　改进优化算法的优化结果(采用改进后的 Tent 混沌序列)

N	cc	T	J	q_1	q_2	a_1	a_2	a_3	b_1	b_2
			0.338	−5.9989	−5.9894	0.2580	−0.2033	0.0741	0.7225	0.4063
	3	400	0.338	−5.8739	−5.9972	−0.5268	0.0863	0.0109	0.7351	−0.1647
			0.312	−5.3139	−4.2325	−0.9752	−0.0886	0.1257	0.7729	−0.7110
			0.377	−5.4062	−5.8237	−0.7527	0.0474	0.0446	0.7357	−0.3964
	2	400	0.364	−5.5763	−5.6575	0.4676	−0.1430	−0.0094	0.8380	0.4772
			0.364	−5.8298	−5.5914	0.4073	−0.1774	0.0102	0.8004	0.4397
			0.351	−5.8876	−5.2709	−0.1498	−0.0032	0.0031	0.8107	0.0394
30	4	400	0.338	−5.9885	−5.9616	−0.5237	0.1314	−0.0246	0.7461	−0.1630
			0.338	−5.9443	−5.9638	−0.2615	−0.0513	0.0375	0.7776	−0.0530
			0.351	−5.9763	−5.9985	−0.8308	0.0817	0.0279	0.7662	−0.4874
	4	300	0.338	−5.9708	−5.8077	0.0143	−0.0882	0.0276	0.7882	0.1654
			0.364	−5.5255	−5.7565	−0.5992	0.1073	0.0105	0.7371	−0.2186
			0.338	−5.9942	−5.8870	0.1926	−0.1191	0.0112	0.7782	0.3065
	4	600	0.338	−5.8789	−5.8426	−0.2262	−0.0215	0.0306	0.7808	0.0021
			0.338	−5.9802	−5.6869	0.1899	−0.0223	−0.0351	0.8284	0.3041
			0.234	−4.4347	−5.6977	−1.1026	0.1605	0.0207	0.7554	−0.6769
50	3	400	0.338	−5.9445	−5.9910	−0.1749	−0.0812	0.0359	0.7774	0.0024
			0.338	−5.9555	−5.7184	−0.1003	−0.0064	−0.0013	0.7945	0.0975

$N=30$、cc=4、$T=400$ 时，3 次优化适应度函数值变化曲线及迭代过程中 c_1 曲线如图 3.65 所示。$N=50$、cc=3、$T=400$ 时，3 次优化适应度函数值变化曲线如图 3.66 所示。从图 3.66 中可以看到，增大种群数量，适应度值有所减小，但对应的适应度值曲线出现平台，而图 3.65 中 3 次适应度曲线均在减小。由此说明增大种群数量不能改善优化过程。

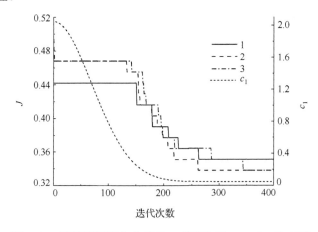

图 3.65　适应度值变化曲线及 c_1 值($N=30$、cc=3、$T=400$)

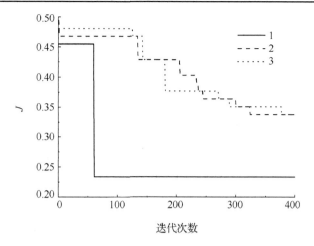

图 3.66　适应度值变化曲线(N=50、cc=3、T=400)

将 c_1 的表达式修改为

$$c_1 = 0.1 + 0.5\exp\left(-\left(\frac{\mathrm{cc}\times t}{T}\right)^2\right) \tag{3.61}$$

进行 3 次优化所得结果如表 3.11 所示，对应 3 条适应度值曲线如图 3.67 所示。

表 3.11　改进优化算法的优化结果(采用式(3.61))

N	cc	T	J	q_1	q_2	a_1	a_2	a_3	b_1	b_2
30	4	400	0.351	−5.8473	−5.8153	−0.6789	0.1465	−0.0166	0.7610	−0.3100
			0.351	−5.6844	−5.7536	0.3719	−0.1665	0.0451	0.7861	0.4644
			0.351	−5.8925	−5.5966	−0.4478	0.0309	0.0272	0.7295	−0.1193

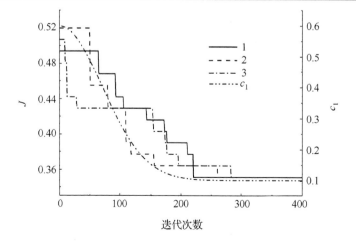

图 3.67　适应度值变化曲线及 c_1 曲线(采用式(3.61))

将 c_1 表达式中的系数值调整为

$$c_1 = 0.05 + 0.8\exp\left(-\left(\frac{cc \times t}{T}\right)^2\right) \tag{3.62}$$

进行 3 次优化所得结果如表 3.12 所示。

表 3.12 改进优化算法的优化结果(采用式(3.62))

N	cc	T	J	q_1	q_2	a_1	a_2	a_3	b_1	b_2
30	4	400	0.338	−5.8377	−5.9828	0.2788	−0.1526	0.0320	0.7995	0.3587
			0.338	−5.9831	−5.8916	−0.5714	0.0019	0.0559	0.7415	−0.2552
			0.338	−5.9025	−5.8404	−0.3933	0.0644	−0.0061	0.7847	−0.1197
	2	400	0.351	−5.8883	−5.5459	−0.0296	−0.1108	0.0417	0.7779	0.1234
			0.351	−5.9664	−5.9458	−0.7356	0.2355	−0.0516	0.6884	−0.2401
			0.351	−5.9511	−5.6827	−0.2861	0.1277	−0.0549	0.7283	0.0583

cc=4，T=400 时，3 次优化适应度函数值变化曲线及 c_1 曲线如图 3.68 所示。由图可见，增大 c_1 的初值，适应度值还是在 c_1=0.5 附近开始呈现明显下降，在 c_1 降至 0.5 之前，适应度值变化曲线出现了持续 60~80 代的平台。考虑到待优化问题的复杂性，在起始端将 c_1 值适当提高一些，有利于提高优化算法的适应性。c_1 的终值减小是有益的，适应度值在优化末段的改进对应的代数范围向后延伸了。

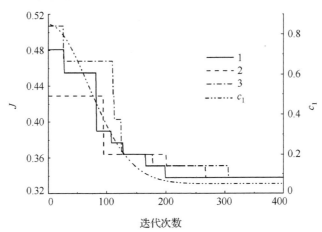

图 3.68 适应度值变化曲线及 c_1 曲线(采用式(3.62))

cc=2，T=400 时，3 次优化适应度函数值变化曲线及 c_1 曲线如图 3.69 所示。由图可见，将 cc 由 4 改为 2 以延缓 c_1 下降速率，适应度值在 c_1=0.2~0.4 附近开始明显下降，起始阶段出现了更长代数范围的平台，因此 cc 值应稍大一些，且末段应该维持一段时间的最小值(c_1=0.05)是有利的。

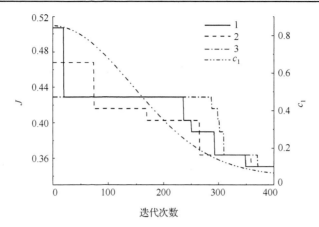

图 3.69　适应度值变化曲线及 c_1 曲线(式(3.62)，cc=2，T=400)

进一步将 c_1 表达式中的系数值调整为

$$c_1 = 0.05 + 0.6\exp\left(-\left(\frac{\mathrm{cc}\times t}{T}\right)^2\right) \tag{3.63}$$

进行 3 次优化所得结果如表 3.13 所示，3 次优化适应度函数值变化曲线如图 3.70 所示，图 3.71 给出了对应的转速响应曲线。

表 3.13　改进优化算法的优化结果(采用式(3.63))

N	cc	T	J	q_1	q_2	a_1	a_2	a_3	b_1	b_2
30	3	400	0.338	−5.9500	−5.6897	−0.0105	−0.0509	0.0219	0.7954	0.1651
			0.338	−5.9896	−5.5877	0.0986	−0.0366	−0.0035	0.8078	0.2508
			0.338	−5.7846	−5.9423	0.1819	−0.0789	0.0154	0.8009	0.3175

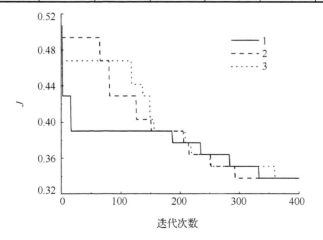

图 3.70　适应度值变化曲线(采用式(3.63))

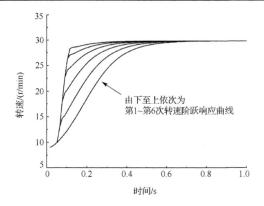

图 3.71　转速阶跃响应曲线(采用式(3.63))

　　图 3.72~图 3.77 给出了采用改进优化算法优化过程中 6 个控制参数的变化情况。与采用基本优化算法的图 3.58~图 3.63 比较,平台情况消失,待优化参数在优化过程中也逐渐收敛于最优值。由表 3.13 知,3 次优化结果一致,均为 0.338,表明改进算法是有效的。

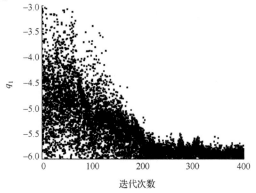

图 3.72　q_1 变化曲线(采用式(3.63))

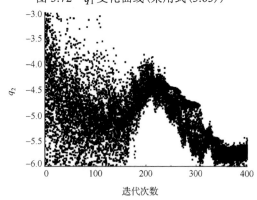

图 3.73　q_2 变化曲线(采用式(3.63))

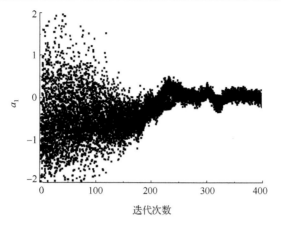

图 3.74　a_1 变化曲线(采用式(3.63))

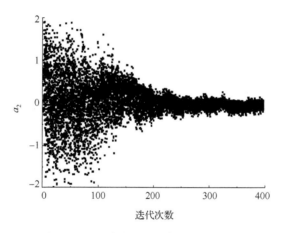

图 3.75　a_2 变化曲线(采用式(3.63))

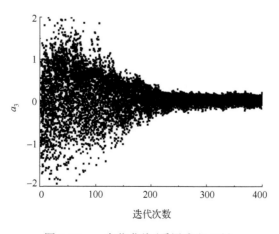

图 3.76　a_3 变化曲线(采用式(3.63))

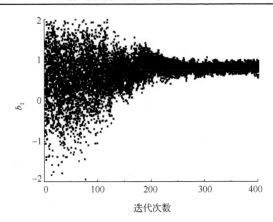

图 3.77　b_1 变化曲线(采用式(3.63))

　　表 3.13 和图 3.72 表明，q_1 的最优值趋近于其取值范围[−6,−3]的边界。若扩大取值范围，是否能够得到更好的优化结果？由此，将参数 q_1、q_2 的搜索范围试取为[−7,−4]，c_1 的表达式仍为式(3.63)，其他参数不变，采用改进优化算法进行优化，3 次优化结果如表 3.14 所示，转速响应曲线如图 3.78 所示。

表 3.14　改进优化算法优化结果(采用式(3.63)，搜索范围[−7,−4])

N	cc	T	J	q_1	q_2	a_1	a_2	a_3	b_1	b_2
30	3	400	0.273	−6.9910	−6.6477	0.0788	−0.0932	0.0321	0.7159	0.3018
			0.273	−6.9224	−6.8572	−0.2176	−0.0337	0.0174	0.7845	−0.0184
			0.273	−6.9783	−6.5373	−0.4646	0.0426	0.0134	0.7789	−0.1875

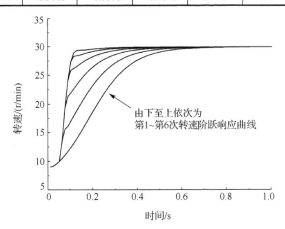

由下至上依次为
第1~第6次转速阶跃响应曲线

图 3.78　转速阶跃响应曲线(搜索范围为[−7,−4])

　　表 3.14 数据表明，q_1 的最优值依然紧邻取值范围的边界。进一步将参数 q_1、q_2 的搜索范围试取为[−10,−7]，c_1 的表达式仍为式(3.63)，采用改进优化算法进行优化，3 次优化结果如表 3.15 所示，表中第 3 次最优控制参数对应的转速响应曲线如图 3.79 所示。

表 3.15　改进优化算法优化结果(采用式(3.63)，搜索范围[−10,−7])

N	cc	T	J	q_1	q_2	a_1	a_2	a_3	b_1	b_2
30	3	400	0.117	−9.6885	−8.1886	−0.6392	0.1513	−0.0148	0.7118	−0.2145
			0.117	−9.9127	−8.8129	−0.2845	0.0605	−0.0120	0.7217	0.0423
			0.117	−9.6800	−7.9724	−0.0891	−0.0059	0.0014	0.6717	0.2347

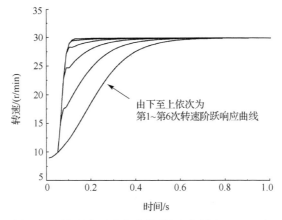

图 3.79　转速阶跃响应曲线(搜索范围为[−10,−7])

从图 3.79 中可以看到，第 4 次响应曲线出现了小幅度转速下陷现象。将参数 q_1、q_2 的搜索范围增大后，优化所得最优参数 q_1、q_2 增大(绝对值)，控制量增加越快，转速增大越快，相应的调节时间就越少。但是当前设计的适应度函数是通过判断最后一次转速响应而得到最优值的，没有考虑中间其他几次响应过程，从而使得其他几次出现转速下陷，而最后一次响应曲线光滑的情况被选择为最优。

图 3.80～图 3.85 给出了优化过程中 6 个控制参数的变化情况。由图和表可知，q_1、q_2 数据已不再紧邻边界值，滤波器参数也逐渐收敛。

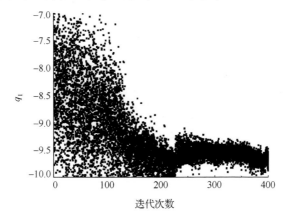

图 3.80　q_1 变化曲线(搜索范围为[−10, −7])

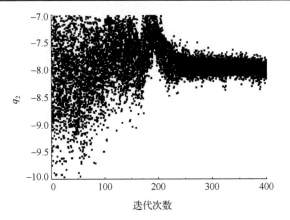

图 3.81　q_2 变化曲线（搜索范围为 $[-10, -7]$）

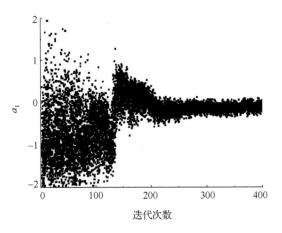

图 3.82　a_1 变化曲线（搜索范围为 $[-10, -7]$）

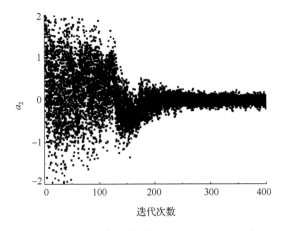

图 3.83　a_2 变化曲线（搜索范围为 $[-10, -7]$）

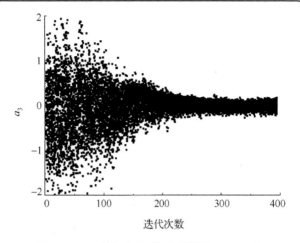

图 3.84 a_3 变化曲线(搜索范围为[-10, -7])

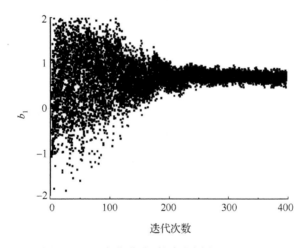

图 3.85 b_1 变化曲线(搜索范围为[-10, -7])

比较上述优化结果可知,q_1、q_2 搜索范围为[-10,-7]时,最优适应度值仅为 0.117,其适应度值最小,可考虑取其优化所得结果为式(3.51)控制参数的设计结果。

3.4.4 实验结果

编写 DSP 程序实现式(3.51)所示控制器,实验平台及实验过程同前。设定转速阶跃给定值为 30r/min,控制参数为 S=[-9.6800, -7.9724, -0.0891, -0.0059, 0.0014, 0.6717, 0.2347]^T,得到转速阶跃响应曲线如图 3.86 所示。在相同控制参数情况下,加载 0.1Nm 的迭代学习控制实验结果如图 3.87 所示。表 3.16 给出了优化结果和两种情况下实验结果对应的性能指标。为便于前后对比,表中调节时间仍为转速进入给定值×(1±5%)范围所需时间。表 3.16 数据表明,实际系统的响应速度稍快。与仿真图 3.79 类似，图 3.86 和图 3.87 中第 2～第 5 次转速响应过程也出现了下陷现象。图 3.86 和图 3.87 中响应曲线均无超调，与空载情况相比，加载 0.1Nm 情况的第 2～第 5 次转速响应上升段波动稍大，但整体差异不大。

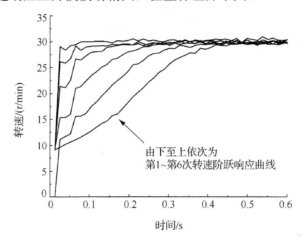

图 3.86　转速阶跃响应曲线(实测，空载)

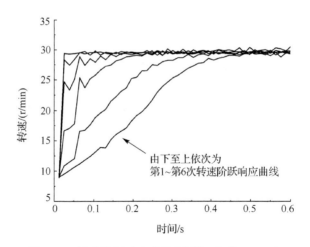

图 3.87　转速阶跃响应曲线(实测，加载 0.1Nm)

本节设计滤波器迭代学习控制器用于超声波电机转速控制，采用樽海鞘群优化算法对控制参数进行优化设计，并根据优化结果对 SSA 算法进行改进。与传统樽海鞘群优化算法相比，改进樽海鞘群优化算法的收敛过程表现出更好的稳健性；参数的自适应调整方法，实现了全局搜索与局部开发两者之间的更好平衡。使用优化所得控制参数，电机转速控制效果良好，进一步表明了所提出的改进优化算法的有效性。

表 3.16　迭代学习控制性能指标(实测与仿真结果的对比)

阶跃响应次数	仿真		实验(空载)		实验(加载 0.1Nm)	
	上升时间/s	调节时间/s	上升时间/s	调节时间/s	上升时间/s	调节时间/s
1	0.364	0.442	0.325	0.364	0.325	0.377
2	0.26	0.325	0.234	0.286	0.234	0.273
3	0.156	0.221	0.169	0.208	0.117	0.143
4	0.078	0.117	0.078	0.13	0.052	0.104
5	0.078	0.091	0.052	0.078	0.013	0.039
6	0.078	0.091	0.013	0.039	0.013	0.013

参 考 文 献

[1] Renteria-Marquez I A, Renteria-Marquez A, Tseng B T L. A novel contact model of piezoelectric traveling wave rotary ultrasonic motors with the finite volume method. Ultrasonics, 2018, 90: 5-17

[2] Mizutani Y, Higuchi T, Iwata T, et al. Time-resolved oblique incident interferometry for vibration analysis of an ultrasonic motor. International Journal of Automation Technology, 2017, 11(5): 800-805

[3] Zhang D, Wang S, Xiu J. Piezoelectric parametric effects on wave vibration and contact mechanics of traveling wave ultrasonic motor. Ultrasonics, 2017, 81: 118-126

[4] Mashim T. Scaling of piezoelectric ultrasonic motors at submillimeter range. IEEE/ASME Transactions on Mechatronics, 2017, 22(3): 1238-1246

[5] Renteria M I A, Bolborici V. A dynamic model of the piezoelectric traveling wave rotary ultrasonic motor stator with the finite volume method. Ultrasonics, 2017, 77: 69-78

[6] Lv Q, Yao Z, Li X. Contact analysis and experimental investigation of a linear ultrasonic motor. Ultrasonics, 2017, 81: 32-38

[7] Wu J, Mizuno Y, Nakamura K. Polymer-based ultrasonic motors utilizing high-order vibration modes. IEEE/ASME Transactions on Mechatronics, 2018, 23(2): 788-799

[8] Hareesh P, DeVoe D L. Miniature bulk PZT traveling wave ultrasonic motors for low-speed high-torque rotary actuation. Journal of Microelectromechanical Systems, 2018, 27(3): 547-554

[9] Dabbagh V, Sarhan A A D, Akbari J, et al. Design and manufacturing of ultrasonic motor with in-plane and out-of-plane bending vibration modes of rectangular plate with large contact area. Measurement: Journal of the International Measurement Confederation, 2017, 109: 425-431

[10] Mashimo T, Urakubo T, Shimizu Y. Micro geared ultrasonic motor. IEEE/ASME Transactions on Mechatronics, 2018, 23(2): 781-787

[11] Wang L, Liu J, Liu Y, et al. A novel single-mode linear piezoelectric ultrasonic motor based on asymmetric structure. Ultrasonics, 2018, 89: 137-142

[12] Dong X, Hu M, Jin L, et al. A standing wave ultrasonic stepping motor using open-loop control system. Ultrasonics, 2018, 82: 327-330

[13] Sanikhani H, Akbari J. Design and analysis of an elliptical-shaped linear ultrasonic motor. Sensors and Actuators, A: Physical, 2018, 278: 67-77

[14] Wang G, Xu W, Gao S, et al. An energy harvesting type ultrasonic motor. Ultrasonics, 2017, 75: 22-27

[15] Jian Y, Yao Z, Silberschmidt V V. Linear ultrasonic motor for absolute gravimeter. Ultrasonics, 2017, 77: 88-94

[16] Liu J, Jin J, Ji R, et al. A novel modal-independent ultrasonic motor with dual stator. Ultrasonics, 2017, 76: 177-182

[17] Shi S, Xiong H, Liu Y, et al. A ring-type multi-DOF ultrasonic motor with four feet driving consistently. Ultrasonics, 2017, 76: 234-244

[18] Shi W, Zhao H, Zhao B, et al. Extended optimum frequency tracking scheme for ultrasonic motor. Ultrasonics, 2018, 90: 63-70

[19] Shi W, Zhao H, Ma J, et al. An optimum-frequency tracking scheme for ultrasonic motor. IEEE Transactions on Industrial Electronics, 2017, 64(6): 4413-4422

[20] Shi W, Zhao H, Ma J, et al. Dead-zone compensation of an ultrasonic motor using an adaptive dither. IEEE Transactions on Industrial Electronics, 2018, 65(5): 3730-3739

[21] Kuhne M, Rochin R G, Cos R S, et al. Modeling and two-input sliding mode control of rotary traveling wave ultrasonic motors. IEEE Transactions on Industrial Electronics, 2018, 65(9): 7149-7159

[22] Chen C C. An optical image stabilization using novel ultrasonic linear motor and fuzzy sliding-mode controller for portable digital camcorders. IEEE Transactions on Consumer Electronics, 2017, 63(4): 343-349

[23] Pan S. Robust control of gyro stabilized platform driven by ultrasonic motor. Sensors and Actuators, A: Physical, 2017, 261: 280-287

[24] Tavallaei M A, Atashzar S F. Robust motion control of ultrasonic motors under temperature disturbance. IEEE Transactions on Industrial Electronics, 2016, 63(4): 2360-2368

[25] Brahim M, Bahri I, Bernard Y. Real time implementation of H-infinity and RST motion control of rotary traveling wave ultrasonic motor. Mechatronics, 2017, 44: 14-23

[26] Mo J S, Qiu Z C, Wei J Y, et al. Adaptive positioning control of an ultrasonic linear motor system. Robotics and Computer-Integrated Manufacturing, 2017, 44: 156-173

[27] Pan S, Jian L, Huang W. The control method of ultrasonic motor direct driving motorized revolving nosepiece. Journal of Vibration, Measurement and Diagnosis, 2016, 36(4): 796-800

[28] Lin F J, Kung Y S, Chen S Y, et al. Recurrent wavelet-based Elman neural network control for multi-axis motion control stage using linear ultrasonic motors. IET Electric Power Applications, 2010, 4(5): 314-332

[29] 许建新, 侯忠生. 学习控制的现状与展望. 自动化学报, 2005, 31(6): 131-143

[30] Seyedali M, Amir H G, Seyedeh Z M, et al. Salp swarm algorithm: A bio-inspired optimizer for engineering design problems. Advances in Engineering Software, 2017, 114(1): 163-191

第4章　超声波电机简单非线性迭代学习控制

　　超声波电机固有的非线性运行特性，要求其控制策略具有应对这种非线性的能力，以得到良好的控制性能。作为一种针对非线性被控对象的控制策略，迭代学习控制策略同时具有算法相对简单的优点。它采用基于记忆的学习控制方法，利用过去的控制信息，通过自身学习不断调整控制器的输出，逐步改善控制效果。

　　本章针对超声波电机非线性运行特性，将数值分析中的割线法用于迭代学习控制，给出了简单的超声波电机转速非线性迭代学习控制策略，并给出了适应于超声波电机转速非线性控制关系的学习增益在线调整机制。随后，针对牛顿迭代学习律存在的固有缺陷，给出了一种改进牛顿学习律，构建同解方程改变被控对象非线性控制关系的特征，保证其学习收敛。将改进牛顿学习律用于超声波电机转速迭代学习控制，给出了学习步长自适应调整方法以补偿电机转速控制非线性，加快响应速度。

4.1　超声波电机割线迭代学习转速控制

4.1.1　基于割线法的非线性迭代学习控制律

　　文献[1]借用数值分析中用来求解非线性方程的牛顿法，给出了一种简单的非线性学习控制律，称之为牛顿迭代学习律。其控制量表达式为

$$u_{k+1}(t) = u_k(t) + K_P \frac{e_k(t)}{\partial g / \partial u} \tag{4.1}$$

式中，$u_{k+1}(t)$、$u_k(t)$ 分别为系统第 $k+1$、k 次运行过程中 t 时刻的控制器输出的控制量，本节讨论超声波电机转速控制，所用控制量为电机驱动电压的频率；$e_k(t)$ 为系统第 k 次运行过程中 t 时刻的转速误差；K_P 为学习增益；g 为控制系统的输出函数。

　　包括迭代学习控制在内的各种控制策略，都是通过设计控制律来寻求使得系统误差 $e=0$ 或是趋于 0 的控制量 u。不同控制策略之间的一个主要区别在于达成误差控制目标的控制量变化过程不同。而达到 $e=0$ 的过程是否稳健、是否快速，是控制系统动态性能的主要表征，也是用来评价控制策略优劣的主要衡量标准。从数学角度来看，误差可被表述为控制量的函数，即 $e=f(u)$。而控制系统改变 u 来使 $e=0$ 的控制过程，就是求解方程式 $0=f(u)$ 的过程，即表达式 $f(u)$ 求根的过程。这里，$f(u)$ 通常是非线性函数，非线性方程求根是数值分析方法中的一类基本问题，数学家已

经进行了长期、系统地研究，给出了许多有效的求解方法。有选择地将这些方法拿来用作控制律，解决控制系统中的同类问题，是合理的。式(4.1)等号右侧采用前次而不是当前运行过程中的控制量、误差数值进行计算，从而使这一借用来的牛顿学习律又具有了迭代学习的特征，成为一种非线性迭代学习控制策略。不过，应注意的是，数学中的非线性方程求根方法，注重如何更快地得到更好的近似解；而在控制系统中，得到解的过程同样重要，因为这个过程关系到系统的动态响应性能，例如是否有超调、超调量值大小等。所以，借用来的非线性方程求根方法，应是依据控制性能要求来精挑细选的。

式(4.1)等号右侧第二项分式的分母$\partial g/\partial u$为系统输出函数对控制量u的偏微分。在牛顿法中，g为待求解的非线性方程表达式，求解的目的是得到使该表达式计算值等于 0 的u值。这也是采用式(4.1)作为控制量计算式期望达到的结果。将牛顿法借用于控制系统中，控制系统的控制目标是调整控制量u使误差e等于 0，于是式(4.1)中的g就是e。而式(4.1)等号右侧第二项分式的分母$\partial g/\partial u$即为单位控制量增量所导致的误差变化量，整个分式的含义是计算使误差$e_k(t)$减为 0 所需的控制量增量。

在超声波电机控制系统中，超声波电机的机电能量转换过程包含压电能量转换和机械能摩擦传递过程，使其运行过程具有明显的非线性和时变特征，不易得到准确的数学表述形式，于是不易得到准确的$\partial g/\partial u$表达式。即便得到准确的$\partial g/\partial u$表达式，考虑到电机的时变特性，也不能保证$\partial g/\partial u$的计算始终准确。这就使得式(4.1)不能直接用于超声波电机控制系统。

在数值分析理论中，针对牛顿法所用微分值无法获取的问题，提出了割线法，用差分代替式(4.1)中的微分。将割线法用于迭代学习控制，同时考虑到数字控制以时间序列为基础的实现方式，将式(4.1)修改为

$$u_{k+1}(i) = u_k(i) + K_{\mathrm{P}}e_k(i) \bigg/ \dfrac{e_k(i) - e_k(i-1)}{u_k(i) - u_k(i-1)} \qquad (4.2)$$

式中，$u_{k+1}(i)$、$u_k(i)$分别为系统第$k+1$和第k次运行过程中i时刻的控制量；$u_k(i-1)$为系统第k次运行过程中$i-1$时刻的控制量；$e_k(i)$和$e_k(i-1)$分别为系统第k次运行过程中i、$i-1$时刻的误差。

在超声波电机控制系统中，当前时刻的控制量$u_k(i)$是根据当前时刻的误差$e_k(i)$计算得到的。该控制量通过驱动电路作用于超声波电机，由于超声波电机的延迟与惯性，其作用效果至少要到下一时刻(即$i+1$时刻)才能在电机转速信号中体现出来。所以，$e_k(i)$反映了前一时刻控制量$u_k(i-1)$的作用效果，而$e_k(i-1)$则与$u_k(i-2)$对应。因而，式(4.2)应修正为

$$u_{k+1}(i) = u_k(i) + K_{\mathrm{P}}e_k(i) \bigg/ \dfrac{e_k(i) - e_k(i-1)}{u_k(i-1) - u_k(i-2)} \qquad (4.3)$$

即

$$u_{k+1}(i) = u_k(i) + K_P e_k(i) \frac{u_k(i-1) - u_k(i-2)}{e_k(i) - e_k(i-1)} \tag{4.4}$$

式(4.4)可称为"割线迭代学习律"。另外,由于超声波电机转速随着驱动频率下降而升高,式(4.1)~式(4.4)中的学习增益 K_P 应为负值。

4.1.2　学习增益的在线自适应调整

1. 迭代过程的基本特征与算法改进

无论是与牛顿法对应的迭代学习控制律式(4.1),还是借用割线法的式(4.4),其迭代学习控制过程,都会具有和使用牛顿法、割线法求解非线性方程的迭代过程相同的基本特征。

以牛顿法为例,其迭代求解的具体过程,除了与牛顿法本身相关,主要取决于被求解非线性方程 $g(x)=0$ 的性质和迭代初值。如果如图 4.1 所示,被求解非线性表达式 $g(x)$ 的一阶导数随自变量 x 的增大而增大,即二阶导数大于 0,则其迭代求解过程表现为在一侧逐渐趋近于解(图 4.1 中 S 点);随着迭代的进行,$g(x)$ 值始终保持下降趋势。反之,如果 $g(x)$ 的二阶导数小于 0,则如图 4.2 所示,一次迭代计算就会使当前 x 值越过 S 点,$g(x)$ 的数值不再始终保持下降趋势。作为牛顿法的改进形式,割线法具有相同的性质。对于迭代学习控制系统来说,x 值越过 S 点就意味着系统出现超调,这通常不是期望的学习控制效果。而且很多情况下,被控对象不允许出现超调,例如本章所述超声波电机转速控制系统的性能指标,要求超调为 0。但是,图 4.3 给出的实验用超声波电机的实测频率-转速误差特性曲线却与图 4.2 所示曲线的情况是相似的,采用牛顿法或割线法作为控制律,必然出现明显的超调。为绘制 $e=f(u)=0$ 的函数关系,图 4.3 以转速给定值 60r/min 为例,纵坐标取为转速误差 e。

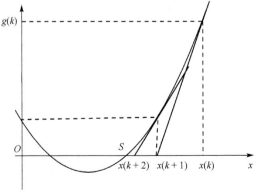

图 4.1　牛顿法迭代过程

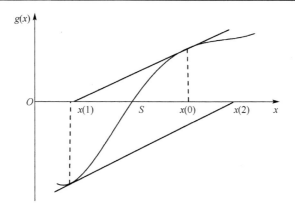

图 4.2　牛顿法迭代不收敛一例

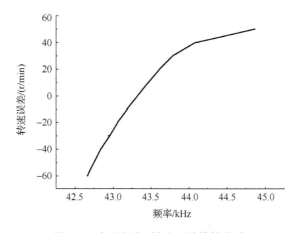

图 4.3　实测频率-转速误差特性曲线

　　采用式(4.4)对超声波电机进行转速迭代学习控制实验，观察响应过程是否存在超调。实验用电机为 Shinsei USR60 型两相行波型超声波电机，驱动主电路采用 H 桥结构。与电机同轴刚性连接的光电编码器，在线测量电机转速并反馈到控制器输入端，控制器输出量为电机驱动频率。式(4.4)迭代学习律由 DSP 芯片编程实现，式(4.4)所示非线性迭代学习控制策略流程图如图 4.4 所示。由式(4.4)知，非线性迭代学习控制量的计算要用到前一次运行过程中的控制量和转速误差，因此如图 4.4 所示，第 1 次实验采用固定参数 PI 控制器对超声波电机进行转速控制，获得一组控制量和转速误差数据序列；进行第 2 次实验时，以第 1 次实验获得的控制量和转速误差为控制经验，按照式(4.4)进行非线性迭代学习控制，并将得到的控制量和转速误差数据用作第 3 次实验的控制经验。以此类推，连续进行多次迭代学习控制实验。

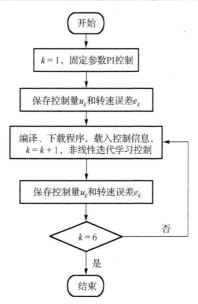

图 4.4 非线性迭代学习控制算法流程图

设定转速阶跃给定值为 30r/min，具体实验过程如下：首先采用比例系数为-1、积分系数为-2 的固定参数 PI 转速控制器进行阶跃响应实验，保存控制器的输出量及转速误差；第 2 次运行时，先将第一次 PI 控制实验保存的控制量和转速误差数据加载到 DSP 芯片的数据存储空间，然后运行程序进行非线性迭代学习控制实验，保存所得控制量和转速误差数据序列。以此类推，共进行 6 次实验，得图 4.5 所示连续 6 次阶跃响应曲线。可以看到，第 2 次阶跃响应就出现了明显的超调，与前述分析结论一致。另一方面，对比图 4.5 中第 1 次和第 2～第 6 次转阶跃响应曲线可知，迭代学习控制使得转速响应时间逐渐减小。第 2 次阶跃响应出现超调之后，第 3 和第 4 次的超调稍增，随后，超调递减，至第 6 次转速阶跃响应的超调量已明显减小，响应曲线趋近阶跃给定曲线，这表明式(4.4)所示迭代学习控制律是有效的，能够实现转速控制性能的渐进改善。只是由于前述原因，存在较大的超调。

由此可知，将割线法用于构造迭代学习控制律时，需要改进割线法以使迭代过程能够保持稳健的下降趋势，从而使得控制响应经过渐进的学习过程，收敛于期望状态。数学家已经注意到这类问题，并将下山法与牛顿法相结合，得到能够保证函数值持续下降的"牛顿下山法"。与牛顿法相比，牛顿下山法的不同之处仅在于增加了一个系数，即式(4.1)～式(4.4)中的学习增益 K_P。在数学中，称该系数为下山因子或阻尼系数，通常采用尝试的方法来确定其值。一种常用的尝试方法是，设定系数初值之后，进行迭代计算；若当前的迭代计算值不再持续下降，则将系数值减半，再次进行当前的迭代计算；有必要时，重复减半，直至满足持续下降的要求；这样，就得到了一个与待求解方程相关的系数值。

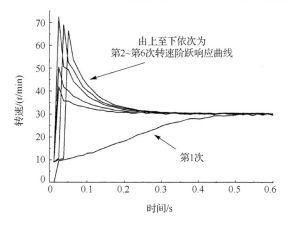

图 4.5 转速阶跃响应曲线($K_P = -0.5$，空载)

当应用于迭代学习控制时，上述的每一次迭代计算，对应于一次控制响应过程。这种以当前响应过程是否出现超调为判据来确定 K_P 值的在线尝试方法，显然不适用于本节所述超声波电机转速控制，有必要探求更为合适的方法。也应注意的是，如图 4.2 所示，当自变量数值变化时，待求解表达式 $g(x)$ 在各个点的变化率（一阶导数）是变化的。于是，各点所允许的、能够保证持续下降的最大 K_P 值也是不同的。在保证持续下降以避免超调和剧烈波动的前提下，K_P 值越大，迭代学习的收敛速度会越快，控制性能也会更快趋近期望。然而，采用上述尝试方法确定的 K_P 值，是在迭代路径上各点所允许 K_P 值中的最小值，人为降低了收敛速度。为得到稳健并且更快的收敛过程，可考虑采用在线变化的 K_P 值。

2. 学习增益自适应调整

考察割线学习律式(4.4)，其中分式计算值是使转速误差变化单位量所需的控制量变化量，再乘以转速误差，即为使该转速误差减为零所需的控制量增量。参看图 4.3 所示实测频率-转速误差特性曲线，上述分式的计算值即该曲线上各点斜率（一阶导数）的近似值。显然，该曲线各点斜率值并不相同。在阶跃响应过程中，随着转速误差逐渐减小，该曲线的斜率逐渐增大，即使转速误差变化单位量所需的控制量变化量越来越小。于是，在转速上升从而使转速误差不断减小的过程中，当前的分式计算值总是大于实际需要的控制增量，导致控制作用强度过大，出现图 4.5 所示超调现象。为避免上述问题，应设置合适的学习增益 K_P 值来减弱控制强度，而且不同转速情况下的 K_P 值应是不同的。

1）基于实测阶跃响应数据的分式计算

为得到 K_P 值在线自适应调整的表达式，可以通过分析实测的转速阶跃响应曲线来得到控制量的变化规律，并将其与式(4.4)的计算结果进行比较，得到使控制量增

量大小合适的 K_P 值。具体来说，在超声波电机 PI 转速控制的阶跃响应实验结果中，挑选转速给定值分别为 30r/min、60r/min、120r/min 各两组数据和 90r/min 一组数据。这 7 组相互独立的实测数据中的每一组，都包含若干按照时间先后顺序排列的数据点，每个数据点包括转速误差、控制量两个数值。对每一组阶跃响应数据中的每一个数据点，计算式 (4.4) 中的分式值，作为"计算值"列入表 4.1～表 4.4。为与计算值进行比较，对同一组数据中的每一个数据点，按照式 (4.5) 计算所得数值作为"实际值"列入表 4.1～表 4.4。式 (4.5) 分式的分子是使当前误差 $e(i)$ 减为 0 所需的控制量变化量。式 (4.5) 的计算结果是式 (4.4) 中的分式应当具有的数值。全部 7 组实测阶跃响应数据的计算结果如表 4.1～表 4.4 所示。

$$\frac{F_{CS} - F_C(i)}{e(i)} \tag{4.5}$$

式中，$F_C(i)$、$e(i)$ 分别为第 i 个数据点的控制量和转速误差数值；F_{CS} 为该组阶跃响应数据中，转速达到稳态之后的控制量数值。

表 4.1　转速给定值为 30r/min 时式 (4.4) 分式计算值与实际值的对比

第1组	转速/(r/min)	8.9	9.44	10.91	12.32	14.13	15.7	17.65	19.29	21.17	22.9	24.52	25.6	26.92	27.51	28.16
	计算值	—	—	74.56	66.67	47.79	46.82	34.10	32.13	24.52	19.48	15.62	15.93	11.82	10.85	14.00
	实际值	30.85	26.33	23.44	20.41	18.11	15.45	13.62	11.40	10.01	8.887	8.376	6.886	7.760	5.944	5.435
第2组	转速/(r/min)	8.61	9.39	10.85	12.51	14.18	16.05	17.96	20.28	22.12	24.1	25.62	26.57	27.9	28.47	—
	计算值	—	—	71.78	56.81	50.66	40.59	34.09	23.71	22.34	16.87	14.87	17.26	10.53	9.298	—
	实际值	29.02	25.03	22.02	19.27	16.50	14.05	11.71	10.28	8.439	7.441	6.279	3.936	3.905	1.765	—

表 4.2　转速给定值为 60r/min 时式 (4.4) 分式计算值与实际值的对比

第1组	转速/(r/min)	10.17	14.19	20.63	32.15	44.94	51.53	55.36
	计算值	—	—	40.62	18.89	10.70	8.801	8.903
	实际值	14.97	10.57	6.774	4.664	4.774	4.463	4.246
第3组	转速/(r/min)	8.86	12.67	18.64	29.3	44.81	50.99	55.04
	计算值	—	—	45.31	21.63	10.17	9.062	9.803
	实际值	15.45	10.97	6.983	4.270	4.944	3.929	3.024

表 4.3　转速给定值为 90r/min 时式 (4.4) 分式计算值与实际值的对比

转速/(r/min)	9.83	12.07	14.88	18.75	25.37	36.27	48	58.2	65.45	72.34	76.64	80.53	82.66	85
计算值	—	—	60.85	42.53	23.5	12.83	9.727	8.628	9.117	7.431	8.419	7.147	9.061	6.539
实际值	13.72	11.92	10.17	8.542	7.252	6.600	6.348	6.305	6.081	6.404	6.385	6.969	6.907	8.120

表 4.4　转速给定值为 120r/min 时式 (4.4) 分式计算值与实际值的对比

	转速/(r/min)	10	13.2	18.3	27.56	42.49	57.9	69.91	79.61	90.9	95.26	101.52	104.93	110.41	111.98
第1组	计算值	—	—	46.87	24.13	12.69	9.014	8.468	8.577	5.943	8.326	7.252	7.537	4.672	4.459
	实际值	11.22	9.318	7.598	6.306	5.728	5.512	5.173	4.754	5.351	4.458	4.578	3.915	5.422	4.701
第2组	转速/(r/min)	9.93	13.63	18.82	29.69	48.01	63.55	76.62	86.65	95.17	102.52	105.89	111.73	113.98	—
	计算值	—	—	47.73	21.36	10.64	8.771	8.003	7.787	7.054	5.796	8.131	4.640	3.689	—
	实际值	10.99	9.040	7.209	5.917	5.530	5.199	4.965	4.657	4.539	4.880	4.125	6.034	6.628	—

根据表 4.3 数据，图 4.6 给出了转速给定值为 90r/min 情况的计算值与实测值曲线，可以更直观地看出两者之间的明显差异，按式 (4.4) 分式计算的数值，明显大于实际所需的数值，转速越低，差异越显著。这意味着，如果不考虑学习增益，直接采用式 (4.4) 中的分式计算控制量，则给出的控制量会明显偏大，阶跃响应从低速起动时，易产生超调。

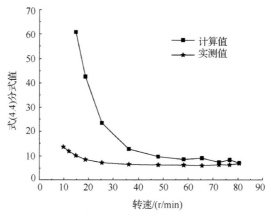

图 4.6　式 (4.4) 分式计算值与实测值曲线 (90r/min)

由表 4.1～表 4.4 中数据可知，不同转速给定值情况下的数值不同；相同转速给定值的两组数据之间，转速数据也不是对应相等的。为了得到统一的 K_P 值表达式，首先求取相同转速给定值的两组数据中计算值、实际值的平均值。这样可以减小测量误差及噪声的影响，也可削弱离散采样对数据计算准确性的影响。然后，利用数据拟合，将不同转速给定值情况下的数据整合为一组数据。

2) 计算数据的插值与平均值计算

由于各个数据点的自变量 (转速) 数值不相等，在求取相同转速给定值情况下的两组数据的平均值时，需在设定相同的转速变化范围、插值点数的前提下，分别对两组数据进行插值，使两组计算值、实际值分别对应于相同的转速数据点。以转速给定值 30r/min 的两组数据为例，根据两组阶跃响应中动态过程的转速数据，取可涵盖所有动态过程实验数据点的转速值变化范围[10.85,26.92]，并取插值点数为100，进行插值计算，得图 4.7 和图 4.8 所示插值曲线。其中，图 4.7 为式(4.4)分式计算值曲线，图 4.8 为按照式(4.5)计算的实际值曲线，数据如表 4.1 所示。对两组数据的两条计算值插值曲线、两条实际值插值曲线分别取平均，得图中所示计算值、实际值的平均值曲线。

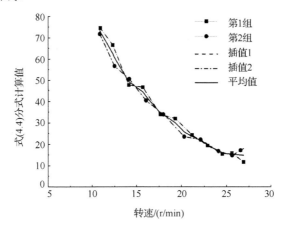

图 4.7　式(4.4)分式计算值的插值处理(30r/min)

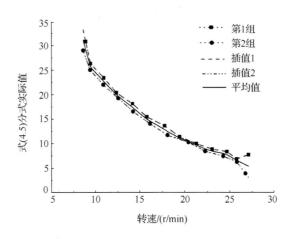

图 4.8　式(4.5)分式实际值的插值处理(30r/min)

图 4.7 和图 4.8 的图标中，"第 1 组""第 2 组"对应两组实测阶跃响应数据，"插值 1""插值 2"分别指"第 1 组""第 2 组"数据的插值曲线，"平均值"是对上述两条插值曲线取平均得到的平均值曲线。按照相同的处理步骤，可得转速给定值分别为 60r/min 和 120r/min 情况的平均值曲线如图 4.9～图 4.12。转速给定值为90r/min 的情况，只有一组阶跃响应实测数据，不需取平均值。

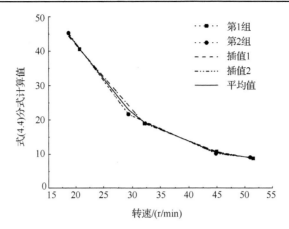

图 4.9　式(4.4)分式计算值的插值处理(60r/min)

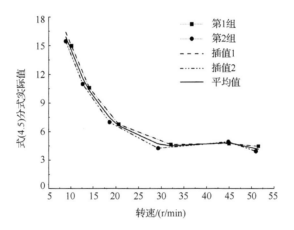

图 4.10　式(4.5)分式实际值的插值处理(60r/min)

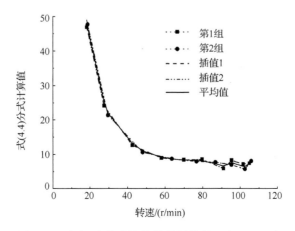

图 4.11　式(4.4)分式计算值的插值处理(120r/min)

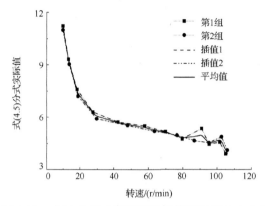

图 4.12　式(4.5)分式实际值的插值处理(120r/min)

3) 不同转速情况的归一化拟合

经过上述处理,得到不同转速给定值情况下式(4.4)分式计算值和式(4.5)分式实际值的平均值曲线如图 4.13 和图 4.14 所示。为了得到统一的 K_P 值表达式,同样采用先插值再求平均值的方法,将不同转速给定值情况的 4 条曲线整合为 1 条平均值曲线,整合后的结果为图 4.13 和图 4.14 中"平均值"曲线。

将上述整合所得实际值除以计算值,所得比值数据,即为不同转速情况下的学习增益 K_P 值。对这些比值数据进行函数拟合,以得到用来实现 K_P 值在线调整的表达式。兼顾在线计算量和拟合精度,选用多项式进行拟合,得图 4.15 所示拟合结果。图中黑色方块代表比值数据。如图 4.15 所示,分别采用 2、3、4 和 5 阶多项式对数据进行拟合。可以看出,采用 4 阶和 5 阶多项式的拟合曲线没有明显区别,在中低速时拟合效果较好,在高速时从散布的数据点中间穿过,整体拟合效果优于其他阶次多项式。故采用 4 阶拟合多项式:

$$K_P'(n) = 0.44688 - 0.03468n + 0.00148n^2 - 1.84982 \times 10^{-5} n^3 + 7.4317 \times 10^{-8} n^4 \quad (4.6)$$

式中, n 为电机转速,单位为 r/min。

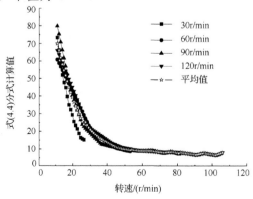

图 4.13　式(4.4)分式计算值的平均值曲线

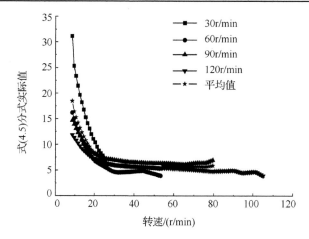

图 4.14　式(4.5)分式实际值的平均值曲线

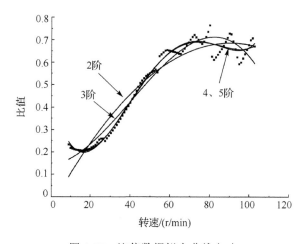

图 4.15　比值数据拟合曲线(一)

　　式(4.6)给出了 K_P 值随转速的变化规律。使用该式 K_P 值可以跟随电机转速的变化而在线自适应调整，提高了非线性迭代学习控制的动态性能。需要注意的是，考虑到超声波电机的时变特性，随着时间的推移，式(4.6)给出的 K_P 值与当前的实际电机状况之间会出现偏差。但式(4.6)正确地表述了超声波电机割线迭代学习控制中，学习增益应有的变化趋势，准确给出了不同转速情况下的 K_P 值相对数量关系。与前述采用固定 K_P 值的下山法相比，这里 K_P 值动态调整，不再为保持下降而只能设定 K_P 为较小值，从而提高了收敛速度。

　　另一方面，遵循牛顿法、割线法的思路，式(4.6)是以"给出的控制量增量能够使当前误差减为 0"为前提而得到的，即要求"一步到位"。在实际中，有些被控对象不允许如此快的响应速度。例如，如果作为控制量的驱动频率值变化量过大，则

超声波电机会突然停转,无法适应过快变化的控制量输入。因此,考虑实际应用,学习增益 K_P 可按下式计算:

$$K_P = qK_P'(n) \tag{4.7}$$

式中,q 为强度因子,且有 $-1 < q < 0$,以减弱控制强度。因为本书所述超声波电机的转速随频率增加而减小,所以这里的 q 被设为负值。

4.1.3　开环割线迭代学习转速控制实验研究

式(4.4)所示割线学习律,采用前次控制过程的控制量、转速误差数值计算当前控制量,属于传统的开环迭代学习控制策略。本节使用式(4.4)作为超声波电机转速迭代学习控制器,学习增益 K_P 根据式(4.6)、式(4.7)在线自适应调整,进行迭代学习转速控制实验研究。实验所用电机、硬件及实验过程与 4.1.2 节所述相同,此处不再累述。

1. 割线迭代学习控制策略的实用化改进

为便于对比,第一次阶跃响应过程依然采用比例系数为-1、积分系数为-2 的 PI 转速控制器,随后取强度因子 q 为-0.5,连续进行 5 次割线迭代学习控制实验,共测得 6 次阶跃响应过程,图 4.16 给出了阶跃给定值为 30r/min 情况下的实验结果。与图 4.5 比较,第 2~第 4 次阶跃响应曲线已经没有超调,表明学习增益的在线调整是有效的;同时,应减小强度因子数值(指绝对值),以避免第 5 和第 6 次阶跃响应出现的超调。另一方面,图 4.16 所示迭代学习响应曲线也出现了一些不理想的状况,下面一一分析并给出解决办法。

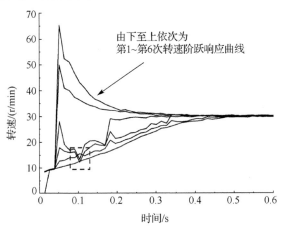

图 4.16　转速阶跃响应曲线($q = -0.5$,空载,30r/min)

1) 转速凹陷

图 4.16 中第 2～第 4 次转速阶跃响应曲线不平滑，出现一些凹陷与波动。为分析其原因，将图 4.16 中虚线矩形区域放大如图 4.17 所示。图 4.17 给出了局部的第 2、第 3 和第 4 次转速阶跃响应曲线，并标出了实测数据点。图中每条曲线上标出的三个实测数据点，按时间先后顺序依次为实测阶跃响应数据序列中的第 7、第 8 和第 9 个时刻的转速数据，它们分别体现了第 6、第 7 和第 8 时刻的控制量的作用效果，如图 4.18 所示。按照式 (4.4) 及实验数据，计算这 3 次阶跃响应控制过程中的控制量相关数据，如表 4.5 所示。表中"控制量"一列为实测值，"分式计算值""控制量增量"两列为计算值，与"控制量"列给出的实测数据完全吻合。图 4.18 和表 4.5 所给出的控制量数据，均为 DSP 程序中使用的 16 位定点数；为保持控制过程的原貌以便分析、理解，本节未将其变化为以 kHz 为单位的频率值。

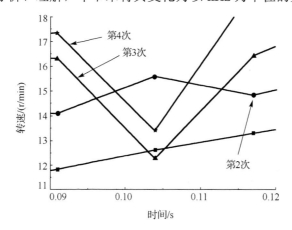

图 4.17　转速阶跃响应曲线 ($q = -0.5$，空载，30r/min，局部)

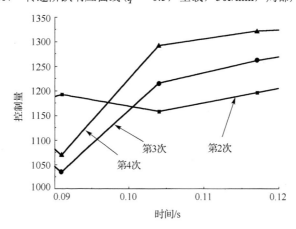

图 4.18　转速阶跃响应控制量变化曲线 ($q = -0.5$，空载，30r/min，局部)

表 4.5　阶跃响应过程中的控制量(对应于图 4.18)

阶跃响应次数	时刻	分式计算值	控制量增量	控制量
1	7	—	—	1048
	8	—	—	1082
2	5	−81	161	1136
	6	−64	122	1134
	7	−79	145	1193
	8	−44	76	1158
3	6	−46	73	1207
	7	100	−159	1034
4	6	−30	41	1248
	7	−25	34	1068

从表 4.5 及图 4.18 可知，第 2 次阶跃响应过程中，在第 8 时刻式(4.4)右侧第二项的计算值，即控制量增量，为 76，明显小于第 7 时刻控制量增量值 145，在叠加前次阶跃响应过程第 8 时刻控制量之后，所得控制量值 1158 依然小于第 7 时刻控制量值 1193。第 7 时刻到第 8 时刻控制量值的减小，导致了图 4.17 中"第 2 次"箭头所指的转速凹陷。图 4.16 中，第 3 和第 4 次转速阶跃响应起始阶段的转速降落，也是同样原因引起的。由上述分析知，当转速处于上升过程中，即 $e_{k+1}(i)>0$ 时，控制过程中相邻时刻控制量增量数值大小不同，可能导致当前时刻控制量小于前一时刻的控制量，使得转速不升反降。为避免转速凹陷，应在上升阶段保持控制量的持续增加。为此，在控制策略中，增加如下判据，以确定当前控制量会导致转速误差增大。

$$[u_{k+1}(i)-u_{k+1}(i-1)]e_{k+1}(i)<0 \tag{4.8}$$

式中，u 为程序中的控制量。控制过程中，使用式(4.4)计算控制量；若计算结果使式(4.8)成立，则改用式(4.9)计算控制量：

$$u_{k+1}(i)=u_{k+1}(i-1)+pK_{\mathrm{P}}e_{k+1}(i)\frac{u_k(i-1)-u_k(i-2)}{e_k(i)-e_k(i-1)} \tag{4.9}$$

式中，p 为比例系数。因用于避免转速凹陷等问题发生的式(4.9)与迭代学习控制正常进行所用的式(4.4)不同，计算所得控制量数值亦有明显差异，所以增设比例系数 p 来调节式(4.9)的控制强度，以保证平稳的整体控制过程。

换用式(4.9)计算当前控制量，既可以保持增益值随电机运行状态自适应调整的优点，又因为之前已经完成了式(4.4)等号右侧第二项的计算，不需要重复计算，所以减小了在线计算量。将式(4.4)中与分式相乘的 $e_k(i)$ 修改为 $e_{k+1}(i)$，以减小当前时刻的电机转速误差为目的来确定控制量增量，事实上构成了闭环控制。

应指出的是，上述问题不是本节所述割线学习律特有的。各种传统的开环迭代学习控制策略，仅依据以前控制过程数据来计算当前控制量，都可能出现上述转速下降的问题。

2) 式 (4.4) 分式计算值符号错误导致的转速下降

考察表 4.5 中的第 2 和第 3 次转速控制过程数据，第 2 次第 5 和第 6 时刻的控制量分别为 1136 和 1134；随后第 3 次第 7 时刻式 (4.4) 分式中的分子 (即控制量增量) 为 −2，而对应分母即转速误差的变化量为 −0.02，由此导致分式计算值为 100，对应计算出的控制量增量为 −159，使得当前时刻计算的控制量数值大幅度减小，导致了图 4.17 所示的转速较大幅度下降。在随后的第 4 次阶跃响应过程中，根据第 3 次控制过程数据计算出的第 7 时刻控制量当然也较小，导致第 4 次阶跃响应在相同时刻也出现了转速下降。这里，由于式 (4.4) 分式计算值大于 0，控制量增量小于 0，使得控制量减小，导致转速下降，转速误差增加。

导致这一现象的原因是转速测量误差与噪声的影响。在控制量由 1136 减为 1134 时，电机转速应稍减。但控制量变化值很小，对应的转速变化量也很小，被淹没在测量误差和噪声中，测得的转速值反而稍增，于是导致了分式计算值的符号错误。从本质上来看，牛顿学习律中的微分，割线学习律中的差分，都会放大控制系统中的随机误差和噪声信号，从而影响控制性能。在传统的 PID 控制中，当包含微分环节时，也会由同样的原因导致类似的问题。这是引起式 (4.4) 分式计算值的符号错误的根本原因。

针对这种情况，在程序中添加如下判断，确定式 (4.4) 分式值是否存在符号 (正、负号) 错误。

$$m_{k+1}(i) \cdot n_{k+1}(i) > 0 \tag{4.10}$$

式中，n 为实测转速值，m 为式 (4.4) 等号右侧分式的计算值，即

$$m_{k+1}(i) = \frac{u_k(i-1) - u_k(i-2)}{e_k(i) - e_k(i-1)} \tag{4.11}$$

当式 (4.10) 成立时，使用式 (4.12) 修正分式计算值，用于控制量的后续计算。

$$m_{k+1}(i) = -0.5 m_{k+1}(i) \tag{4.12}$$

式中，考虑到该情况下的分式计算值偏离实际值，故添加系数 0.5 以限制控制量变化不至于过大。

3) 电机突停

进行上述两处改进后，阶跃响应过程中转速下降现象消失，转速上升过程平稳。但在采用柔化阶跃给定进行迭代学习控制实验中，会出现图 4.19 所示情况，第 2 次阶跃响应的转速在上升过程中，突降为 0。按照式 (4.4) 及实测数据，计算图 4.19 所示第 1、2 次阶跃响应控制过程中的控制量相关数据 (表 4.6)。第 2 次阶跃响应过程

中，第 6 时刻式(4.4)分式中分子计算值为 40，而用来计算分母的第 1 次阶跃响应第 6 和第 5 时刻的转速误差分别为 19.42r/min 和 19.46r/min，即分母计算值仅为 19.42–19.46=–0.04，则分式计算值为–1000，控制量增量值为 2000，所得控制量值为 2948。由于控制量突增，变化量过大，变化过快，超出了实验用超声波电机的承受能力，使得电机突然停止转动。考察表 4.6 同时给出的转速数据，第 1 次阶跃响应第 6 和第 5 时刻的转速分别为 10.1r/min 和 9.59r/min，其差值不是–0.04。转速误差是转速给定值与转速值之差。在柔化阶跃给定的情况下，转速给定值是按照图 4.19 虚线所示曲线变化的。给定值的变化也会影响转速误差值，这是导致上述突停现象的一个直接原因。在上述情况中，转速增量与转速给定值增量接近，于是使得式(4.4)分式计算出一个超出正常范畴的控制量增量，这是不合适的。

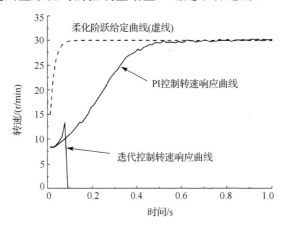

图 4.19　柔化的转速阶跃响应曲线($q = -0.5$，空载)

表 4.6　阶跃响应过程中的控制量(对应于图 4.19)

阶跃响应次数	时刻	转速误差/(r/min)	转速/(r/min)	分式计算值	控制量
1	3	17.6	8.64	—	831
	4	19.01	9.11	—	870
	5	19.46	9.59	—	910
	6	19.42	10.1	—	948
2	3	17.44	8.8	36/3.45	853
	4	18.56	9.55	39/1.41	931
	5	18.52	10.53	39/0.45	1099
	6	16.18	13.34	40/(–0.04)	2948

　　考察割线迭代学习律式(4.4)，其中分式的用意是来表述控制量变化导致的转速误差变化量，分式计算值再乘以当前转速误差，就得到为使当前转速误差为 0 所需

的控制量增量。但实际上,对控制量的调节,只会影响电机转速,而不可能改变外来的给定值。既然如此,为了更准确地表达了控制量变化的作用效果,将割线迭代学习律式(4.4)修改为

$$u_{k+1}(i) = u_k(i) + K_P e_k(i) \frac{u_k(i-1) - u_k(i-2)}{n_k(i-1) - n_k(i)} \tag{4.13}$$

相应地,式(4.11)中 m 的表达式修改为

$$m_{k+1}(i) = \frac{u_k(i-1) - u_k(i-2)}{n_k(i-1) - n_k(i)} \tag{4.14}$$

2. 实验验证

对非线性割线迭代学习控制策略进行上述三项实用化改进,编写 DSP 程序进行实验验证。设置学习增益的强度因子 q 值为-0.1,式(4.9)中比例系数 p 为 1。仍以比例系数为-1、积分系数为-2 的 PI 控制器进行第 1 次转速阶跃响应实验,实验过程同前。得到阶跃给定和柔化阶跃给定情况下的多次转速响应过程分别如图 4.20 和图 4.21 所示,图 4.21 中虚线为柔化的阶跃给定值变化曲线。从实验结果来看,前述转速凹陷、转速下降、电机突停等问题都不再出现,表明前述改进措施有效。另外,与 $q = -0.5$ 的图 4.16 对比,图 4.20 和图 4.21 给出的所有转速阶跃响应都没有超调,可见减小 q 值(指绝对值)可以避免超调,但转速上升过程的持续时间较长。并且,与第 1 次阶跃响应过程相比,5 次迭代学习控制下的转速控制性能改进不大。因此,可考虑适当增大 q 值来增加控制强度。图 4.22 给出了图 4.20 中第 2 次阶跃响应转速上升阶段对应的 K_P 值变化曲线,可以看出 K_P 值随转速变化自适应调节的过程。

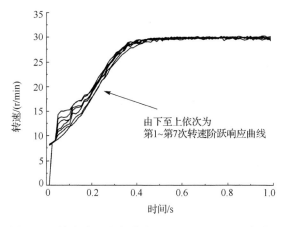

图 4.20　转速阶跃响应曲线($p = 1$,$q = -0.1$,空载)

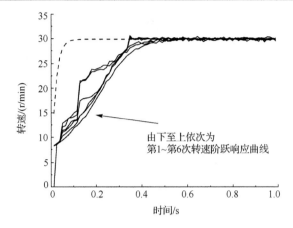

图 4.21　柔化的转速阶跃响应曲线($p=1$, $q=-0.1$, 空载)

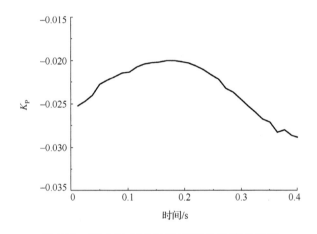

图 4.22　图 4.20 第 2 次阶跃响应 K_P 变化曲线

将 q 设置为-0.3，并取式 (4.9) 中 p 为 0.3，进行相同的迭代学习控制实验，得阶跃给定情况下的转速响应曲线如图 4.23 所示，迭代学习控制使转速响应曲线逐渐趋近给定曲线，趋近速度较图 4.21 明显加快。第 5 次阶跃响应出现超调，但在迭代学习控制作用下，第 6 次响应过程的超调减为零，同时响应时间也减小，调整时间仅为 0.065s。

但图 4.23 所示的迭代学习控制过程，存在图中虚线框标出的一段转速缓升区间。分析实测的转速、控制量数据可知，在转速缓升区段的起始时刻，式 (4.8) 成立；为避免出现转速凹陷的现象，采用式 (4.9) 代替式 (4.13) 进行缓升区段的控制量计算。这里，取 $p=0.3$，控制量增加幅度较小，控制作用减弱，导致转速上升缓慢。为消除缓升区段，令 $p=0.6$，其他参数值不变，进行迭代学习控制实验，得到实验结果如图 4.24 和图 4.25 所示，图 4.25 中虚线为柔化阶跃给定曲线。

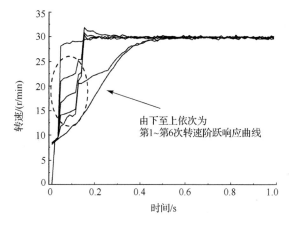

图 4.23　转速阶跃响应曲线($p = 0.3$，$q = -0.3$，空载)

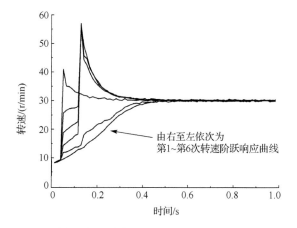

图 4.24　转速阶跃响应曲线($p = 0.6$，$q = -0.3$，空载)

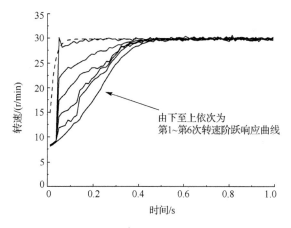

图 4.25　柔化的转速阶跃响应曲线($p = 0.6$，$q = -0.3$，空载)

　　从图 4.24 中看到，转速缓升现象依然存在，即式(4.9)等号右侧第二项增量计算值仍较小。为改善缓升现象，设置 $q= -0.3$、$p=1.33$，进行实验，得实验结果如图 4.26 和图 4.27 所示，缓升现象基本消失，控制过程趋于平稳，转速响应曲线平滑，控制效果得到改善。表 4.7 和表 4.8 给出了上升时间、调节时间、超调量和稳态波动等控制性能指标数据。表 4.7 数据表明，图 4.26 所示阶跃响应从第 1～第 5 次阶跃响应，上升时间、调节时间持续减小。与图 4.24 相比，图 4.26 中第 6 次响应过程也出现了超调，但超调量明显降低了。柔化阶跃给定情况下，转速无超调，转速控制性能逐渐改善，稳态转速波动量更小。与图 4.25 相比，图 4.27 所示阶跃响应在迭代学习控制过程中的渐次改进更为平稳。但由于柔化的阶跃给定值小于原阶跃给定值，转速响应过程中的转速误差数值小于阶跃给定情况，于是，在控制参数值相同的前提下，无论采用式(4.13)还是式(4.9)计算出的控制量增量均小于阶跃给定情况，使得转速变化相对平缓，表 4.8 给出的上升时间和调节时间大于等于表 4.7 所示阶跃给定情况。

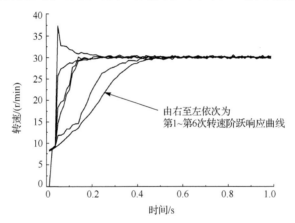

图 4.26　转速阶跃响应曲线($p = 1.33$，$q = -0.3$，空载)

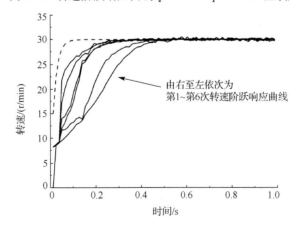

图 4.27　柔化的转速阶跃响应曲线($p = 1.33$，$q = -0.3$，空载)

表 4.7　迭代学习控制性能指标($p = 1.33$，$q = -0.3$，空载，阶跃给定)

阶跃响应次数	上升时间/s	调节时间/s	超调量/%	稳态波动最大值/(r/min)	稳态波动平均值/(r/min)
1	0.338	0.39	0	0.4	0.1643
2	0.26	0.325	0	0.47	0.1351
3	0.117	0.13	0	0.44	0.1450
4	0.104	0.13	0	0.57	0.1482
5	0.052	0.091	0	0.39	0.1341
6	0.039	0.117	24.33	1.17	0.2268

表 4.8　迭代学习控制性能指标($p = 1.33$，$q = -0.3$，空载，柔化阶跃给定)

阶跃响应次数	上升时间/s	调节时间/s	超调量/%	稳态波动最大值/(r/min)	稳态波动平均值/(r/min)
1	0.338	0.39	0	0.4	0.1643
2	0.273	0.325	0	0.38	0.1022
3	0.169	0.208	0	0.41	0.1157
4	0.169	0.208	0	0.56	0.1284
5	0.143	0.182	0	0.52	0.1306
6	0.13	0.182	0	0.51	0.1458

4.1.4　改进的开环割线迭代学习转速控制

1. 开环割线学习律的改进

割线学习律式(4.13)用差分替换了牛顿学习律式(4.1)中的微分项$\partial g/\partial u$，式(4.13)中的分式意在计算$\partial g/\partial u$的当前近似值，计算的目的是为得到当前时刻(i 时刻)的控制量 $u_{k+1}(i)$，使作为被控变量的超声波电机转速在下一时刻($i+1$ 时刻)发生期望的变化。那么，考虑到超声波电机不同运行状态时的$\partial g/\partial u$值不同，将式(4.13)中的分式修改为式(4.15)所示分式，采用前次控制过程中 $i+1$ 时刻的控制参数来计算，所得计算值会更接近下一时刻转速变化过程中的$\partial g/\partial u$值。进一步，考虑到 i 时刻控制量 $u_k(i)$ 的作用效果，要到 $i+1$ 时刻的 $e_k(i+1)$ 才能够体现出来，可将式(4.13)中与分式相乘的 $e_k(i)$ 修改为 $e_k(i+1)$，得

$$u_{k+1}(i) = u_k(i) + K_P e_k(i+1) \frac{u_k(i) - u_k(i-1)}{n_k(i) - n_k(i+1)} \tag{4.15}$$

与式(4.13)相比，式(4.15)将控制量和转速误差均延后一个时刻，从而使得学习律计算的控制量超前一个时刻，即控制量的计算从第 2 个时刻开始。按照 4.1.2 节为得到式(4.6)所用的方法，对数据进行插值与拟合，得到用于学习增益在线自适应调整的拟合多项式(式(4.16))，图 4.28 给出了使用 2 阶多项式的拟合曲线及被拟合数据点(图中黑色小方块)。当前学习增益值仍按式(4.7)计算。

$$K_P'(n) = 0.08167 + 0.01728n - 1.15549 \times 10^{-4} n^2 \tag{4.16}$$

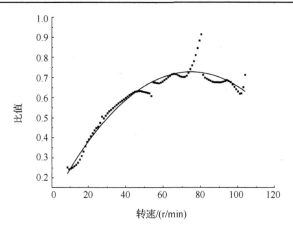

图 4.28　比值数据拟合曲线(二)

2. 改进开环割线学习律的实验研究

通过 DSP 编程实现式(4.15)迭代学习控制律，并进行实验研究，实验用电机、硬件及实验过程同前。为便于比较,控制参数仍设为图 4.26 和图 4.27 对应的 $q = -0.3$、$p = 1.33$，转速阶跃给定值 30r/min，得到阶跃给定、柔化阶跃给定情况下的实验结果分别如图 4.29 和图 4.30 所示，表 4.9 和表 4.10 给出了对应的控制性能指标数值。对比相同控制参数情况下的阶跃响应图 4.26 与图 4.29，采用改进控制策略的图 4.29 中，转速响应没有超调。从现象上来看，由于转速越高式(4.15)中分式的计算值越小，式(4.15)中分式计算值越会小于式(4.13)中的分式计算值，等同于自适应地减弱了控制作用强度，于是超调降为 0。另外，在迭代学习控制作用下，图 4.29 所示阶跃响应的上升时间、调节时间等性能指标平稳趋好，整体控制性能与平稳性优于采用式(4.13)进行控制的图 4.26。

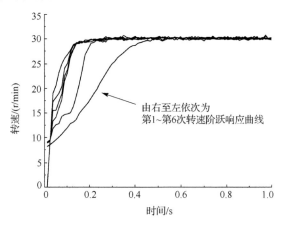

图 4.29　转速阶跃响应曲线(实测，$q = -0.3$，空载)

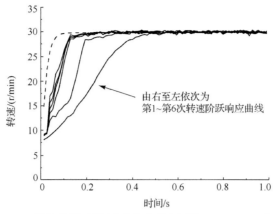

图 4.30　柔化的转速阶跃响应曲线(实测，$q = -0.3$，空载)

表 4.9　迭代学习控制性能指标(实测，$q = -0.3$，空载，阶跃给定)

阶跃响应次数	上升时间/s	调节时间/s	超调量/%	稳态波动最大值/(r/min)	稳态波动平均值/(r/min)
1	0.338	0.39	0	0.4	0.1643
2	0.182	0.195	0	0.49	0.1496
3	0.117	0.13	0	0.72	0.1497
4	0.117	0.13	0	0.62	0.1453
5	0.104	0.117	0	0.48	0.1584
6	0.104	0.117	0	0.51	0.1466

表 4.10　迭代学习控制性能指标(实测，$q = -0.3$，空载，柔化阶跃给定)

阶跃响应次数	上升时间/s	调节时间/s	超调量/%	稳态波动最大值/(r/min)	稳态波动平均值/(r/min)
1	0.338	0.39	0	0.4	0.1643
2	0.182	0.182	0	0.56	0.1458
3	0.117	0.117	0	0.4	0.1396
4	0.104	0.117	0	0.54	0.1464
5	0.104	0.117	0	0.69	0.1433
6	0.104	0.117	0	0.48	0.1377

　　柔化给定情况下，图 4.30 同样体现出渐进收敛的迭代学习过程，表 4.10 数据表明，其第 4、第 5 和第 6 次转速控制性能已基本相同，上升时间和调节时间数值稳定。图 4.31 给出了三条 K_P 值自适应调整曲线，分别对应于图 4.29 所示第 2、第 3 和第 6 次阶跃响应转速上升阶段。从图 4.31 可以看出，在转速较低时，K_P 值的绝对值较小，以削弱式(4.15)中分式计算值过大带来的影响，避免超调；同时，随着转速不断增大，K_P 值的绝对值也不断增大，以便得到适当的转速上升速率。与图 4.22 曲线对比，图 4.31 所示曲线的 K_P 数值绝对值明显增大，相应地，图 4.29 所示阶跃响应的响应速度也明显快于图 4.20。

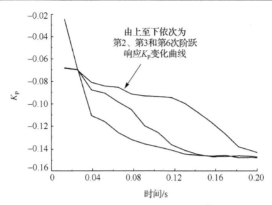

图 4.31　图 4.29 所示 3 条转速阶跃响应 K_P 变化曲线

以上转速给定值为 30r/min 的实验结果表明，采用改进的开环割线迭代学习控制算法，得到了更好的转速控制效果。将转速给定值改为 60r/min，设 $q = -0.2$、$p=2$，进行迭代学习控制实验，图 4.32 和图 4.33 分别给出了阶跃给定、柔化阶跃给定情况下的转速阶跃响应曲线，转速控制性能指标见表 4.11 和表 4.12。由图和表中可以看到，转速响应时间短，学习速率快，转速响应曲线快速趋近期望状态，但出现了小幅超调。

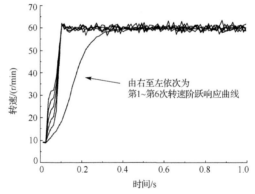

图 4.32　转速阶跃响应曲线（实测，$q = -0.2$，空载）

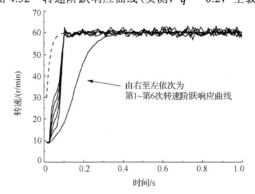

图 4.33　柔化的转速阶跃响应曲线（实测，$q = -0.2$，空载）

表 4.11　迭代学习控制性能指标(实测，$q = -0.2$，空载，阶跃给定)

阶跃响应次数	上升时间/s	调节时间/s	超调量/%	稳态波动最大值/(r/min)	稳态波动平均值/(r/min)
1	0.247	0.286	0	0.72	0.1940
2	0.091	0.091	0	2.61	0.8993
3	0.091	0.091	0	2.56	0.9844
4	0.091	0.325	0	2.90	0.9242
5	0.091	0.884	5.83	2.68	0.9750
6	0.091	0.091	0	2.38	0.9678

表 4.12　迭代学习控制性能指标(实测，$q = -0.2$，空载，柔化阶跃给定)

阶跃响应次数	上升时间/s	调节时间/s	超调量/%	稳态波动最大值/(r/min)	稳态波动平均值/(r/min)
1	0.247	0.286	0	0.72	0.1940
2	0.091	1.118	5.38	2.28	0.9064
3	0.091	0.091	0	2.91	0.9013
4	0.091	0.091	0	2.59	0.9452
5	0.091	1.287	5.68	2.07	1.0081
6	0.091	1.261	5.23	2.87	0.9378

　　以上实验是在电机空载情况下进行的。取阶跃给定值为 60r/min，控制参数不变，图 4.34 给出了加载 0.1Nm 时的迭代学习控制响应曲线，对应的控制性能指标数据如表 4.13 所示。对比图 4.32 与图 4.34、表 4.11 与表 4.13，可以看出，加载并未明显影响迭代学习控制的学习进程，加载时第 2～第 5 次阶跃响应的上升时间只是稍大于表 4.11 中的对应数值，控制性能在迭代学习过程中的改进幅度稍小，表明所述割线迭代学习控制策略对负载变化有一定的鲁棒性。同时，由于加载，图 4.34 中的转速阶跃响应曲线更为平滑，稳态转速误差大幅度减小。负载增大，转速控制过程的变化会渐趋明显，图 4.35 所示加载 0.2Nm 时的迭代学习控制过程表明了这一点。与图 4.32 和图 4.34 对比，加载 0.2Nm 时，第 1～第 6 次阶跃响应控制性能的改进幅度明显减小，表 4.14 给出的第 6 次阶跃响应上升时间和调节时间分别为 0.156s 和 0.182s，分别比表 4.11 给出的对应数据大 71.4% 和 100.0%，比表 4.13 数据大 71.4% 和 55.6%。图 4.36 和图 4.37 给出的控制量变化曲线，可以更清晰地表明加载对系统控制过程的影响。与图 4.37 所示空载情况下的控制量变化曲线相比，加载 0.2Nm 时，图 4.36 所示控制量曲线变化趋缓，对应于图 4.35 所示阶跃响应速度变慢。同时，也可以看出，在加载的情况下，所用迭代学习控制策略依然能够有效地逐步改进控制效果，只是改进的速度变慢。

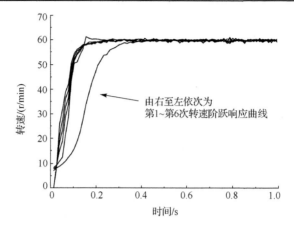

图 4.34 转速阶跃响应曲线($q = -0.2$，加载 0.1Nm)

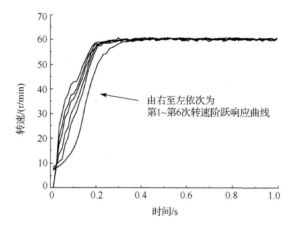

图 4.35 转速阶跃响应曲线($q = -0.2$，加载 0.2Nm)

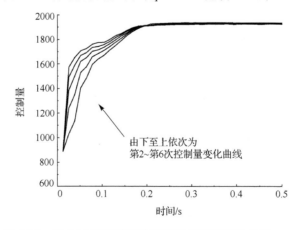

图 4.36 图 4.35 所示转速阶跃响应控制量变化曲线

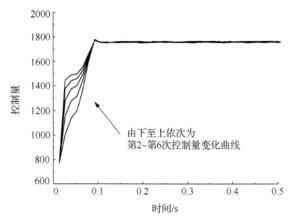

图 4.37　图 4.32 所示转速阶跃响应控制量变化曲线

表 4.13　迭代学习控制性能指标（$q = -0.2$，加载 0.1Nm）

阶跃响应次数	上升时间/s	调节时间/s	超调量/%	稳态波动最大值/(r/min)	稳态波动平均值/(r/min)
1	0.234	0.273	0	0.67	0.2340
2	0.117	0.143	0	1.43	0.2991
3	0.104	0.13	0	1.50	0.3710
4	0.104	0.13	0	2.11	0.4123
5	0.104	0.13	0	0.98	0.3007
6	0.091	0.117	0	1.22	0.3072

表 4.14　迭代学习控制性能指标（$q = -0.2$，加载 0.2Nm）

阶跃响应次数	上升时间/s	调节时间/s	超调量/%	稳态波动最大值/(r/min)	稳态波动平均值/(r/min)
1	0.234	0.273	0	0.67	0.2340
2	0.182	0.208	0	0.91	0.2405
3	0.182	0.195	0	1	0.2959
4	0.169	0.195	0	0.74	0.1936
5	0.169	0.182	0	0.88	0.2513
6	0.156	0.182	0	0.74	0.2718

　　传统的迭代学习控制策略以被控对象和运行环境的"可重复性"为前提。但在实际的电机控制系统中，尤其是在伺服控制领域，实际的电机及其系统往往具有或快或慢的时变特性，给定值、负载等外界扰动也往往是变化的。为拓展迭代学习控制策略的适用范围，越来越多的学者开始关注非重复情况下的迭代学习控制效果。下面，进行转速给定值变化、空载加载交替等实验，来进一步研究所述割线学习律的控制性能。

　　首先，进行转速给定值由 30r/min 改为 60r/min 的迭代学习控制实验。在空载情况下，第一次阶跃响应采用 PI 转速控制器，转速柔化阶跃给定值为 30r/min，测得

图 4.38 所示第 1 条阶跃响应曲线，电机转速平稳上升，最终稳定在 30r/min。随后，以图 4.38 中虚线所示的 60r/min 柔化阶跃给定曲线为转速给定值，控制参数仍设为 $q = -0.2$、$p=2$，采用改进的开环割线迭代学习控制律式(4.15)进行 5 次迭代学习控制阶跃响应实验，得到实验结果如图 4.38 所示，表 4.15 为对应的控制性能指标数据。

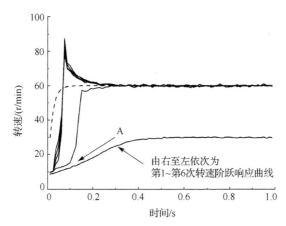

图 4.38　柔化的转速阶跃响应曲线($q = -0.2$，空载)

表 4.15　迭代学习控制性能指标($q = -0.2$，空载，柔化阶跃给定)

阶跃响应次数	上升时间/s	调节时间/s	超调量/%	稳态波动最大值/(r/min)	稳态波动平均值/(r/min)
1	0.338	0.39	0	0.42	0.1305
2	0.143	0.182	0	1.02	0.2510
3	0.065	0.169	45.63	2.95	0.3900
4	0.065	0.156	40.02	2.95	0.4402
5	0.065	0.156	35.23	2.53	0.4180
6	0.065	0.156	30.40	2.17	0.3467

考察图 4.38 中第 2 次转速阶跃响应过程，起始阶段，响应曲线跟随第 1 次阶跃响应曲线变化，并未按照 60r/min 转速给定值情况下应有的速率快速上升。这是因为，控制律式(4.15)为开环迭代学习控制律，完全使用前次控制过程(这里是转速给定值为 30r/min 的第 1 次阶跃响应过程)的控制量、误差值来计算当前的控制量，所得控制量与当前已经改变为 60r/min 的转速给定值无关，所以第 2 次阶跃响应过程仍然默认转速给定值为 30r/min，表现为图示起始阶段的响应过程。如果不出现意外，第 2 次阶跃响应过程最终也会达到并稳定在 30r/min。但是，在图示 A 点(曲线拐点处)位置，式(4.8)成立，改用式(4.9)在计算控制量以避免转速降落。如 4.1.3 节所述，式(4.9)在计算控制量时使用了当前控制过程的控制量和转速误差，具有闭环控

制性质，于是在 A 点之后，转速快速上升，趋近新的转速给定值 60r/min。随后的第 3 次阶跃响应出现明显的超调，虽然第 4～第 6 次阶跃响应的超调逐渐减小，反映了迭代学习控制律改进控制性能的能力，但还是与采用相同控制参数的图 4.32 和图 4.33 有着明显区别。综上所述，因为迭代学习控制律式(4.15)本质上是一种开环控制策略，所以对给定值的变化不能快速跟踪，控制性能降低。

其次，进行空载、加载交替的阶跃响应控制实验。设定转速给定值为 60r/min，控制参数仍然不变，第 1 次控制过程采用 PI 转速控制器，电机空载。随后 5 次采用式(4.15)所示迭代学习控制律进行转速控制，并对第 2 和第 4 次阶跃响应过程施加 0.1Nm 负载，其他空载。阶跃给定情况下的实验结果如图 4.39 所示，表 4.16 为对应的转速控制性能指标。

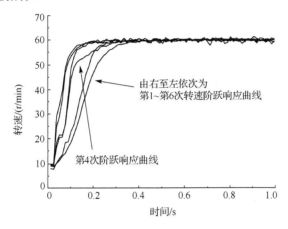

图 4.39　转速阶跃响应曲线($q = -0.2$，第 2 和第 4 次加载 0.1Nm)

表 4.16　迭代学习控制性能指标($q = -0.2$，第 2 和第 4 次加载 0.1Nm)

阶跃响应次数	上升时间/s	调节时间/s	超调量/%	稳态波动最大值/(r/min)	稳态波动平均值/(r/min)
1	0.247	0.286	0	0.72	0.1940
2	0.195	0.208	0	1.26	0.3433
3	0.117	0.143	0	2.15	0.6487
4	0.169	0.221	0	0.85	0.2347
5	0.104	0.13	0	0.98	0.2416
6	0.091	0.117	0	1.22	0.3576

与空载情况下的实验结果图 4.32 和负载情况下的图 4.34 及表 4.11、表 4.13 对比，这里的第 2 次阶跃响应较第 1 次阶跃响应的性能改进明显较小。阶跃给定情况下，表 4.16 所示上升时间由 0.247s 减小为 0.195s、调节时间由 0.286s 减小为 0.208s，减小比例分别为 21.1%、27.3%。而图 4.32、图 4.34 中第 2 次阶跃响应较第 1 次依

次减小了 63.2%、68.2%，50.0%、47.6%。在图 4.39 中，同样加载的第 4 次阶跃响应的控制性能，比空载的第 3 次阶跃响应的性能变差，表 4.16 中的数据也说明了这一点。

将第 2 次和第 4 次阶跃响应过程中施加的负载增大到 0.2Nm，得到图 4.40 所示实验结果，控制性能指标数据如表 4.17 所示，图 4.42 为对应的控制量变化过程。为便于对比，图 4.41 给出了对应图 4.39 所示控制过程的控制量变化曲线。图 4.40 中，由于负载增大，加载的第 2 次阶跃响应的响应速度，比图 4.39 所示情况更慢，其上升时间、调节时间已经是第 1 次阶跃响应的 2 倍左右。考察式 (4.15) 所示迭代学习控制律，当前的控制量是根据前次控制过程的误差、控制量值计算出的，与当前电机系统状态完全无关。即只要第 1 次控制过程相同，无论第 2 次阶跃响应过程是否加载、负载大或小，其响应过程中的控制量变化曲线就是完全相同的；无论当前控制误差有多大，控制量都按照式 (4.15) 中前次控制过程的控制参数进行计算。于是，在相同的控制量作用下，负载越大，第 2 次转速响应过程就必然越慢，甚至如图 4.40 所示，比第 1 次阶跃响应还要慢；从转速误差来看，阶跃响应的响应速度越慢，就意味着相同时刻的转速误差越大，响应曲线越偏离期望。

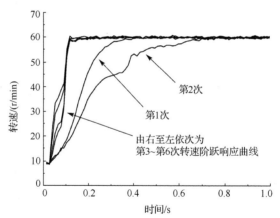

图 4.40　转速阶跃响应曲线 ($q = -0.2$，第 2 和第 4 次加载 0.2Nm)

表 4.17　迭代学习控制性能指标 ($q = -0.2$，第 2 和第 4 次加载 0.2Nm)

阶跃响应次数	上升时间/s	调节时间/s	超调量/%	稳态波动最大值/(r/min)	稳态波动平均值/(r/min)
1	0.247	0.286	0	0.72	0.1940
2	0.416	0.585	0	0.93	0.2649
3	0.104	0.104	0	0.77	0.2346
4	0.104	0.104	0	0.72	0.2393
5	0.091	0.104	0	0.92	0.2737
6	0.091	0.104	0	0.87	0.2970

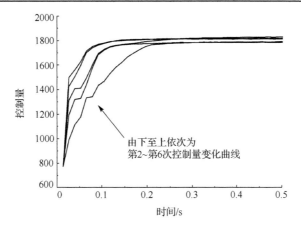

图 4.41　图 4.39 所示转速阶跃响应的控制量变化曲线

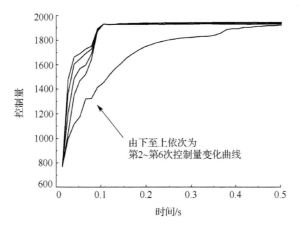

图 4.42　图 4.40 所示转速阶跃响应的控制量变化曲线

　　另一方面，考察图 4.41 和图 4.42 中第 3 次阶跃响应过程的控制量变化曲线，该曲线与第 2 次控制量曲线之间的差距，明显大于其他相邻两次控制量曲线之间的差距。如上述，由于加载，无论是图 4.39 还是图 4.40 中第 2 次阶跃响应过程中的转速误差都相对增大。于是，在按照式 (4.15)、根据第 2 次阶跃响应过程参数计算第 3 次阶跃响应的控制量时，误差值大，使得式 (4.15) 等号右侧第二项（即控制增量）数值明显增大，导致了图 4.41 和图 4.42 中的这一现象。反映在图 4.39 和图 4.40 给出的转速响应曲线中，第 3 次会较第 2 次阶跃响应有明显的性能改进。同理，因为第 4 次阶跃响应过程加载，图 4.41 和图 4.42 中第 4 和第 5 次控制量曲线之间的距离也较大，只是没有第 2 和第 3 次之间那样明显。

　　另外，值得注意的是，由于式 (4.15) 所示迭代学习控制律为开环控制，当前控制量是根据前次控制过程中的控制量等参数值来计算的，所以当第 2 次阶跃响应加载时，依据前次未加载控制过程计算所得控制量会偏小，导致稳态误差。但是图 4.39 和图 4.40 并未出现明显的稳态误差。其原因在于，若出现稳态误差，会使得前面 4.1.3 节式(4.8)成立并按照式(4.9)计算控制量。而式(4.9)是闭环控制律，会将稳态误差减至 0，从而得到图 4.39 和图 4.40 所示实验结果。考察式(4.8)，该式在下述两种情况下成立：转速小于给定值且当前控制量减小、转速大于给定值且当前控制量增大，即当前控制量会导致误差的绝对值增大时，式(4.8)成立。而式(4.9)总是会通过闭环控制作用来使误差趋于 0。

由此说明，在交替加载实验中，式(4.15)所示迭代学习控制律能够完成控制，并在一次次连续进行的控制过程中，保持整体的控制性能趋好态势。但是，加载使得控制响应过程的速度变慢，控制性能在学习过程中的改进幅度变小，也会出现某次控制过程性能变差的现象，并且可能出现稳态误差。

4.1.5　闭环割线迭代学习转速控制

式(4.13)和式(4.15)所示学习律中的控制量是根据前次控制过程的控制经验计算得到的，与当前控制信息无关，是开环的迭代学习控制策略，适用于传统迭代学习控制策略的应用领域，即具有"可重复性"的应用场合，控制策略简单有效。但是，当"可重复性"不满足时，例如用于具有时变特性的控制对象，或是转速给定值、电机负载变化等，式(4.13)和式(4.15)所示学习律的控制效果可能会不尽如人意。可行的改进方法是在控制量的计算式中，引入当前控制过程的控制量和/或误差信息，使控制策略具有闭环控制的特征。例如，考虑将式(4.15)修改为

$$u_{k+1}(i) = u_k(i) + K_p e_{k+1}(i) \frac{u_k(i) - u_k(i-1)}{n_k(i) - n_k(i+1)} \tag{4.17}$$

与式(4.15)相比，式(4.17)利用了当前转速误差信息，以减小当前误差值作为直接的控制目的，有可能更好地应对给定值、电机负载变化及超声波电机的时变性，得到较好的控制效果。因等号右侧分式与式(4.15)中的分式相同，式(4.17)中的学习增益 K_p 值仍按式(4.7)和式(4.16)进行在线调整。

通过 DSP 编程实现式(4.17)迭代学习控制律，并进行实验研究。实验用电机、硬件及实验过程同前，控制参数仍设为 $q = -0.3$、$p=1.33$，转速阶跃给定值 30r/min，得到阶跃给定和柔化阶跃给定情况下的实验结果分别如图 4.43 和图 4.44 所示，表 4.18 和表 4.19 给出了图中响应过程的控制性能指标。可以看出，经过 6 次阶跃响应，上升时间和调节时间等性能指标得到明显改善。与采用式(4.15)所示控制律的图 4.29 和图 4.30 相比，迭代学习过程更加渐进有序。阶跃给定情况下，对比表 4.18 与表 4.9 数据可知，采用式(4.17)控制律，上升时间和调节时间数据持续减小的幅度更大，性能更好。同时，转速稳态波动更小，转速响应更平稳。

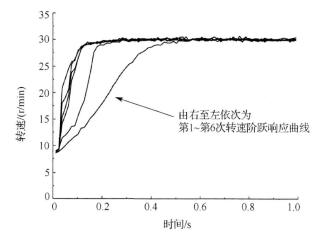

图 4.43 转速阶跃响应曲线 ($p=1.33$, $q=-0.3$, 空载, 30r/min)

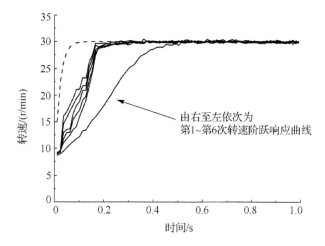

图 4.44 柔化的转速阶跃响应曲线 ($p=1.33$, $q=-0.3$, 空载, 30r/min)

表 4.18 迭代学习控制性能指标 ($p=1.33$, $q=-0.3$, 空载, 30r/min, 阶跃给定)

阶跃响应次数	上升时间/s	调节时间/s	超调量/%	稳态波动最大值/(r/min)	稳态波动平均值/(r/min)
1	0.338	0.39	0	0.42	0.1305
2	0.156	0.169	0	0.52	0.1483
3	0.104	0.117	0	0.54	0.1488
4	0.104	0.117	0	0.41	0.1309
5	0.091	0.104	0	0.65	0.1471
6	0.091	0.104	0	0.54	0.1394

表 4.19　迭代学习控制性能指标(*p*=1.33，*q* = −0.3，空载，30r/min，柔化阶跃给定)

阶跃响应次数	上升时间/s	调节时间/s	超调量/%	稳态波动最大值/(r/min)	稳态波动平均值/(r/min)
1	0.338	0.39	0	0.42	0.1305
2	0.156	0.169	0	0.62	0.1526
3	0.156	0.169	0	0.48	0.1222
4	0.156	0.169	0	0.34	0.1187
5	0.156	0.156	0	0.50	0.1516
6	0.143	0.156	0	0.50	0.1303

　　将转速阶跃给定值改为 60r/min，仍取 *q* = −0.3、*p*=1.33，得阶跃给定情况的迭代学习控制实验结果如图 4.45 所示，可以看到第 2 和第 3 次阶跃响应过程出现超调，说明控制强度稍大；但随后的第 4～第 6 次超调已减为 0，从一个侧面反映了所述学习律使控制性能逐渐趋近期望的能力。由表 4.20 中转速控制性能指标可知，在第 1～第 6 次响应过程中，响应速度持续加快，上升时间和调节时间分别从第 1 次阶跃响应的 0.247s、0.286s 减小到第 6 次的 0.039s、0.065s，表明本节所述学习律有效。

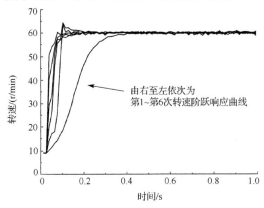

图 4.45　转速阶跃响应曲线(*p*=1.33，*q* = −0.3，空载，60r/min)

表 4.20　迭代学习控制性能指标(*p*=1.33，*q* = −0.3，空载，60r/min)

阶跃响应次数	上升时间/s	调节时间/s	超调量/%	稳态波动最大值/(r/min)	稳态波动平均值/(r/min)
1	0.247	0.286	0	0.72	0.1940
2	0.091	0.104	5.83	1	0.2546
3	0.065	0.104	7.03	2.13	0.3306
4	0.065	0.091	0	1.53	0.3279
5	0.065	0.065	0	1.18	0.3490
6	0.039	0.065	0	1.33	0.2828

　　转速阶跃给定值为 90r/min 时，仍取 *q* = −0.3、*p*=1.33，实验结果如图 4.46 及表 4.21。从图和表中数据可以看到，与 60r/min 时类似，转速响应出现超调，适当减小 *q* 值可抑制超调，使其至 0。

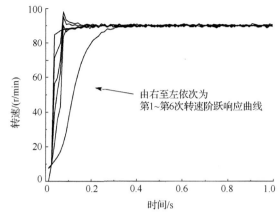

图 4.46　转速阶跃响应曲线(p=1.33，$q = -0.3$，空载，90r/min)

表 4.21　迭代学习控制性能指标(p=1.33，$q = -0.3$，空载，90r/min)

阶跃响应次数	上升时间/s	调节时间/s	超调量/%	稳态波动最大值/(r/min)	稳态波动平均值/(r/min)
1	0.182	0.234	0	1.30	0.2885
2	0.052	0.078	0	1.14	0.3763
3	0.052	0.065	0	3.45	0.4775
4	0.052	0.078	5.74	1.27	0.3625
5	0.052	0.078	8.92	3.22	0.4236
6	0.013	0.039	0	1.54	0.3570

　　取强度因子 $q = -0.2$，令 p=2，进行转速阶跃给定值分别为 60r/min、90r/min 的迭代学习控制实验，得实验结果如图 4.47 和图 4.48 所示，表 4.22 和表 4.23 给出了对应的转速控制性能指标。与 $q = -0.3$ 时的控制性能指标相比，控制强度减小使得上升时间和调节时间略有增大，但所有阶跃响应过程的超调均为 0，转速响应曲线变化更为平稳。

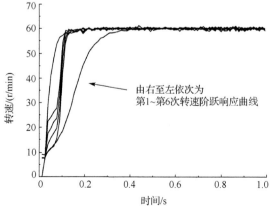

图 4.47　转速阶跃响应曲线($q = -0.2$，空载，60r/min)

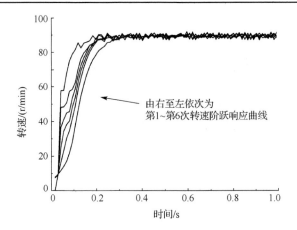

图 4.48　转速阶跃响应曲线 ($q = -0.2$，空载，90r/min)

表 4.22　迭代学习控制性能指标 ($q = -0.2$，空载，60r/min)

阶跃响应次数	上升时间/s	调节时间/s	超调量/%	稳态波动最大值/(r/min)	稳态波动平均值/(r/min)
1	0.247	0.286	0	0.72	0.1940
2	0.104	0.117	0	0.73	0.2689
3	0.104	0.117	0	1.02	0.3753
4	0.104	0.104	0	1.15	0.4027
5	0.091	0.104	0	2.58	0.4457
6	0.078	0.091	0	1.46	0.4384

表 4.23　迭代学习控制性能指标 ($q = -0.2$，空载，90r/min)

阶跃响应次数	上升时间/s	调节时间/s	超调量/%	稳态波动最大值/(r/min)	稳态波动平均值/(r/min)
1	0.182	0.234	0	1.30	0.2885
2	0.156	0.182	0	2.36	0.7390
3	0.156	0.182	0	2.34	0.8166
4	0.156	0.182	0	2.29	0.8609
5	0.13	0.169	0	2.97	1.0055
6	0.104	0.13	0	2.47	0.9636

设定转速阶跃给定值为 60r/min，施加 0.2Nm 负载转矩，控制参数不变，得到迭代学习控制实验结果如图 4.49 所示，对应的控制性能指标数据如表 4.24 所示。图 4.50、图 4.51 分别给出了对应于图 4.49 和图 4.47 所示阶跃响应的控制量变化曲线，以便了解其控制过程。

与图 4.47 和表 4.22 对比，加载 0.2Nm 时，第 1～第 6 次阶跃响应，控制性能的改进幅度减小，这是施加负载转矩这一外部扰动带来的结果。由表 4.24 所示数据可

知，第 6 次阶跃响应的上升时间和调节时间相对第 1 次阶跃响应的减小比例分别为
55.6%、57.1%，空载情况下的表 4.22 对应数据分别为 68.4%、68.2%。

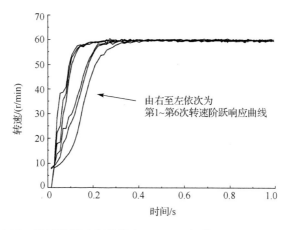

图 4.49　转速阶跃响应曲线 ($q = -0.2$，加载 0.2Nm，60r/min)

表 4.24　迭代学习控制性能指标 ($q = -0.2$，加载 0.2Nm，60r/min)

阶跃响应次数	上升时间/s	调节时间/s	超调量/%	稳态波动最大值/(r/min)	稳态波动平均值/(r/min)
1	0.234	0.273	0	0.67	0.2340
2	0.195	0.208	0	0.74	0.2252
3	0.182	0.208	0	0.74	0.2325
4	0.117	0.13	0	0.76	0.2162
5	0.104	0.13	0	0.75	0.2171
6	0.104	0.117	0	0.83	0.2885

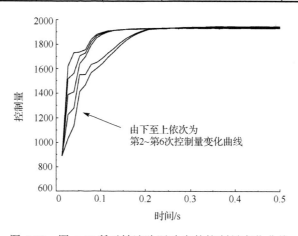

图 4.50　图 4.49 所示转速阶跃响应的控制量变化曲线

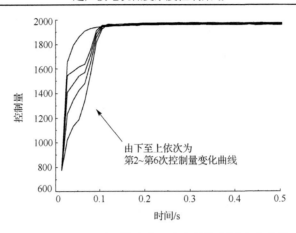

图 4.51　图 4.47 所示转速阶跃响应的控制量变化曲线

　　与采用开环割线迭代学习控制策略得到的加载实验结果(图 4.35 和表 4.14)对比,在第 1 次阶跃响应性能指标数据相同的情况下,第 6 次阶跃响应的上升时间和调节时间,表 4.24 为 0.104s、0.117s,而表 4.14 则为 0.156s、0.182s。虽然加载都导致了控制性能改进的幅度减小,但由于闭环割线迭代学习控制策略采用当前误差计算控制量,即当前的控制系统状况可以直接影响控制作用,所以控制性能改进减小的程度明显小于开环情况,经过同样次数的迭代学习,得到了更好的控制性能。

　　仅对第 2 和第 4 次阶跃响应过程加载的情况下,取阶跃给定值为 60r/min,得到实验结果如图 4.52 和图 4.53 所示,分别对应于加载 0.1Nm 和 0.2Nm 的情况;表 4.25 和表 4.26 给出了对应的控制性能指标数值。可以看出,加载 0.1Nm 时,转速阶跃响应过程与空载时的图 4.47 所示实验结果差别不大,对应的控制量变化曲线(图 4.54)也与图 4.51 相似。对比表 4.25 与空载情况下的表 4.22,第 1~第 3 次和第 5 次阶跃响应的控制性能数据完全相同,第 4 次和第 6 次的数据也只有微小差异,加载 0.1Nm 情况下的第 6 次阶跃响应上升时间还略小于空载情况。与采用开环割线迭代学习控制的实验结果(图 4.39)对比,图 4.52 中,负载 0.1Nm 对控制性能的影响显著减小,表明式(4.17)所示闭环割线迭代学习控制对负载扰动的鲁棒性更强。

　　不过,当第 2 和第 4 次加载的转矩增加到 0.2Nm 时,得到的图 4.53 就与空载情况有了较大差异。与式(4.15)所示的开环学习律控制结果(图 4.40)类似,加载的第 2 次阶跃曲线的上升时间和调节时间大于第 1 次阶跃响应,但增大的幅度明显减小了。图 4.40 情况下第 2 次与第 1 次的上升时间、调节时间比值分别为 168.4%、204.5%,而图 4.53 的对应数据为 126.3%、118.2%,上升时间和调节时间增大的幅度明显减小了,再次表明采用当前误差来计算控制量的闭环割线学习律,对负载扰动具有更强的鲁棒性。

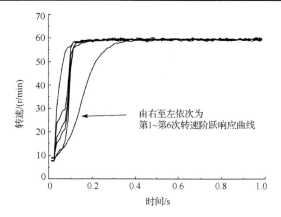

图 4.52　转速阶跃响应曲线($q = -0.2$，第 2 和第 4 次加载 0.1Nm)

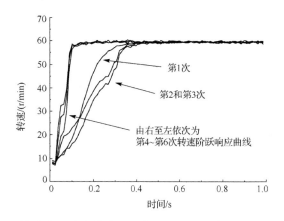

图 4.53　转速阶跃响应曲线($q = -0.2$，第 2 和第 4 次加载 0.2Nm)

表 4.25　闭环迭代学习控制性能指标($q = -0.2$，第 2 和第 4 次加载 0.1Nm，60r/min)

阶跃响应次数	上升时间/s	调节时间/s	超调量/%	稳态波动最大值/(r/min)	稳态波动平均值/(r/min)
1	0.247	0.286	0	0.72	0.1940
2	0.104	0.117	0	1.1	0.2761
3	0.104	0.117	0	0.74	0.2666
4	0.104	0.117	0	1.01	0.2800
5	0.091	0.104	0	0.64	0.1860
6	0.065	0.104	0	0.79	0.2787

表 4.26　闭环迭代学习控制性能指标($q = -0.2$，第 2 和第 4 次加载 0.2Nm，60r/min)

阶跃响应次数	上升时间/s	调节时间/s	超调量/%	稳态波动最大值/(r/min)	稳态波动平均值/(r/min)
1	0.247	0.286	0	0.72	0.1940
2	0.312	0.338	0	0.72	0.2200
3	0.312	0.325	0	0.85	0.2522

阶跃响应次数	上升时间/s	调节时间/s	超调量/%	稳态波动最大值/(r/min)	稳态波动平均值/(r/min)
4	0.091	0.104	0	0.67	0.2195
5	0.091	0.091	0	0.95	0.2811
6	0.078	0.091	0	0.91	0.3008

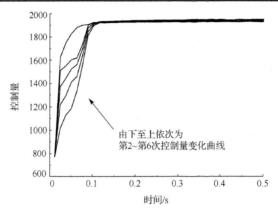

图 4.54　图 4.52 所示转速阶跃响应的控制量变化曲线

观察并对比图 4.54 和图 4.55 给出的两组控制量变化曲线,可以看出,不再像采用式(4.15)所示的开环割线学习律进行控制时那样,无论当前控制过程是否加载,控制量曲线都只取决于前次控制过程,这里,图 4.54 和图 4.55 给出的每条控制量曲线都与当前的转速误差相关;于是,基于相同的第 1 次阶跃响应过程的两条第 2 次控制量曲线不再相仿。

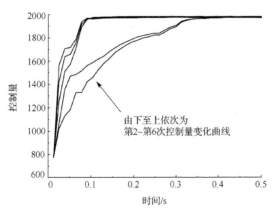

图 4.55　图 4.53 所示转速阶跃响应的控制量变化曲线

在空载情况下,进行改变转速阶跃给定值的实验,进一步验证式(4.17)所示闭环割线学习律的控制性能。实验中,采用 PI 转速控制器进行第 1 次转速给定值为

30r/min 的阶跃响应控制过程，从第 2 次阶跃响应开始，转速给定值改为 60r/min 的柔化阶跃给定曲线(图 4.56 中虚线所示)，迭代学习控制参数仍设为 $q = -0.2$、$p=2$，采用式(4.17)所示的闭环割线迭代学习控制策略，测得超声波电机转速响应如图 4.56 所示，表 4.27 为对应的转速控制性能指标。从图 4.56 可以看出，与不能及时跟踪给定值变化的开环割线学习律不同，采用闭环割线学习律，使第 2 次阶跃响应过程能够通过当前误差值感知给定值的变化，并及时跟踪。只是由于式(4.17)所示控制量仍然是在前次控制量的基础上进行计算的，所以转速给定值为 30r/min 的第 1 次阶跃响应导致第 2 次阶跃响应起始阶段的转速上升稍慢。随后，在式(4.17)所示迭代学习控制律的作用下，第 3 次阶跃响应中，转速就已经可以快速上升了。

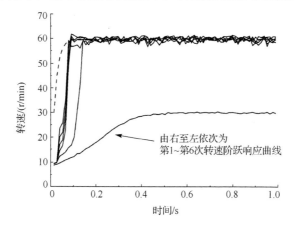

图 4.56　柔化的转速阶跃响应曲线($q = -0.2$，空载，改变给定值)

表 4.27　迭代学习控制性能指标($q = -0.2$，空载，柔化阶跃给定，改变给定值)

阶跃响应次数	上升时间/s	调节时间/s	超调量/%	稳态波动最大值/(r/min)	稳态波动平均值/(r/min)
1	0.338	0.39	0	0.42	0.1305
2	0.13	0.13	0	1.94	0.5383
3	0.078	0.078	0	1.93	0.6246
4	0.078	0.078	0	2.83	0.9589
5	0.065	0.078	0	2.30	0.7475
6	0.065	0.13	0	2.99	0.8214

综上所述，闭环迭代学习控制律对负载扰动、给定值变化具有更强的鲁棒性，明显优于开环迭代学习控制律，适用于不满足"可重复性"的应用场合。

本节针对超声波电机的非线性及时变特性，在牛顿学习律的基础上，借用数值分析中的割线法，给出了割线学习律，以解决牛顿学习律中微分项无法准确获取的问题。针对超声波电机转速控制的非线性特性，不仅给出了割线学习律中学习增益的在线自适应调整机制，还给出了自适应调整公式的确定方法。将割线学习律用于超声波电机非线性迭代学习转速控制,针对实用中的转速凹陷等问题,给出了三种实用化改进措施。考虑到超声波电机数字控制中的滞后性,给出了超前一步的改进割线学习律,实验表明其控制性能优于基本割线学习律。进一步,为拓展所提出的控制策略的适用场合,给出了闭环割线学习律。

超声波电机空载、不同负载转矩及不同加载形式、变转速给定值等实验结果表明,改进的开环割线学习律、闭环割线学习律的控制性能良好。前者适用于传统迭代学习控制所要求的具有"可重复性"的应用场合,后者则对负载扰动、给定值变化具有更好的鲁棒性,更适用于不满足"可重复性"的应用场合。

4.2　超声波电机改进牛顿迭代学习转速控制

用于超声波电机运动控制的迭代学习控制策略,表现出较好的控制性能。由于传统迭代学习控制策略的复杂性相对较低,在超声波电机产业化进程中有着良好的应用前景。超声波电机具有明显的非线性运行特征,为改进控制性能,有必要考虑非线性迭代学习控制策略。

文献[1]利用数值分析中的牛顿法,给出一种算法简单的非线性迭代学习控制策略——牛顿学习律,并通过理论分析表明牛顿学习律具有比线性学习律更快的学习收敛速度。牛顿学习律源自牛顿法。在数值分析中,牛顿法用来求非线性方程的根,而用在控制系统中,则是求取使误差为零的控制量值。即牛顿学习律是用牛顿法来求解控制量-误差关系方程这一特定的非线性方程。既然是同源的,牛顿学习律自然具有与牛顿法相同的基本特征,如收敛性。牛顿法能够收敛的必要条件是被求解方程的二阶导数大于零,牛顿学习律也是如此。然而在以驱动频率为控制量的情况下,超声波电机控制量-误差关系表达式的二阶导数小于零。于是,采用牛顿学习律进行超声波电机迭代学习控制时,需要采用牛顿下山法等措施以避免学习发散。

在数学领域,为解决牛顿法这一固有缺陷,研究者进行了多种尝试。文献[2]利用李雅普诺夫方法,构建同解方程来改变非线性方程二阶导数的符号,构造了一种改进牛顿法。本节基于该方法,结合同解方程,构造了开环、闭环两种改进牛顿迭代学习控制算法,用于超声波电机转速控制。并给出了补偿超声波电机控制非线性的步长在线自适应调整方法。实验表明,所述控制算法能够渐近改善转速控制性能,控制性能较好。

4.2.1　改进牛顿迭代学习控制算法

考虑下列非线性方程的求解问题:

$$f(x) = 0 \tag{4.18}$$

构造式(4.18)的同解表达式:

$$g(x) = e^{ax} f(x), \qquad a \neq 0 \tag{4.19}$$

式中,a 为常数。

则 $f(x)$ 的单重根 x^* 也是 $g(x)$ 的单重根。为引入动力学系统,令

$$v(x) = e^{ax} |f(x)| = \begin{cases} e^{ax} f(x), & f(x) \geq 0 \\ -e^{ax} f(x), & f(x) < 0 \end{cases} \tag{4.20}$$

由此可知,$v(x) \geq 0$。

假设 $af(x) + f'(x) \neq 0$ 成立,引入一动力学系统[2]:

$$\begin{cases} \dfrac{dx}{dt} = \dfrac{g(x)}{g'(x)} = \dfrac{f(x)}{af(x) + f'(x)} \\ x(0) = x_0 \end{cases} \tag{4.21}$$

根据李雅普诺夫稳定性理论,函数 $v(x)$ 满足:

(1) $v(x^*) = 0$ 且 $v(x) > 0$;

$$
\begin{aligned}
(2) \ \frac{dv}{dt} &= \begin{cases} e^{ax} \left(af(x) + f'(x) \right) \dfrac{dx}{dt}, & f(x) \geq 0 \\ -e^{ax} \left(af(x) + f'(x) \right) \dfrac{dx}{dt}, & f(x) < 0 \end{cases} \\
&= -e^{ax} |f(x)| = -v(x) < 0
\end{aligned}
$$

由此证明,x^* 是式(4.21)所示系统渐近稳定的平衡点。

采用欧拉法解式(4.21),得迭代求根公式:

$$x_{k+1} = x_k - \frac{h_k f(x_k)}{af(x_k) + f'(x_k)} \tag{4.22}$$

式中,h_k 为步长,其值的选取应保证迭代过程具有单调性,即满足 $|f(x_{k+1})| < |f(x_k)|$;a 为常数。

式(4.22)即为改进牛顿法的迭代求解公式,该式对应于待求解非线性方程式(4.18)的同解方程式(4.19)。从式(4.18)变为式(4.19),增加一个乘积项 e^{ax},可以改变待求解非线性方程二阶导数的符号,从而使得该方程的迭代求解过程能够收敛。

例如,对于超声波电机转速控制而言,以电机的驱动频率为控制量,控制量与转速误差之间关系表达式 $f(x)$ 的二阶导数小于零,如图 4.3 所示。将其变换为式(4.19)形式,即对图 4.3 所示函数关系乘以 e^{ax}。a 取不同值时,可得式(4.19)所示同解函数 $g(x)$ 曲线如图 4.57 所示。当 $a=0.5$ 时,对应曲线近似为一条直线,二阶导数接近 0;$a>0.5$ 时,曲线二阶导数大于 0。因此,若将式(4.22)所示改进牛顿法用于超声波电机的迭代学习转速控制,则只要常数 a 满足 $a>0.5$,就能够保证迭代学习收敛,不必再附加牛顿下山法等措施以避免学习发散。

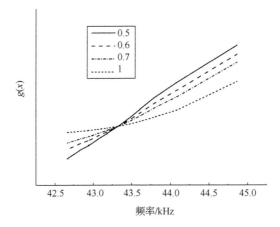

频率/kHz

图 4.57 改进牛顿法同解函数曲线

为将式(4.22)用于超声波电机的迭代学习控制，采用差商代替式(4.22)中的导数，得到改进牛顿学习律：

$$u_{k+1}(i) = u_k(i) - \frac{h_k e_k(i+1)}{ae_k(i+1) + \dfrac{n_k(i) - n_k(i+1)}{u_k(i) - u_k(i-1)}} \tag{4.23}$$

式中，$u_{k+1}(i)$、$u_k(i)$分别为系统第 $k+1$ 和第 k 次运行过程中 i 时刻的控制量；$u_k(i-1)$ 为系统第 k 次运行过程中 $i-1$ 时刻的控制量；$n_k(i)$ 和 $n_k(i+1)$ 分别为系统第 k 次运行过程中 i、$i+1$ 时刻的电机转速；$e_k(i+1)$ 为系统第 k 次运行过程中 $i+1$ 时刻的转速误差。

式(4.23)中转速、转速误差以及控制量均为前次控制信息，故为开环迭代学习律。由于超声波电机转速随着驱动频率下降而升高，式(4.23)中的步长 h_k 应为负值。

应说明的是，式(4.23)中转速 $n_k(i)$、$n_k(i+1)$ 本应为转速误差 $e_k(i)$、$e_k(i+1)$。转速误差是转速给定值与转速之差。在电机控制系统中，调整控制量只会使转速发生对应的变化，而不会影响外加的转速给定值。所以，为避免转速给定值变化导致式(4.23)中分式计算异常，用 $n_k(i)$、$n_k(i+1)$ 替换了 $e_k(i)$、$e_k(i+1)$。

根据前述割线迭代学习控制策略给出的实用化改进措施，为避免转速凹陷现象，增加如下判据：

$$\left[u_{k+1}(i) - u_{k+1}(i-1)\right]e_{k+1}(i) < 0 \tag{4.24}$$

当控制过程满足式(4.24)时，控制量采用下式计算：

$$u_{k+1}(i) = u_{k+1}(i-1) - \frac{qh_k e_{k+1}(i)}{ae_{k+1}(i) + \dfrac{n_k(i) - n_k(i+1)}{u_k(i) - u_k(i-1)}} \tag{4.25}$$

式中，q 为比例系数，用来调节控制强度，保证控制过程平稳。

4.2.2　改进牛顿迭代学习控制策略的实验研究

1.　实用化改进

4.1 节实验表明阶跃给定和柔化阶跃给定两种情况下，转速控制性能差别不大，故本节仅进行阶跃给定情况下的转速控制实验。实验平台及过程同前，此处不再累述。

编写 DSP 程序，实现基于式(4.23)所示的改进牛顿学习律的超声波电机迭代学习转速控制器。设定转速阶跃给定值为 30r/min，进行转速控制实验。为便于对比两类不同迭代学习控制策略的控制效果，第一次实验仍采用比例系数、积分系数分别为−1、−2 的固定参数 PI 控制器；设置式(4.23)参数 $h_k = -10$、$a=0.6$，式(4.25)中比例系数 $q=0.01$，得到 6 次转速迭代学习阶跃响应曲线如图 4.58 所示，图 4.59 为对应的控制量变化曲线。

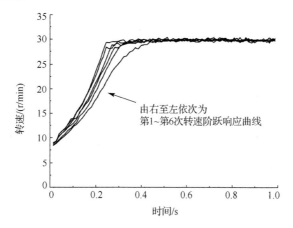

图 4.58　转速阶跃响应曲线($q = 0.01$，$h_k = -10$，空载)

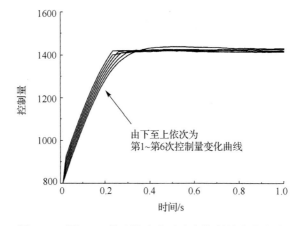

图 4.59　图 4.58 所示转速阶跃响应控制量变化曲线

由图 4.58 可知，6 次转速阶跃响应平稳，无超调。但由于图 4.59 所示控制量曲线在迭代学习过程中改进缓慢，转速阶跃响应的逐次改进虽然平稳，但改进量偏小；从第 1～第 6 次阶跃响应，上升时间由 0.338s 减小为 0.234s，仅减小了 30.8%。其主要原因是步长过小(指绝对值)，因此可考虑增加步长。

取 $h_k = -20$，其他参数值不变，进行实验。为便于对比，沿用图 4.58 所示第 1 次阶跃响应过程，进行 5 次迭代学习控制实验，得转速响应曲线及控制量变化过程分别如图 4.60 和图 4.61 所示。由于迭代步长增大，图 4.61 中控制量逐次变化的幅度大于图 4.59 情况，但控制量的稳态值亦随迭代次数增加而逐渐增大，与图 4.59 中稳态值基本稳定的情况明显不同。与之对应，图 4.60 所示第 2～第 6 次阶跃响应过程虽然逐次改进、体现出迭代学习的效果，但第 2 次转速阶跃响应曲线出现稳态误差，响应时间慢于第 1 次响应；第 3 次阶跃响应的稳态误差减小，响应速度加快，至第 4 次响应，稳态误差减为 0。分析可知，这是由于前后两组实验时的电机本体温度不同，使相同转速对应的控制量值发生了明显变化。图 4.60 和图 4.61 所示控制过程，一方面表明迭代学习控制是有效的，控制性能渐进趋好；另一方面，也反映出开环迭代学习控制的鲁棒性较差，不能及时有效地应对外部扰动的影响。

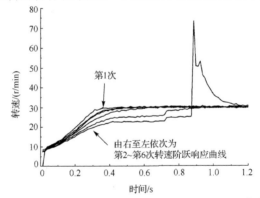

图 4.60 转速阶跃响应曲线($q = 0.01$，$h_k = -20$，空载)

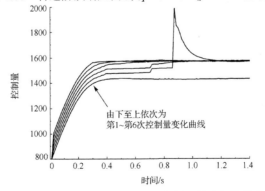

图 4.61 图 4.60 所示转速阶跃响应控制量变化曲线

同时，图 4.61 所示第 2 次阶跃响应过程中控制量突增，导致图 4.60 所示转速出现较大幅度的跃升。根据式(4.23)和实测转速、控制量数据，计算第 2 次阶跃响应控制过程中的相关数值，如表 4.28 所示。表中"控制量"为实测数据，"式(4.23)分母中分式值"、"式(4.23)分母值"和"式(4.23)控制量增量"均为计算值。由表 4.28 可知，第 2 次阶跃响应过程中，第 67 时刻式(4.23)分母中分式值为 0.22，使得分母值为−0.01，于是计算得控制量增量为 557，叠加第 1 次响应过程第 67 时刻的控制量 1430 后，所得控制量为 1987，控制量较第 66 时刻大幅度突增，导致图 4.60 中转速跃升。

表 4.28　图 4.60 所示阶跃响应过程中的控制量

阶跃响应次数	时刻	式(4.23)分母中分式值	式(4.23)分母值	式(4.23)控制量增量	控制量	用来计算控制量的算式
1	66	—	—	—	1431	—
	67	—	—	—	1430	—
2	66	−0.28	−0.38	9	1440	(4.23)
			2.64	0.37	1518	(4.25)
	67	0.22	−0.01	557	1987	(4.23)

表 4.28 中，第 2 次阶跃响应过程第 66 时刻的控制量计算过程中，按式(4.23)计算的控制量为 1440，小于第 65 时刻的控制量 1518，使得式(4.24)成立，之后按照式(4.25)计算的控制量增量为 0.37，叠加前一时刻控制量之后取整，所得的控制量数值仍为 1518。

针对分母中分式符号错误的问题，根据第 3 章实用化改进，在控制程序中加入以下判断：

$$b_{k+1}(i) \cdot n_{k+1}(i) > 0 \tag{4.26}$$

式中，n 为实际转速值，b 为式(4.23)分母中分式的计算值，即

$$b_{k+1}(i) = \frac{n_k(i) - n_k(i+1)}{u_k(i) - u_k(i-1)} \tag{4.27}$$

当式(4.25)成立时，由于式(4.23)分母中分式的正确值不可知，为尽量减小其负面影响，令

$$b_{k+1}(i) = 0 \tag{4.28}$$

对 DSP 程序进行上述修改，并进行实验验证。取式(4.25)中 $q = 0.1$，其他控制参数设置与图 4.60 实验相同。以比例系数、积分系数分别为−1、−2 的 PI 控制器进行第 1 次实验，然后进行 5 次迭代学习控制实验，得到转速响应如图 4.62 所示，表 4.29 给出了对应的控制性能指标数据。图 4.62 中，转速跃升现象消失，第 1 次和第 6 次转速响应的上升时间分别为 0.364s、0.221s，减小 39.3%；与 $h_k = -10$ 的图 4.58

相比，减小比例增加 8.5%。继续增加 h_k，至 $h_k=-50$，其他控制参数不变，进行实验，得图 4.63 所示 6 次转速阶跃响应曲线，控制性能指标数据如表 4.30 所示。从图 4.63 和表 4.30 中可知，转速性能逐次改进的幅度明显增加，第 6 次转速响应的上升时间较第 1 次减小 72.4%，与图 4.58、图 4.62 相比，减小比例分别增加 41.6%、33.1%；调节时间也大幅度减小，仅为 0.117s。

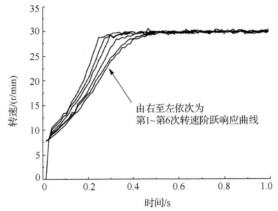

图 4.62　转速阶跃响应曲线（$q=0.1$，$h_k=-20$，空载）

表 4.29　迭代学习控制性能指标（$q=0.1$，$h_k=-20$，空载）

阶跃响应次数	上升时间/s	调节时间/s	超调量/%	稳态波动最大值/(r/min)	稳态波动平均值/(r/min)
1	0.364	0.39	0	0.63	0.1642
2	0.338	0.403	0	0.45	0.1677
3	0.299	0.312	0	0.48	0.1648
4	0.273	0.286	0	0.63	0.1814
5	0.247	0.26	0	0.55	0.1747
6	0.221	0.234	0	0.73	0.1672

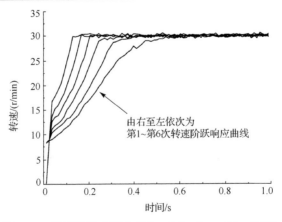

图 4.63　转速阶跃响应曲线（$q=0.1$，$h_k=-50$，空载）

表 4.30　迭代学习控制性能指标($q=0.1$，$h_k=-50$，空载)

阶跃响应次数	上升时间/s	调节时间/s	超调量/%	稳态波动最大值/(r/min)	稳态波动平均值/(r/min)
1	0.377	0.442	0	0.45	0.1534
2	0.286	0.299	0	0.54	0.1776
3	0.221	0.234	0	0.63	0.1716
4	0.182	0.195	0	0.54	0.1646
5	0.143	0.156	0	0.59	0.2104
6	0.104	0.117	0	0.57	0.1658

2. 步长自适应调整

图 4.59 和图 4.61 给出的控制量变化曲线表明，控制量的变化符合一般的控制规律，在起始阶段增加较快以得到更快的响应速度，随后，增势逐渐趋缓以避免超调。但图 4.58、图 4.60、图 4.62 和图 4.63 所示四组转速阶跃响应实验曲线存在的共同特点是，在初始阶段，转速上升较慢；在后半段转速变化速率则较快，与控制量的变化规律不符。显然，这样的控制方式不符合一般的控制规律，亦未能充分发挥超声波电机响应速度快的优点。究其原因，这一现象是由超声波电机转速控制的非线性特性造成的。在低速、高速时，使转速增加同样量值所需的控制量增量不同；低速时，需要的增量大一些，即转速对控制量的导数值较小；随着转速增高，需要的控制量增量逐渐减小，即转速对控制量的导数值渐增。由此，在低速时，需要增大控制量增量的数值，来增加转速变化速率。

控制量计算式(4.23)等号右侧第二项决定了在前次控制量基础上新增控制量值的大小。该项计算值的大小，与步长 h_k 成正比。于是，只要使得 h_k 值随着转速变化而自适应调整，就可能补偿转速控制的非线性，实现低速时快速起动，充分发挥超声波电机的优点。

h_k 值在线自适应调整的具体方式，应该和转速与控制量(驱动频率)之间的非线性关系相匹配。图 4.64 所示实测超声波电机转速-频率特性数据，可以用来反映转速与频率之间的非线性关系。需注意的是，为得到随转速变化的 h_k 值调整方式，图 4.64 是以转速为自变量(横轴)、频率为因变量绘制的，图中方型点为实测数据点。

为得到控制量(频率)增量随转速的变化关系，需求取图 4.64 所示特性关系的一阶导数。由于实测转速-频率特性为离散的数据点，为得到其一阶导数值，首先对图示数据进行函数拟合。考虑到所得步长自适应调整结果将通过编程在线实时运行，为降低在线计算量，采用低阶多项式进行拟合，得拟合曲线如图 4.64 所示，对应的拟合多项式为 4 阶。求取拟合多项式的一阶导数并绘出(图 4.65)。观察图 4.65 所示曲线，发现转速 $n>40$r/min 时，曲线出现波动；$n>100$r/min 时，曲线明显下倾，这不符合实测数据点反映出的特性，是拟合误差导致的特性畸变。因为指定采用低阶多项式进行拟合，拟合函数与实测数据点所反映的特性关系之间出现了较明显的差异。为了提高拟合精度并降低拟合多项式的阶次，根据图 4.64 所示数据点的变化趋势，将其分为 $0 \leqslant n \leqslant 40 \mathrm{r/min}$、$40 < n \leqslant 120 \mathrm{r/min}$ 两段，进行分段拟合，得拟合多项式分别为

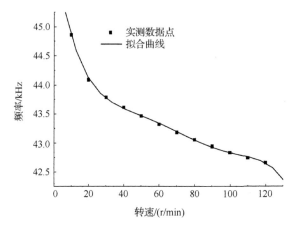

图 4.64　实测转速-频率特性曲线的拟合

$$f = 46.44177 - 0.21094n + 0.00581n^2 - 5.7665 \times 10^{-5}n^3, \qquad 0 \leqslant n \leqslant 40 \mathrm{r/min} \quad (4.29)$$

$$f = 44.33263 - 0.01987n + 4.95352 \times 10^{-5}n^2, \qquad 40 \mathrm{r/min} < n \leqslant 120 \mathrm{r/min} \quad (4.30)$$

式中，f 为电机驱动频率，单位 kHz。对上述拟合多项式分别求导并取绝对值，得

$$p(n) = 0.21094 - 0.01162n + 1.7300 \times 10^{-4}n^2, \qquad 0 \leqslant n \leqslant 40 \mathrm{r/min} \quad (4.31)$$

$$p(n) = 0.01987 - 9.90704 \times 10^{-5}n, \qquad 40 \mathrm{r/min} < n \leqslant 120 \mathrm{r/min} \quad (4.32)$$

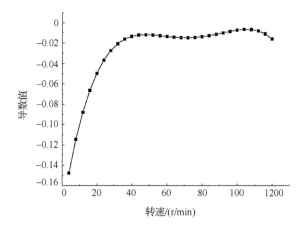

图 4.65　图 4.64 拟合曲线的一阶导数

绘制上述两式对应的不同转速范围的导数曲线，如图 4.66 和图 4.67 所示。由于两条曲线在 30～40r/min 之间过渡不平滑，改取连接点为 30r/min。于是，当转速 n 在[0,30]r/min 区间内时，用式(4.31)计算；在[30, 120]r/min 区间内，使用式(4.32)。取拐点 30r/min 处的导数计算值为基准，对式(4.31)和式(4.32)做归一化，分别得式(4.33)和式(4.34)，图 4.68 给出了归一化之后的导数曲线。

$$p_u(n) = 11.6929 - 0.64412n + 9.5898 \times 10^{-3} n^2 , \qquad 0 \leqslant n \leqslant 30\text{r/min} \qquad (4.33)$$

$$p_u(n) = 1.10144 - 5.49171 \times 10^{-3} n , \qquad 30\text{r/min} < n \leqslant 120\text{r/min} \qquad (4.34)$$

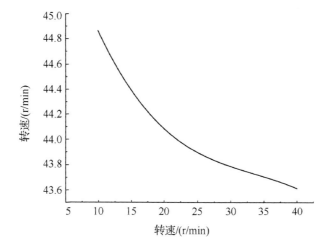

图 4.66　分段拟合曲线($0 \leqslant n \leqslant 40$r/min)

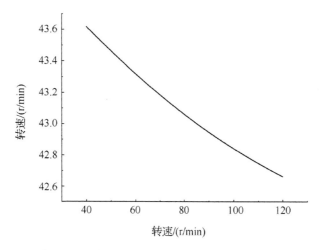

图 4.67　分段拟合曲线(40r/min$< n \leqslant 120$r/min)

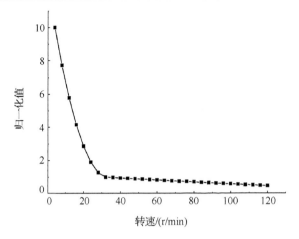

图 4.68　归一化的拟合曲线

则式(4.23)中的步长可按下式计算：

$$h_k = hp_u(n) \tag{4.35}$$

式中，h 为固定步长。

采用式(4.23)所示迭代学习控制器，步长按式(4.33)～式(4.35)在线自适应调节，进行迭代学习转速控制实验。取控制参数 $h = -10$，$a=0.6$，$q=0.1$，以比例系数、积分系数分别为-1、-2 的 PI 控制器进行第 1 次转速阶跃响应实验，然后进行 5 次迭代学习控制实验，得到转速阶跃响应曲线如图 4.69 所示。与采用固定步长并取 $h_k = -10$ 的实验结果图 4.58 相比，转速上升时间明显减少，控制性能逐次改进的幅度增大。再取 $h = -30$，得图 4.70 所示实验结果，第 3 次控制响应曲线就已接近转速阶跃给定值曲线，表明用这种方法来实现低速时快速起动是可行的。

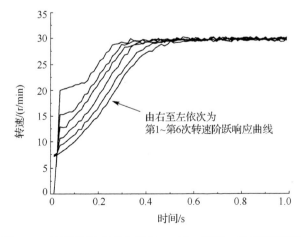

图 4.69　转速阶跃响应曲线($h = -10$，空载，自适应调节)

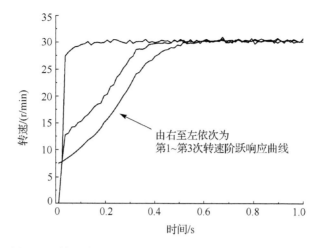

图 4.70　转速阶跃响应曲线($h = -30$，空载，自适应调节)

3. 实验验证

迭代学习控制过程中，控制量增量的大小取决于式(4.23)等号右侧第二项的分式值。考察式(4.23)分式，其分母由相加的两项组成。当 $a=0$ 时，式(4.23)即退化为第 3 章给出的割线学习律。反之，若分母中的分式值相对较小，则会使控制量增量趋于步长 h_k 与参数 a 的比值，成为一常数，不再有根据分母中分式所表达的被控对象控制特性来修正控制量的优点。通过对前述实验数据的分析，发现式(4.23)的实际表现趋近后者，控制量增量随转速的变化幅度很小，接近常数。由此，有必要增加分母中分式值的比重，故将式(4.23)修改为

$$u_{k+1}(i) = u_k(i) - \frac{h_k e_k(i+1)}{ae_k(i+1) + d\dfrac{n_k(i) - n_k(i+1)}{u_k(i) - u_k(i-1)}} \qquad (4.36)$$

式中，d 为加权系数，常数。

使用式(4.36)所示改进牛顿迭代学习律进行超声波电机迭代学习转速控制实验，实验过程与前述相同，取 $h = -20$，参数 a 和 q 保持不变，转速阶跃给定值为 30r/min。d 分别取 -200、-500 两种情况，得实验结果分别如图 4.71 和图 4.72 所示，表 4.31 和表 4.32 分别是 d 取 -200、-500 时的控制性能指标数据。可以看到，转速响应没有大于 5%的超调，转速响应速度明显加快。由表中数据知，因 $d = -200$ 时式(4.23)分母数值增大较少，故其控制响应过程的调节时间更短。

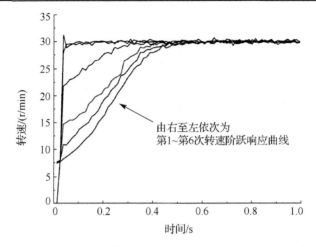

图 4.71 转速阶跃响应曲线(式(4.36)，$h = -20$，$d = -200$，空载)

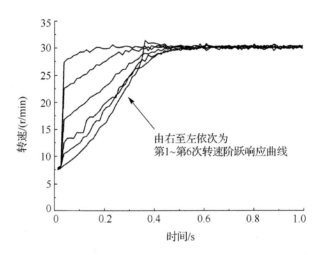

图 4.72 转速阶跃响应曲线(式(4.36)，$h = -20$，$d = -500$，空载)

表 4.31 迭代学习控制性能指标(式(4.36)，$h = -20$，$d = -200$，空载)

阶跃响应次数	上升时间/s	调节时间/s	超调量/%	稳态波动最大值/(r/min)	稳态波动平均值/(r/min)
1	0.351	0.416	0	0.37	0.1736
2	0.338	0.364	0	0.64	0.1865
3	0.299	0.338	0	0.63	0.1716
4	0.182	0.234	0	0.5	0.1679
5	0.026	0.26	0	1.29	0.2015
6	0.026	0.039	0	0.54	0.1705

表 4.32　迭代学习控制性能指标（式(4.36)，$h=-20$，$d=-500$，空载）

阶跃响应次数	上升时间/s	调节时间/s	超调量/%	稳态波动最大值/(r/min)	稳态波动平均值/(r/min)
1	0.364	0.403	0	0.63	0.1679
2	0.338	0.39	0	0.57	0.1730
3	0.325	0.351	0	1.29	0.2266
4	0.286	0.338	0	0.58	0.1794
5	0.182	0.234	0	0.58	0.1875
6	0.026	0.065	0	0.74	0.1764

　　与空载情况下改进的开环割线迭代学习阶跃响应图 4.29 和表 4.9 相比，相对第 1 次阶跃响应，图 4.71 和表 4.31 所示第 6 次阶跃响应的上升时间和调节时间的减小比例分别增加了 23.4%、20.6%，改进幅度较大，但上升过程不够平稳，稳态误差略大。

　　上述实验是在电机空载情况下进行的。仍取转速阶跃给定值为 30r/min，控制参数不变，$h=-20$，$d=-200$，图 4.73 为加载 0.2Nm 时的迭代学习控制响应曲线，性能指标数据如表 4.33 所示。与空载情况下的图 4.71 和表 4.31 对比，加载使得响应速度减慢，上升时间和调节时间增加，并且第 5 和第 6 次阶跃响应出现了小幅超调。

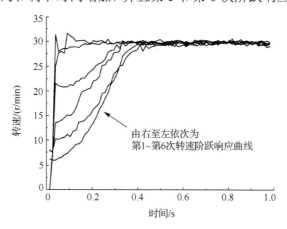

图 4.73　转速阶跃响应曲线（式(4.36)，$h=-20$，$d=-200$，加载 0.2Nm）

表 4.33　迭代学习控制性能指标（式(4.36)，$h=-20$，加载 0.2Nm）

阶跃响应次数	上升时间/s	调节时间/s	超调量/%	稳态波动最大值/(r/min)	稳态波动平均值/(r/min)
1	0.351	0.429	0	0.73	0.3358
2	0.325	0.351	0	1.04	0.3218
3	0.286	0.325	0	0.64	0.2293
4	0.26	0.273	0	0.84	0.2464
5	0.026	0.052	5.8333	1.75	0.3224
6	0.039	0.091	6.8333	2.05	0.2978

进行空载和加载交替的转速控制实验。实验过程为：设定转速阶跃给定值为30r/min，控制参数仍然不变，在电机空载情况下，第 1 次控制过程采用 PI 转速控制器。随后 5 次采用式(4.36)所示迭代学习控制律进行转速控制，并对第 2 和第 4 次阶跃响应施加 0.2Nm 负载，其他空载。图 4.74 给出了实验结果，转速控制性能指标数据见表 4.34。与空载情况下的图 4.71、表 4.31 和全加载工况下的图 4.73、表 4.33 相比，由于加载，第 2 次阶跃响应的性能比空载的第 1 次响应要差一些，同样加载的第 4 次阶跃响应较第 3 次的控制性能改进幅度明显变小。

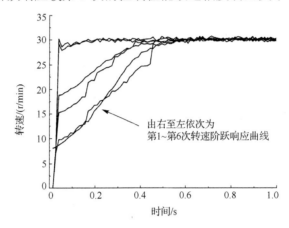

图 4.74　转速阶跃响应曲线(式(4.36)，$h=-20$，第 2 和第 4 次加载 0.2Nm)

表 4.34　迭代学习控制性能指标(式(4.36)，$h=-20$，第 2 和第 4 次加载 0.2Nm)

阶跃响应次数	上升时间/s	调节时间/s	超调量/%	稳态波动最大值/(r/min)	稳态波动平均值/(r/min)
1	0.39	0.455	0	0.5	0.1736
2	0.442	0.442	0	0.95	0.2452
3	0.299	0.351	0	0.54	0.1612
4	0.286	0.364	0	0.8	0.2164
5	0.026	0.026	0	1.49	0.2340
6	0.026	0.065	0	0.66	0.2013

将表 4.33 和表 4.34 分别与相同负载下改进的开环割线迭代学习阶跃响应表 4.14 和表 4.17 中数据进行对比，第 6 次较第 1 次阶跃响应调节时间的减小比例分别增加了 45.5%、27.8%，表明开环牛顿学习律鲁棒性稍强。

4.2.3　闭环迭代学习控制算法

式(4.36)所示的开环迭代学习控制策略，难以有效、及时应对外界扰动带来的影响。在存在扰动的情况下，将式(4.36)中的 $e_k(i+1)$ 替换为 $e_{k+1}(i)$，构造闭环迭代学习律：

$$u_{k+1}(i) = u_k(i) - \frac{h_k e_{k+1}(i)}{ae_{k+1}(i) + d\dfrac{n_k(i) - n_k(i+1)}{u_k(i) - u_k(i-1)}} \tag{4.37}$$

式中，步长 h_k 仍按式(4.33)～式(4.35)进行在线调整。

通过 DSP 编程实现式(4.37)迭代学习控制律，并进行实验研究。实验平台及实验过程同前，控制参数仍设为 $h=-20$、$a=0.6$、$q=0.1$，d 取-200，转速阶跃给定值为 30r/min，得到转速阶跃响应实验结果如图 4.75 所示。从图中可知，第 5 次转速阶跃响应已接近给定值，但第 6 次响应出现超调，说明初始阶段 h_k 较大。根据实验数据计算式(4.37)分母中两部分的数值，发现当 d 取-200 时，在转速 $n=20$r/min 时两部分的计算值相等，即当 $n<20$r/min 时，转速误差项所占比重更大；而当 $n>20$r/min 时，分式项所占比重较大。因此将式(4.33)的计算值限幅，并设定 $h=-30$，再次进行实验，得图 4.76 所示实验结果，控制性能指标数据如表 4.35 所示。

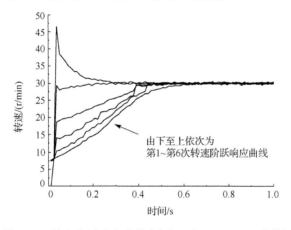

图 4.75　转速阶跃响应曲线(式(4.37)，$h=-20$，空载)

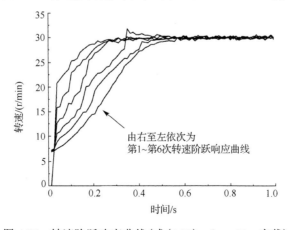

图 4.76　转速阶跃响应曲线(式(4.37)，$h=-30$，空载)

表 4.35　闭环迭代学习控制性能指标(式(4.37)，$h = -30$，空载)

阶跃响应次数	上升时间/s	调节时间/s	超调量/%	稳态波动最大值/(r/min)	稳态波动平均值/(r/min)
1	0.39	0.416	0	0.64	0.1833
2	0.377	0.403	0	0.69	0.1761
3	0.299	0.351	6.233	1.87	0.2453
4	0.208	0.247	0	0.48	0.1643
5	0.182	0.221	0	0.54	0.1693
6	0.13	0.169	0	0.67	0.1853

由图 4.76 和表 4.35 可知，第 3 次阶跃响应由于采用式(4.37)计算控制量出现超调，但在迭代学习控制律的作用下，随后的第 4～第 6 次阶跃响应均无超调。与开环改进牛顿迭代学习控制策略空载实验结果(表 4.31 中数据)进行对比，第 6 次较第 1 次阶跃响应的上升时间和调节时间的减小比例，表 4.31 为 92.6%、90.6%，而表 4.35 为 66.7%、59.4%，分别减小了 25.9%、31.2%。由于闭环控制策略控制量的计算采用了当前运行过程中的转速误差，因此控制性能的改进程度减小。

将图 4.76 和表 4.35 与闭环割线迭代转速响应曲线图 4.43 和表 4.18 比较，第 6 次较第 1 次阶跃响应的上升时间、调节时间的减小比例分别减少了 6.4%、13.9%。由此可见，闭环改进牛顿学习律控制效果的改进幅度稍小。

相同控制参数条件下，进行加载 0.2Nm 和第 2 次、第 4 次交替加载 0.2Nm 的闭环迭代学习控制实验，结果分别如图 4.77 和图 4.78 所示，表 4.36 和表 4.37 为对应的性能指标数据。与采用开环控制律时的图 4.73 和图 4.74 对比，图 4.77 和图 4.78 所示转速控制过程更加平稳，表 4.33 中第 5 和第 6 次阶跃响应转速出现小幅超调，而表 4.36 所示闭环控制过程中转速没有出现大于 5% 的超调，且调节时间更短。对比表 4.34 和表 4.37 中控制性能数据，图 4.74 和图 4.78 所示控制过程第 6 次较第 1 次阶跃响应的调节时间分别减小了 85.7%、93.3%，减小比例增加了 7.6%，稳态波动也更小。

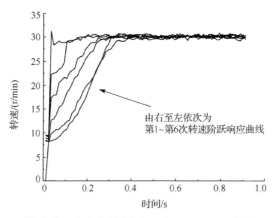

图 4.77　转速阶跃响应曲线(式(4.37)，$h = -30$，加载 0.2Nm)

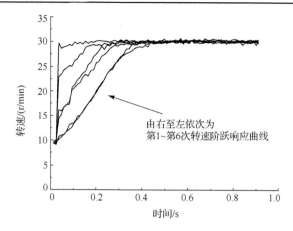

图 4.78　转速阶跃响应曲线(式(4.37)，$h = -20$，第 2 和第 4 次加载 0.2Nm)

表 4.36　闭环迭代学习控制性能指标(式(4.37)，$h = -30$，加载 0.2Nm)

阶跃响应次数	上升时间/s	调节时间/s	超调量/%	稳态波动最大值/(r/min)	稳态波动平均值/(r/min)
1	0.312	0.351	0	0.56	0.2231
2	0.299	0.325	0	0.84	0.2841
3	0.234	0.26	0	0.75	0.2909
4	0.195	0.221	0	0.83	0.3002
5	0.104	0.104	0	0.79	0.2235
6	0.026	0.052	0	1.19	0.2647

表 4.37　闭环迭代学习控制性能指标(式(4.37)，$h = -30$，第 2 和第 4 次加载 0.2Nm)

阶跃响应次数	上升时间/s	调节时间/s	超调量/%	稳态波动最大值/(r/min)	稳态波动平均值/(r/min)
1	0.338	0.39	0	0.46	0.1666
2	0.338	0.351	0	0.71	0.2303
3	0.247	0.273	0	0.71	0.1612
4	0.208	0.26	0	0.71	0.2123
5	0.13	0.156	0	0.53	0.1835
6	0.026	0.026	0	0.69	0.1884

　　无论是全加载还是交替加载情况下，闭环改进牛顿学习律控制下，转速响应上升时间和调节时间的减小比例均大于相同工况下闭环割线学习律的情况(图 4.49、表 4.24 和图 4.53、表 4.26)。表明闭环改进牛顿迭代学习控制策略的鲁棒性稍强。

　　本节针对牛顿迭代学习律存在的固有缺陷，给出一种改进牛顿学习律，构建同解方程改变被控对象非线性控制关系的特征，保证其学习收敛。将改进牛顿学习律用于超声波电机转速迭代学习控制，给出学习步长自适应调整方法以补偿电机转速控制非线性，加快响应速度。超声波电机空载、加载及交替加载等多种情况下的实验结果表明，开环改进牛顿学习律能够在迭代学习过程中，逐次改进电机转速控制性能，控制性能较好；闭环改进牛顿学习律对负载扰动具有更好的鲁棒性。

参 考 文 献

[1]　许建新, 侯忠生. 学习控制的现状与展望. 自动化学报, 2005, 31(6): 131-143

[2]　吴新元. 对牛顿迭代法的一个重要修改. 应用数学和力学, 1999, 20(8): 96-99

第5章 超声波电机广义预测迭代学习控制

　　超声波电机的运行过程呈现出明显的非线性特征，且内部多个变量之间相互耦合。这种非线性体现在电机控制上，具体表现为控制量与被控制量(转速或位置)之间的控制非线性，是影响超声波电机控制性能的主要制约因素之一。如何克服或是削弱电机非线性的影响，是为提高超声波电机控制性能所必须解决的一个核心问题。

　　传统的迭代学习控制(ILC)，本质上是一种沿迭代轴的闭环学习控制与沿时间轴的开环前馈控制相结合的控制策略，具有二维(2D)动态系统的典型特征，可以采用 2D 系统理论进行分析与设计[1]。另一方面，如何使 ILC 在沿迭代轴快速收敛的同时，兼顾沿时间轴的控制稳定性，并得到良好的电机控制性能，是 ILC 控制策略设计中需要解决的关键问题。将沿时间轴的反馈控制方法和沿迭代轴的迭代学习控制相结合，是解决上述问题的一种可行思路。文献[1]采用 2D 理论，试图在非因果控制律的设计中，一同考虑系统闭环时域控制性能与迭代学习性能，所设计的控制律中包含了系统当前的状态反馈。给出的仿真结果表明，在一定程度上提高了控制系统的鲁棒性。

　　迭代学习控制策略的突出优点是其简单而有效的迭代学习思想，这使其能够在重复的运行过程中学习控制经验并持续改进控制性能。在越来越多的应用实践中，研究者越来越意识到这种学习能力及其具体实现形式带来的益处，但也普遍注意到非重复性扰动对迭代学习控制性能的显著影响。在实际的工业生产过程中，随机的干扰(噪声)、外界施加的各种扰动及时变因素，普遍存在于被控对象及其系统中。传统的迭代学习控制策略是一种开环的前馈控制方法，它依据前次控制过程的信息来计算当前的控制作用，给出的控制量与被控对象当前的运行状态及扰动情况无关。因而，控制系统对上述各种非重复性扰动的响应有滞后，鲁棒性差。

　　针对这一问题，有效的解决办法是将迭代学习控制策略或思想与闭环控制策略相结合。具体的结合方法可以是多种多样的。无论具体的做法如何，其目的都是试图在保持迭代学习控制优点的同时，兼顾时域的闭环控制性能，提高系统鲁棒性。广义预测控制(GPC)作为一类自适应控制方法，在工业领域获得了广泛应用。将迭代学习控制与广义预测控制相结合，构建新的控制方法，是一种可行的思路。本章针对迭代学习控制与广义预测控制相结合的具体方法开展研究。

　　作为一种沿时间轴的反馈控制策略，广义预测控制以自回归滑动平均模型为基础，采用多步预测、滚动优化方法[2]，使其具有较好的控制性能。已有文献研究将广义预测控制和迭代学习控制相结合，以期获得更好的控制性能。文献[3]提出了一种利用以往的输入输出信息，在广义预测控制中增加干扰预测估计以融合迭代学习的控制策略，仿真结果表明其提高了控制性能，减小了跟踪误差。文献[4]提出了一种基于 2 维性能参考模型的 2 维模型预测迭代学习控制策略，通过选择适当的 2 维性能参考模型，构造迭代学习控制系统的期望输出信号和预测控制输入信号。文献[5]基于从单环和多环预测角度定义的目标函数，提出了单环和多环两种广义 2 维预测 ILC 控制策略，使其沿时间轴和迭代轴均具有较好的控制性能。以上应用表明将预测控制理论与迭代学习控制相结合，能够改善迭代学习控制系统的控制性能。文献[4]和[5]在推导包含预测的迭代学习控制律之前，指定了特殊的迭代学习控制律形式，以适应于预测控制理论的推导过程。该指定形式的迭代学习控制律，为了贴合预测控制策略中的模型形式，不能充分考虑控制需要，不一定适用于超声波电机之类较为复杂的控制对象。

与文献[4]和[5]方法不同，本章所提出的方法因为不需要事先指定迭代学习控制律，也就不再需要为了迎合预测控制理论的推导过程而拼凑特定形式的学习控制律。这样设定的学习控制律，为满足特定的形式需要，忽略了控制性能考量，在控制策略设计的起始点就人为限制了可能达到的最优控制性能。

本章基于 2 维系统理论，针对超声波电机运动控制需要，研究应用 GPC 思想设计迭代学习控制律的具体方法。通过设计包含前次控制过程信息的 2 维优化目标函数，尝试将多步预测、滚动优化等广义预测控制方法融入迭代学习控制律，以改善迭代学习控制效果，并给出了有效的迭代学习控制律设计方法。基于 2 维预测模型，对控制目标函数进行微分优化，推导广义预测迭代学习控制律。随后，基于超声波电机 Hammerstein 非线性模型，设计超声波电机非线性的逆补偿方法，实现对电机非线性的有效补偿。在此基础上，设计超声波电机广义预测迭代学习转速控制器，并进行仿真和实验研究。仿真和实验结果表明，所提出的控制策略及其设计方法有效，超声波电机转速响应表现出渐进的学习收敛过程，控制效果良好。

5.1　广义预测迭代学习控制策略

考虑由如下受控自回归积分滑动平均过程(controlled auto-regressive integral moving average，CARIMA)模型描述的重复过程：

$$A(z^{-1})y_k(i) = B(z^{-1})u_k(i-1) + C(z^{-1})\xi_k(i)/(1-z^{-1}), \quad i = 0,1,\cdots,T; k = 1,2,\cdots \tag{5.1}$$

即

$$\overline{A}(z^{-1})y_k(i) = B(z^{-1})\Delta_t u_k(i-1) + C(z^{-1})\xi_k(i) \tag{5.2}$$

式中，$u_k(i)$，$y_k(i)$ 和 $\xi_k(i)$ 分别表示在第 k 次迭代 i 时刻的输入量、输出量和白噪声；T 为每个迭代周期的固定时间长度；z^{-1} 为沿离散时间 i 的单位平移算子；$\Delta_t = 1 - z^{-1}$，表示时间轴上的后向差分算子，如 $\Delta_t(f_k(i)) = f_k(i) - f_k(i-1)$；$A(z^{-1})$ 和 $B(z^{-1})$ 分别为输出和输入信号的算子多项式，且有 $\overline{A}(z^{-1}) = \Delta_t A(z^{-1})$，即

$$A(z^{-1}) = 1 + a_1 z^{-1} + a_2 z^{-2} + \cdots + a_{n_a} z^{-n_a}$$

$$B(z^{-1}) = b_0 + b_1 z^{-1} + b_2 z^{-2} + \cdots + b_{n_b} z^{-n_b}$$

$$C(z^{-1}) = 1 + c_1 z^{-1} + c_2 z^{-2} + \cdots + c_{n_c} z^{-n_c}$$

$$\overline{A}(z^{-1}) = (1 - z^{-1}) A(z^{-1}) = 1 + \overline{a}_1 z^{-1} + \cdots + \overline{a}_{n_a+1} z^{-(n_a+1)}$$

采用 GPC 方法设计控制律 $u_k(i)$，首先需根据控制目标指定目标函数形式。考虑如下目标函数形式：

$$
\begin{aligned}
J(i,k,n_1,n_2) = & \sum_{j=1}^{n_1} \eta(j)(y_r(i+j) - y_{k|k}^*(i+j \mid i))^2 \\
& + \sum_{l=0}^{n_2-1} (\beta(l)(\Delta_t(u_k(i+l)))^2 + \gamma(l)(\Delta_k(u_k(i+l)))^2)
\end{aligned}
\tag{5.3}
$$

式中，n_1 和 n_2 分别为预测长度和控制长度，且有 $n_2 \leqslant n_1$；当 $n_2 < n_1$ 时，有 $u_k(i+n_2-1) = u_k(i+n_2) = u_k(i+n_2+1) = \cdots = u_k(i+n_1)$，即在区间 $[n_2, n_1]$ 内，不再有控制作用；$y_{k|k}^*(i+j \mid i)$ 表示基于第 k 次迭代 i 时刻和以前的输入输出数据对 $i+j$ 时刻系统输出量的预测；$y_r(i), i = 0, 1, \cdots, T$ 为给定值；Δ_k 表示沿迭代轴的后向差分算子，如 $\Delta_k(f_k(i)) = f_k(i) - f_{k-1}(i)$；$\eta(j) \geqslant 0$、$\beta(l) \geqslant 0$、$\gamma(l) \geqslant 0$ 为目标函数中各项的加权系数序列，反映控制性能需求。

传统 GPC 的目标函数中不包含式 (5.3) 等号右侧的 $\Delta_k(u_k(i))$ 项。在此为了采用 GPC 方法设计 ILC 控制律，在目标函数中加入了 $\Delta_k(u_k(i))$ 项，使目标函数包含前次控制过程信息，从而将迭代学习与预测控制有机结合，同时保证沿时间轴和迭代轴的 2 维收敛稳定性。另外，目标函数中包含误差 $y_r(i) - y_k^*(i)$ 项，使系统输出跟随给定值，反映控制性能的基本需求。而目标函数中包含 $\Delta_t(u_k(i))$，不仅使得沿时间轴的控制性能可调节，而且在必要时，还可用来抑制 $u_k(i)$ 沿时间轴的变化量以防止不稳定逆动态系统的沿时间轴控制发散问题。

为得到良好的控制性能，需设计合适的 $\beta(l)$、$\gamma(l)$ 值，使控制量沿迭代轴和时间轴均有合理的动态变化过程，兼顾二维控制性能。从目标函数可以看出，若 $\beta(l)$ 较小，则控制量沿时间轴的变化量较大，可获得较快的响应速度，但对模型失配等扰动的鲁棒性变差，对噪声更敏感。若 $\gamma(l)$ 较小，则控制量随迭代轴的变化量大，沿迭代轴的学习收敛较快，但对非重复性扰动的鲁棒性差。

下面推导最优预测模型，给出未来时刻的输出预测值，用于计算目标函数。引入以下 Diophantine 方程：

$$C(z^{-1}) = \overline{A}(z^{-1})E_j(z^{-1}) + z^{-j}G_j(z^{-1}) \tag{5.4}$$

式中，$j = 1,2,\cdots,n_1$，$E_j(z^{-1}) = 1 + e_{j,1}z^{-1} + \cdots + e_{j,j-1}z^{-(j-1)}$，$G_j(z^{-1}) = g_{j,0}z^{-1} + g_{j,1}z^{-1} + \cdots$
$+g_{j,j-1}z^{-(j-1)}$。

定义：

$$F_j(z^{-1}) = B(z^{-1})E_j(z^{-1}) = f_{j,0} + f_{j,1}z^{-1} + \cdots + f_{j,n_b+j-1}z^{-(n_b+j-1)} \tag{5.5}$$

由式(5.2)和(5.4)可得

$$
\begin{aligned}
y_k(i+j) &= \frac{B(z^{-1})}{\overline{A}(z^{-1})}\Delta_t u_k(i+j-1) + \frac{C(z^{-1})}{\overline{A}(z^{-1})}\xi_k(i+j) \\
&= \frac{B(z^{-1})}{\overline{A}(z^{-1})}\Delta_t u_k(i+j-1) + \left[E_j(z^{-1}) + \frac{z^{-j}G_j(z^{-1})}{\overline{A}(z^{-1})}\right]\xi_k(i+j) \\
&= \frac{B(z^{-1})}{\overline{A}(z^{-1})}\Delta_t u_k(i+j-1) + \frac{G_j(z^{-1})}{\overline{A}(z^{-1})}\xi_k(i) + E_j(z^{-1})\xi_k(i+j)
\end{aligned}
\tag{5.6}
$$

另外，由式(5.2)有：

$$\xi_k(i) = \frac{\overline{A}(z^{-1})}{C(z^{-1})}y_k(i) - \frac{B(z^{-1})}{C(z^{-1})}\Delta_t u_k(i-1) \tag{5.7}$$

将式(5.7)代入式(5.6)，可得

$$
\begin{aligned}
&y_k(i+j) \\
&= \frac{B(z^{-1})}{\overline{A}(z^{-1})}\Delta_t u_k(i+j-1) + \frac{G_j(z^{-1})}{\overline{A}(z^{-1})}\left(\frac{\overline{A}(z^{-1})}{C(z^{-1})}y_k(i) - \frac{B(z^{-1})}{C(z^{-1})}\Delta_t u_k(i-1)\right) + E_j(z^{-1})\xi_k(i+j) \\
&= \frac{B(z^{-1})\left(C(z^{-1}) - G_j(z^{-1})z^{-j}\right)}{\overline{A}(z^{-1})C(z^{-1})}\Delta_t u_k(i+j-1) + \frac{G_j(z^{-1})}{C(z^{-1})}y_k(i) + E_j(z^{-1})\xi_k(i+j) \\
&= \frac{B(z^{-1})E_j(z^{-1})}{C(z^{-1})}\Delta_t u_k(i+j-1) + \frac{G_j(z^{-1})}{C(z^{-1})}y_k(i) + E_j(z^{-1})\xi_k(i+j) \\
&= \frac{F_j(z^{-1})}{C(z^{-1})}\Delta_t u_k(i+j-1) + \frac{G_j(z^{-1})}{C(z^{-1})}y_k(i) + E_j(z^{-1})\xi_k(i+j)
\end{aligned}
$$

$$\tag{5.8}$$

定义输出预测误差 $\tilde{y}_k(i+j|i) = y_k(i+j) - y_k^*(i+j|i)$，$y_k^*(i+j|i)$ 表示最优输出预测估计，为基于 i 时刻和以前时刻的输入输出数据，对未来 $i+j$ 时刻预测模型输出的最优估计。

$$J = E\left\{\tilde{y}_k^2(i+j\,|\,i)\right\}$$

$$= E\left\{\left[y_k(i+j) - y_k^*(i+j\,|\,i)\right]^2\right\}$$

$$= E\left\{\left[\frac{F_j(z^{-1})}{C(z^{-1})}\Delta_t u_k(i+j-1) + \frac{G_j(z^{-1})}{C(z^{-1})}y_k(i) + E_j(z^{-1})\xi_k(i+j) - y_k^*(i+j\,|\,i)\right]^2\right\}$$

$$= E\left\{\left[\frac{F_j(z^{-1})}{C(z^{-1})}\Delta_t u_k(i+j-1) + \frac{G_j(z^{-1})}{C(z^{-1})}y_k(i) - y_k^*(i+j\,|\,i)\right]^2\right\} + E\left\{\left[E_j(z^{-1})\xi_k(i+j)\right]^2\right\}$$

$$(5.9)$$

等式右边第二项不可测，故当第一项为 0 时，J 取最小值。可得最优多步预测估计为

$$y_k^*(i+j\,|\,i) = \frac{G_j(z^{-1})}{C(z^{-1})}y_k(i) + \frac{F_j(z^{-1})}{C(z^{-1})}\Delta_t u_k(i+j-1) \tag{5.10}$$

比较式 (5.10) 和式 (5.8)，可得预测模型输出与最优多步预测估计的关系式为

$$y_k(i+j) = y_k^*(i+j\,|\,i) + E_j(z^{-1})\xi_k(i+j) \tag{5.11}$$

引入以下 Diophantine 方程：

$$F_j(z^{-1}) = B(z^{-1})E_j(z^{-1}) = L_j(z^{-1})C(z^{-1}) + z^{-j}H_j(z^{-1}) \tag{5.12}$$

式中

$$L_j(z^{-1}) = l_{j,0} + l_{j,1}z^{-1} + \cdots + l_{j,j-1}z^{-(j-1)}$$

$$H_j(z^{-1}) = h_{j,0} + h_{j,1}z^{-1} + \cdots + h_{j,n_h}z^{-n_h}, n_h = \max\left\{n_b - 1, n_c - 1\right\}$$

式 (5.12) 将多项式 $F_j(z^{-1})$ 分为两部分，前一部分是关于未来的控制，后一部分是关于过去的控制。

取 $C(z^{-1}) = 1$，结合式 (5.12)，式 (5.11) 可转化为

$$y_k(i+j) = G_j(z^{-1})y_k(i) + L_j(z^{-1})\Delta_t u_k(i+j-1) + H_j(z^{-1})\Delta_t u_k(i-1) + E_j(z^{-1})\xi_k(i+j) \tag{5.13}$$

写为矩阵形式：

$$y_k(|_{i+n_1}^{i+1}) = L\Delta_t(u_k(|_{i+n_2-1}^{i})) + H\Delta_t(u_k(|_{i-n_b}^{i-1})) + Gy_k(|_{i-n_a}^{i}) + E\xi_k(|_{i+n_1}^{i+1}) \tag{5.14}$$

下面根据目标函数和预测模型，推导最优控制律。目标函数式 (5.3) 可写为如下矩阵形式：

$$J(i,k,n_1,n_2)$$
$$= \hat{e}_{k|k}^{\mathrm{T}}(|_{i+n_1}^{i+1}|i)Q\hat{e}_{k|k}(|_{i+n_1}^{i+1}|i) + \Delta_t^{\mathrm{T}}(u_k(|_{i+n_2-1}^{i}))S\Delta_t(u_k(|_{i+n_2-1}^{i})) + \Delta_k^{\mathrm{T}}(u_k(|_{i+n_2-1}^{i}))T\Delta_k(u_k(|_{i+n_2-1}^{i}))$$

$$(5.15)$$

式中，$Q = \mathrm{diag}\{\eta(1),\cdots,\eta(n_1)\}$，$S = \mathrm{diag}\{\beta(0),\cdots,\beta(n_2-1)\}$，$T = \mathrm{diag}\{\gamma(0),\cdots,\gamma(n_2-1)\}$，
$\hat{e}_{k|k}(|_{i+n_1}^{i+1}|i) = y_r(|_{i+n_1}^{i+1}) - y_k^*(|_{i+n_1}^{i+1})$。式 (5.15) 可改写为

$$J(i,k,n_1,n_2) = (L\Delta_t(u_k(|_{i+n_2-1}^{i})) + H\Delta_t(u_k(|_{i-n_b}^{i-1})) + Gy_k(|_{i-n_a}^{i}) - y_r(|_{i+n_1}^{i+1}))^{\mathrm{T}}$$
$$\times Q \times (L\Delta_t(u_k(|_{i+n_2-1}^{i})) + H\Delta_t(u_k(|_{i-n_b}^{i-1})) + Gy_k(|_{i-n_a}^{i}) - y_r(|_{i+n_1}^{i+1}))$$
$$+ \Delta_t^{\mathrm{T}}(u_k(|_{i+n_2-1}^{i}))S\Delta_t(u_k(|_{i+n_2-1}^{i})) + \Delta_k^{\mathrm{T}}(u_k(|_{i+n_2-1}^{i}))T\Delta_k(u_k(|_{i+n_2-1}^{i}))$$

$$(5.16)$$

令 $F_k(i) = H\Delta_t(u_k(|_{i-n_b}^{i-1})) + Gy_k(|_{i-n_a}^{i}) - y_r(|_{i+n_1}^{i+1})$，此项为已知量。另外，由 $\Delta_t(u_k(|_{i+n_2-1}^{i})) = u_k(|_{i+n_2-1}^{i}) - u_k(|_{i+n_2-2}^{i-1})$，$\Delta_k(u_k(|_{i+n_2-1}^{i})) = u_k(|_{i+n_2-1}^{i}) - u_{k-1}(|_{i+n_2-1}^{i})$ 可知 $\Delta_k(u_k(|_{i+n_2-1}^{i})) = \Delta_t(u_k(|_{i+n_2-1}^{i})) + u_k(|_{i+n_2-2}^{i-1}) - u_{k-1}(|_{i+n_2-1}^{i})$，则式 (5.15) 可进一步转化为

$$J(i,k,n_1,n_2) = (L\Delta_t(u_k(|_{i+n_2-1}^{i})) + F_k(i))^{\mathrm{T}} \times Q \times (L\Delta_t(u_k(|_{i+n_2-1}^{i})) + F_k(i))$$
$$+ \Delta_t^{\mathrm{T}}(u_k(|_{i+n_2-1}^{i}))S\Delta_t(u_k(|_{i+n_2-1}^{i})) + (\Delta_t(u_k(|_{i+n_2-1}^{i})) + u_k(|_{i+n_2-2}^{i-1})$$
$$- u_{k-1}(|_{i+n_2-1}^{i}))^{\mathrm{T}}T(\Delta_t(u_k(|_{i+n_2-1}^{i})) + u_k(|_{i+n_2-2}^{i-1}) - u_{k-1}(|_{i+n_2-1}^{i}))$$
$$= \Delta_t^{\mathrm{T}}(u_k(|_{i+n_2-1}^{i}))(L^{\mathrm{T}}QL + S + T)\Delta_t(u_k(|_{i+n_2-1}^{i}))$$
$$+ 2L^{\mathrm{T}}Q\Delta_t(u_k(|_{i+n_2-1}^{i}))F_k(i) + F_k(i)^{\mathrm{T}}QF_k(i)$$
$$+ 2T\Delta_t(u_k(|_{i+n_2-1}^{i}))(u_k(|_{i+n_2-2}^{i-1}) - u_{k-1}(|_{i+n_2-1}^{i}))$$
$$+ (u_k(|_{i+n_2-2}^{i-1}) - u_{k-1}(|_{i+n_2-1}^{i}))^{\mathrm{T}}T(u_k(|_{i+n_2-2}^{i-1}) - u_{k-1}(|_{i+n_2-1}^{i}))$$

$$(5.17)$$

取目标函数对 $\Delta_t(u_k(|_{i+n_2-1}^{i}))$ 的偏微分，并令其为 0，即

$$(L^{\mathrm{T}}QL + S + T)\Delta_t(u_k(|_{i+n_2-1}^{i})) + L^{\mathrm{T}}QF_k(i) + T\left(u_k(|_{i+n_2-2}^{i-1}) - u_{k-1}(|_{i+n_2-1}^{i})\right) = 0 \quad (5.18)$$

由式 (5.18) 可得使目标函数取极小值的最优控制律为

$$\Delta_t(u_k(|_{i+n_2-1}^{i})) = (L^{\mathrm{T}}QL + S + T)^{-1}\left[-L^{\mathrm{T}}QF_k(i) - T\left(u_k(|_{i+n_2-2}^{i-1}) - u_{k-1}(|_{i+n_2-1}^{i})\right)\right] \quad (5.19)$$

即

$$u_k(|_{i+n_2-1}^{i}) = u_k(|_{i+n_2-2}^{i-1}) + (L^{\mathrm{T}}QL + S + T)^{-1}[-T(u_k(|_{i+n_2-2}^{i-1}) - u_{k-1}(|_{i+n_2-1}^{i})) - L^{\mathrm{T}}QF_k(i)]$$
$$= (L^{\mathrm{T}}QL + S + T)^{-1}[(L^{\mathrm{T}}QL + S)u_k(|_{i+n_2-2}^{i-1}) + Tu_{k-1}(|_{i+n_2-1}^{i}) - L^{\mathrm{T}}QF_k(i)]$$

$$(5.20)$$

上式是未来 n_2 时刻的控制量计算式。令 K_1、K_2 和 K_3 分别表示矩阵 $(L^{\mathrm{T}}QL + S + T)^{-1}$

$\cdot(L^{\mathrm{T}}QL+S)$、$(L^{\mathrm{T}}QL+S+T)^{-1}T$ 和 $(L^{\mathrm{T}}QL+S+T)^{-1}L^{\mathrm{T}}Q$ 的第一行元素，则当前时刻的控制量计算式，即广义预测迭代学习控制律可写为

$$u_k(i)=K_1u_k(|_{i+n_2-2}^{i-1})+K_2u_{k-1}(|_{i+n_2-1}^{i})-K_3F_k(i) \tag{5.21}$$

在广义预测迭代学习控制律的设计过程中，需根据控制性能指标要求，选定式(5.15)中的权值矩阵 Q、S、T，随后计算出式(5.21)中的系数 K_1、K_2 和 K_3。

5.2　超声波电机广义预测迭代学习转速控制器设计

本节将式(5.21)所示的预测迭代学习控制律应用于超声波电机转速控制，控制系统结构同前。对超声波电机系统 Hammerstein 模型中的非线性静态环节求逆，得其逆表达式 f_{nl}^{-1}。将 f_{nl}^{-1} 用作超声波电机转速控制器的一部分，与 ILC 相串联。f_{nl}^{-1} 与超声波电机模型中的非线性环节 f_{nl} 相抵消，实现了非线性补偿，将原本具有非线性特征的超声波电机简化为一个线性动态环节。ILC 控制器作用于补偿后的、主要特性呈线性的超声波电机。因此，采用仿真分析方法进行 ILC 控制器设计时，可以仅考虑如式(2.18)所示的超声波电机系统 Hammerstein 模型的线性动态环节。

将式(5.18)转化为式(5.1)所示受控自回归积分滑动平均过程模型，则有：

$$\overline{A}(z^{-1})=1-1.9416z^{-1}+1.0039z^{-2}-0.0152z^{-3}-0.0726z^{-4}+0.0255z^{-5}$$
$$B(z^{-1})=0.8218-0.6928z^{-1} \tag{5.22}$$

由式(5.22)可知 n_a=4、n_b=1。取预测步数 n_1=4、控制步数 n_2=1，则 G 为 4×5 的矩阵，L 为 4×1 的矩阵，H 为 4×1 的矩阵，计算得

$$G=\begin{bmatrix} 1.9416 & -1.0039 & 0.0152 & 0.0726 & -0.0255 \\ 2.7659 & -1.9340 & 0.1021 & 0.1155 & -0.0495 \\ 3.4363 & -2.6746 & 0.1575 & 0.1513 & -0.0705 \\ 3.9974 & -3.2922 & 0.2035 & 0.1789 & -0.0876 \end{bmatrix}, L=\begin{bmatrix} 0.8218 \\ 0.9028 \\ 0.9279 \\ 0.9077 \end{bmatrix}, H=\begin{bmatrix} -0.6928 \\ -1.3451 \\ -1.9162 \\ -2.3807 \end{bmatrix}$$

$$\tag{5.23}$$

在设定的参数情况下，权值矩阵 Q 为 4×4 的矩阵，S 为 1×1 的矩阵，T 为 1×1 的矩阵。尝试选取不同的 Q、S、T 取值，计算式(5.21)所示的控制律中的系数 K_1、K_2 和 K_3，得到超声波电机转速控制器，进行迭代学习控制仿真。根据仿真所得转速阶跃响应性能的好坏，确定合适的 Q、S 和 T 值。下面仿真过程中，取迭代学习次数为 5。采用 PI 控制器进行第一次控制，并取 PI 控制器的比例系数为 0.05、积分系数为 0.1。控制量初始值取为 10.31。

5.2.1　仿真分析与设计

　　将权值矩阵 Q 的对角线元素设为相同值，以简化参数选择过程。在式(5.15)所示目标函数中，尝试取不同的 Q、S、T 值进行电机转速控制仿真，得迭代学习控制过程曲线如图 5.1～图 5.4 所示。对比图 5.1 和图 5.3 可知，Q 值较大时，因目标函数中转速误差项的权重增大，转速误差快速减小，使得动态响应速度较快，迭代学习效果也较为明显，即第 1 次与第 5 次迭代所得的转速阶跃响应曲线差异明显。但是，误差的快速减小，也会导致响应曲线平滑性降低，影响动态过程的平稳性，出现超调和振荡收敛过程的趋势明显。

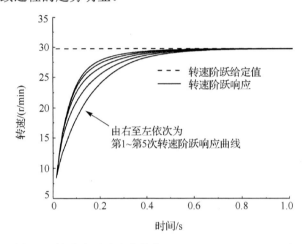

图 5.1　转速阶跃响应曲线 ($Q=\mathrm{diag}\{1,1,1,1\}$, $S=15$, $T=5$)

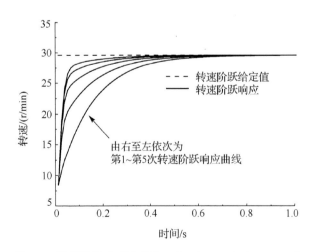

图 5.2　转速阶跃响应曲线 ($Q=\mathrm{diag}\{5,5,5,5\}$, $S=15$, $T=20$)

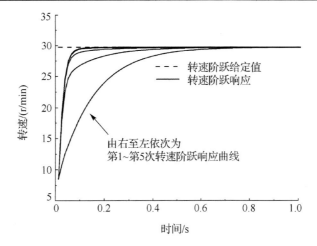

图 5.3　转速阶跃响应曲线（Q=diag{5,5,5,5},S=15,T=5）（一）

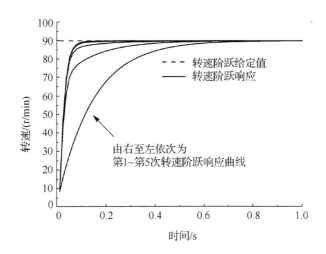

图 5.4　转速阶跃响应曲线（Q=diag{5,5,5,5},S=15,T=5）（二）

　　改变 S 值的仿真表明，增大 S 值，可抑制控制量沿时间轴的变化量，使响应曲线更平滑，但响应速度变慢。另外，对比图 5.2 和图 5.3 可知，T 值较大时，可抑制控制量沿迭代轴的变化量，迭代学习收敛速度放慢，5 次迭代控制过程的响应曲线较为接近，差异小。

　　通过分析仿真结果，确定取 Q = diag{5,5,5,5}、S =15、T=5，据此算得控制参数值为 K_1=0.8606、K_2=0.1394、K_3=[0.1145,0.1258,0.1293,0.1265]，对应的转速阶跃响应仿真曲线如图 5.3 和图 5.4 所示，表 5.1 给出了相应的控制性能指标值。由这些图表可见，转速阶跃响应无超调，且随着迭代学习的进行，调节时间持续减小。

表 5.1　两种转速给定值情况下广义预测迭代学习控制性能指标(仿真结果)

迭代次数	30r/min(图 5.3)			90r/min(图 5.4)		
	调节时间/s	超调量/%	稳态波动平均值/(r/min)	调节时间/s	超调量/%	稳态波动平均值/(r/min)
1	0.3930	0	0.2409	0.4192	0	0.7981
2	0.1965	0	0.1955	0.2227	0	0.6439
3	0.0655	0	0.1182	0.0786	0	0.4064
4	0.0524	0	0.0517	0.0655	0	0.1481
5	0.0524	0	0.0311	0.0524	0	0.1196

5.2.2　$S=0$ 情况下的仿真分析

文献[6]～[8]尝试将模型预测与迭代学习控制相结合,所用控制目标函数与本节不同,仅有式(5.3)中等号右侧的第一项和第三项。

对控制系统而言,尽量减小误差,使系统输出跟随给定值是控制的首要目的,故目标函数式(5.3)中等号右侧的第一项是不可或缺的;而目标函数中的第三项有助于保证沿迭代轴的收敛性,这对于迭代学习控制而言也是应有的。为探究所提出的目标函数形式的合理性和必要性,本节将 S 值设为 0,即舍去目标函数式(5.3)的第二项,进行仿真分析和对比。

将 S 值设为 0,目标函数不再对 $\Delta_t(u_k(i))$ 即控制量沿时间轴的变化量进行约束。在追求误差尽量小的控制目标驱使下,不受约束的控制量增量可能会变得很大,使系统沿时间轴的控制性能变差,甚至振荡、发散。在电机控制系统中,对电机及其机械负载而言,控制量和被控量的变化速率,总会有一个可接受的合适范围。对于超声波电机,控制量的过快变化不仅会导致振荡,还可能导致电机突然停转。因而,对控制量变化速率的限制,通常是必要的。

取 Q 和 T 值同上节,得到超声波电机转速阶跃响应仿真曲线如图 5.5 所示。由图 5.5 可知,在相同控制参数值的情况下,与图 5.3 相比,响应过程明显加快,第 5 和第 6 次阶跃响应在 0.0524s 出现小幅度超调;在出现超调之后,转速下降并低于给定值,直至 0.3s 又趋近给定值。图 5.6 给出了控制参数与图 5.5 相同情况下的实验结果;在迭代学习过程中,由于控制量变化较快,控制作用过强,阶跃响应过程出现了明显的振荡。由此可见,对于超声波电机转速控制系统而言,在目标函数中包含 $\Delta_t(u_k(i))$ 项,增加一个与时域响应速度快慢直接对应的调控自由度,有利于将控制量的变化速率限制在合理范围内,便于达成期望的控制性能。

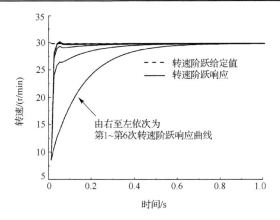

图 5.5　转速阶跃响应曲线（Q=diag$\{5,5,5,5\}$,S=0,T=5）

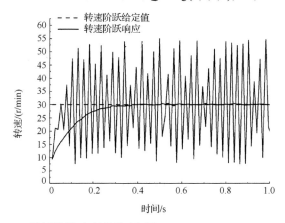

图 5.6　转速阶跃响应曲线（实测，Q=diag$\{5,5,5,5\}$,S=0,T=5）

5.2.3　与文献[9]预测迭代学习策略的仿真对比

与本节方法不同，文献[9]指定迭代学习控制律的形式为

$$u_k(i) = u_{k-1}(i) + u_k(i-1) - u_{k-1}(i-1) + r_k(i)$$
$$u_0(i) = 0, \quad i = -1,0,1,\cdots,T \tag{5.24}$$

式中，$r_k(i)$ 为迭代更新律，$u_0(i)$ 为控制量初始值。

在此前提下，文献[9]取目标函数为式（5.25），随后推导出了一种预测迭代学习控制策略。

$$J(i,k,n_1,n_2) = \sum_{j=1}^{n_1} \eta(j)(y_r(i+j) - \hat{y}_{k|k}(i+j \mid i))^2$$
$$+ \sum_{l=0}^{n_2-1} (\alpha(l)(r_k(i+l))^2 + \beta(l)(\Delta_t(u_k(i+l)))^2 + \gamma(l)(\Delta_k(u_k(i+l)))^2) \tag{5.25}$$

与本节目标函数式(5.3)相比，式(5.25)增加了与式(5.24)对应的$r_k(i)$项以限制其变化量。为对比本节与文献[9]所提出的控制策略的控制性能，采用文献[9]所述控制策略设计超声波电机转速控制器，进行仿真分析。为便于对比，将加权矩阵值设为与前面相同值，得图5.7所示响应曲线。图5.7与图5.3对比可知，两种情况阶跃响应曲线无显著差异，但图5.7第1~5次阶跃响应调节时间分别为0.3930s、0.2227s、0.1048s、0.0786s、0.0786s，大于等于表5.1所列数据。可见目标函数加入$r_k(i)$项后，响应速度减慢，同时也增加了控制算法计算复杂度。这表明，在目标函数中加入$r_k(i)$项不是必要的。

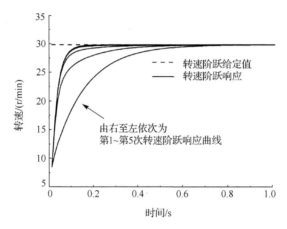

图5.7　转速阶跃响应曲线(文献[9]所述控制方法，Q=diag{5,5,5,5}, S=15, T=5)

上述分析、对比表明，本节给出的目标函数形式是适当的，所提出的广义预测迭代学习控制律及其设计方法是有效的。

5.3　超声波电机广义预测迭代学习转速控制实验研究

本节对前节所提出的控制策略进行实验研究，所采用的超声波电机实验系统结构与前章相同。

5.3.1　空载实验

将转速阶跃给定值设定为30r/min，控制参数与前述通过仿真设计的参数相同，进行迭代学习转速控制实验。第一次阶跃响应过程采用与仿真过程相同参数的 PI 转速控制器，随后进行连续5次迭代学习控制实验，得实验结果如图5.8所示。

由图5.8可知，转速阶跃响应曲线逐渐趋于给定值曲线，无超调。随着迭代学习的进行，调节时间持续减小，从0.2358s减为0.0262s，减小幅度为88.89%，表明所述迭代学习控制策略是有效的，结合仿真进行控制参数设计的方法也是有效的。

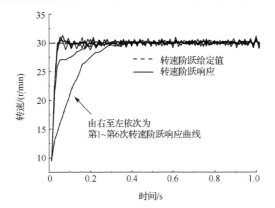

图 5.8 转速阶跃响应曲线(实测，30r/min)

将转速阶跃给定值改为 90r/min，控制参数不变，得实验结果如图 5.9 所示，表 5.2 给出了与图 5.8 和图 5.9 对应的迭代学习控制性能指标数据。由图 5.9 和表 5.2 可以看出，转速阶跃响应曲线仍然逐渐趋于给定值曲线，出现小幅度超调，且随着迭代的进行，调节时间持续减小，从 0.3406s 减为 0.0524s，减小幅度为 84.62%，表明所提出的迭代学习控制策略适用于不同转速，且不同转速情况下的控制性能接近。表 5.2 给出了两种转速给定值情况下的迭代学习控制性能指标数据。

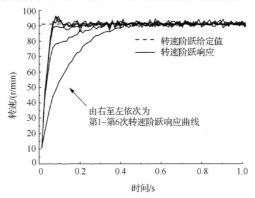

图 5.9 转速阶跃响应曲线(实测，90r/min)

表 5.2 两种转速给定值情况下迭代学习控制性能指标(实验结果)

迭代次数	30r/min(图 5.8)			90r/min(图 5.9)		
	调节时间/s	超调量/%	稳态波动平均值/(r/min)	调节时间/s	超调量/%	稳态波动平均值/(r/min)
1	0.2358	0	0.1690	0.3406	0	0.7128
2	0.1310	0	0.2747	0.2096	0	0.9234
3	0.0393	1.80	0.3274	0.0524	0	0.9361
4	0.0262	0	0.3271	0.0524	4.91	0.8790
5	0.0262	0	0.3619	0.0524	3.10	1.1025
6	0.0262	0	0.3702	0.0524	1.93	1.0354

从图 5.8 和图 5.9 可知，由于控制量变化较快，响应速度较快，因此稳态的转速波动较大。尝试调整控制参数值以减缓控制量的变化，图 5.10 和图 5.11 给出了一组响应速度较慢的实测结果，表 5.3 给出了与图 5.10 和图 5.11 对应的迭代学习控制性能指标数据。可以看出，随着迭代学习过程的进行，图 5.10 转速阶跃响应调节时间从 0.4061s 减为 0.1834s，减小幅度为 54.84%，图 5.11 转速阶跃响应调节时间从 0.3799s 减为 0.1834s，减小幅度为 51.72%。二者的减小幅度均小于图 5.8 和图 5.9，不过图 5.10 和图 5.11 未出现超调，且稳态波动较小，稳态性能趋好。

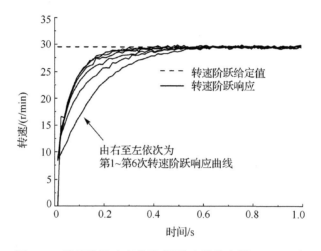

图 5.10　转速阶跃响应曲线(调整参数值实测，30r/min)

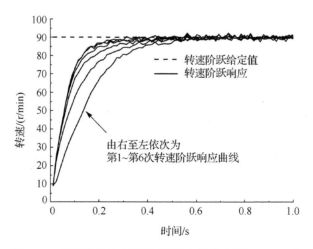

图 5.11　转速阶跃响应曲线(调整参数值实测，90r/min)

表 5.3　两种转速给定值情况下迭代学习控制性能指标（调整参数值的实验结果）

迭代次数	30r/min（图 5.10）			90r/min（图 5.11）		
	调节时间/s	超调量/%	稳态波动平均值/(r/min)	调节时间/s	超调量/%	稳态波动平均值/(r/min)
1	0.4061	0	0.2487	0.3799	0	1.0291
2	0.3406	0	0.2467	0.3406	0	1.0033
3	0.3013	0	0.2540	0.2751	0	0.9327
4	0.2358	0	0.2069	0.2358	0	0.8237
5	0.2096	0	0.2308	0.1834	0	0.9473
6	0.1834	0	0.1914	0.1834	0	0.8460

5.3.2　间歇加载实验

上述实验都是在空载情况下进行的，本节进行间歇加载实验，以评估所提出的广义预测迭代学习控制(GPC-ILC)策略对突变负载扰动的适应能力。这里，所谓"间歇加载"，是在连续 6 次阶跃响应过程中，第 2 和第 4 次响应过程施加负载转矩，其他 4 次阶跃响应过程为空载。需指出的是，本节实验设定的负载突变情况，是非重复性的扰动，已经超出了迭代学习控制要求"重复"的前提条件。

采用前述设计所得控制参数值,进行间歇加载实验,得到转速阶跃响应如图 5.12 所示，图 5.13 则给出了与图 5.10 相同参数下的间歇加载转速阶跃响应曲线。对比可知，两种情况下第 2 和第 4 次阶跃响应均存在稳态误差，但由于图 5.12 控制作用较强，响应较快，稳态误差分别为 0.7775r/min 和 0.6367r/min，明显小于图 5.13 情况下的 1.6308r/min 和 1.2132r/min。这表明，预测迭代学习控制律的控制作用越强，对突变负载扰动的适应能力越强。

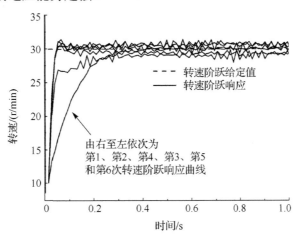

图 5.12　转速阶跃响应曲线(实测，第 2 和第 4 次负载 0.2Nm)（一）

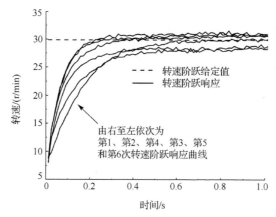

图 5.13　转速阶跃响应曲线(实测，第 2 和第 4 次负载 0.2Nm) (二)

　　为进一步说明间歇加载情况下的预测迭代学习控制过程，图 5.14 给出了与图 5.13 对应的控制量变化曲线。观察图 5.14，与图中空载情况下的第 1 次响应过程中控制量变化曲线对比可知，加载情况下，控制器做出了方向正确的反应，控制量增大了，但增量较小、不足以提供应对加载所需要的控制量，使第 2 次和第 4 次迭代过程的转速最终未能达到给定值，出现正的稳态误差，如图 5.13 所示。另外，由于迭代学习的作用，除加载的第 2 和第 4 次阶跃响应，第 3、第 5 和第 6 次阶跃响应的控制量相比于第 1 次也有所增加，使其稳态转速值均略超出给定值。不过，第 6 次的超出量为 0.4639r/min，已经小于第 5 次的 0.9842r/min，预测 ILC 使控制性能趋好。图 5.13 和图 5.14 表明，在此控制律作用下，控制器对突加的负载扰动有响应但响应不足，即未能使控制量发生足够的变化以应对负载扰动。由负载切换为空载时，由于迭代学习是从前次控制过程的记忆中学习，因此前一次控制量的增加使得切换为空载后的控制量也有所增加，稳态转速值超过给定值，但超出量不大，最大值在给定值的 5%以内，且随着迭代的进行，超出量逐渐减小。

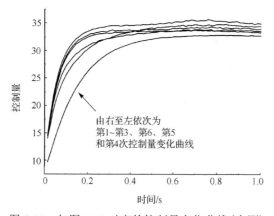

图 5.14　与图 5.13 对应的控制量变化曲线(实测)

作为对比，图 5.15 给出了采用传统的 P 型迭代学习策略进行控制的实验结果，实验条件与图 5.12、图 5.13 相同。相应的控制量变化过程，如图 5.16 所示。表 5.4 对比了图 5.12、图 5.13、图 5.15 所示实验过程中第 2～第 6 次迭代控制过程中的稳态转速平均值和稳态误差平均值。这里，取 ILC-P 型控制律为

$$u_k(i) = u_{k-1}(i) + 0.4e_{k-1}(i) \tag{5.26}$$

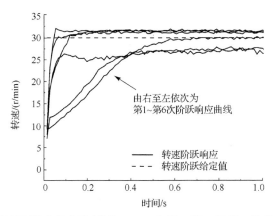

图 5.15　转速阶跃响应曲线(传统 ILC，实测，第 2 和第 4 次负载 0.2Nm)

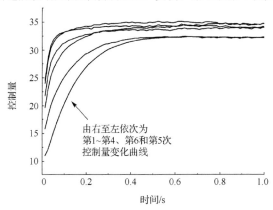

图 5.16　控制量变化曲线(实测，传统 ILC)

表 5.4　预测 ILC 与传统 ILC 在负载扰动情况下的性能对比(实验结果)

迭代次数	预测 ILC（图 5.12）		预测 ILC（图 5.13）		传统 ILC（图 5.15）	
	稳态转速平均值 /(r/min)	稳态误差平均值 /(r/min)	稳态转速平均值 /(r/min)	稳态误差平均值 /(r/min)	稳态转速平均值 /(r/min)	稳态误差平均值 /(r/min)
2	29.2225	0.7775	28.3692	1.6308	26.6839	3.3161
3	30.5727	−0.5727	30.7908	−0.7908	31.5177	−1.5177
4	29.3633	0.6367	28.7868	1.2132	27.0829	2.9171
5	30.6022	−0.6022	30.9842	−0.9842	31.5083	−1.5083
6	30.1381	−0.1381	30.4639	−0.4639	31.2157	−1.2157

对比图 5.13 和图 5.15 可知，传统 ILC 情况下，第 2 和第 4 次阶跃响应的稳态误差平均值分别为 3.3161r/min 和 2.9171r/min，明显大于图 5.13 的 1.6308r/min 和 1.2132r/min。对比图 5.14 和图 5.16，可以看出，因传统 ILC 控制律计算式中仅利用了前次迭代的信息，使得第 2 次迭代过程中的控制量并未因加载而增加，未对突加的负载扰动做出任何响应；直到第 3 次迭代学习，控制量才有所增加。也就是说，从突加负载扰动到控制器做出反应，延迟了一次响应过程。而预测 ILC 在第 2 次迭代时的控制量已对负载扰动做出了相应的变化。由负载切换为空载时，传统 ILC 和预测 ILC 均存在控制量有所增加、转速值超过给定值的现象，但表 5.4 数据表明，预测 ILC 的超出量较小。传统 ILC 控制下，图 5.15 第 3、第 5 和第 6 次阶跃响应的稳态误差平均值为 -1.4139r/min，而图 5.13 中，该值仅为 -0.7463。这是因为广义预测 ILC 控制律计算式中包含了本次迭代的信息，在一定程度上抑制了控制量的增加。以上对比结果表明，所提出的预测 ILC 对突变负载扰动的适应能力优于传统 ILC。

综上所述，本节所述预测迭代学习控制律，对非重复性的突加负载扰动具有一定的鲁棒性，抗扰能力优于传统的迭代学习控制策略，且控制作用越强，鲁棒性越好。

5.3.3　改变转速给定值实验

本节进行改变转速给定值实验，以评估所述广义预测迭代学习控制策略对非重复性的给定值扰动的适应能力。

仍然采用前述设计所得控制参数值进行实验，得转速阶跃响应如图 5.17 所示。图 5.17 中第 1 次的转速给定值为 30r/min，从第 2 次开始，转速给定值突变为 90r/min。由图可见，在转速给定值突变的第 2 次阶跃响应中，出现稳态误差。随着迭代学习的进行，第 2～第 6 次阶跃响应的稳态误差在不断减小，表明所述控制策略具有一定的闭环控制性质，但过往记忆与学习过程的惯性，导致了稳态误差的出现。到第 4 次迭代，已达到新的转速给定值，转速稳态误差为零。即在此组控制参数下，需 3 次迭代即可由原转速值增至新的转速给定值，对转速给定值扰动的适应能力较强。换用与图 5.10 相同的控制参数，图 5.18 给出了改变给定值情况下的实验结果。由图 5.18 可知，在第 3 次转速给定值由 30r/min 突增至 90r/min 后，第 3 次转速阶跃响应的稳态转速值同样高于前次的 30r/min，但转速稳态误差值明显大于图 5.17 情况；在此组控制参数情况下，经过 4 次迭代后，稳态转速值仍未达到新的转速给定值。

图 5.17 和图 5.18 的对比表明，控制作用越强，控制量变化越快，稳态转速值由原转速给定值改变为新的转速给定值所需迭代次数越少，对转速给定值扰动的适应能力越强。

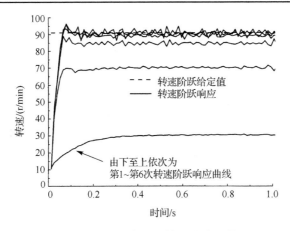

图 5.17　转速阶跃响应曲线(实测，第 1 次给定值为 30r/min，
第 2~第 6 次给定值为 90r/min)

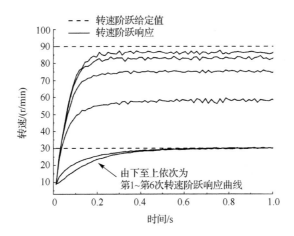

图 5.18　转速阶跃响应曲线(实测，第 1 和第 2 次给定值为
30r/min，第 3~第 6 次给定值为 90r/min)

　　作为对比，图 5.19 给出了采用传统 ILC 控制器，同样改变转速给定值情况下的实验结果。对比图 5.19 和图 5.18 可知，传统 ILC 在第 3 次响应过程将转速给定值改为 90r/min 后，未能立即做出相应改变，第 3 次响应过程的稳态转速依然是前次的 30r/min；直到第 4 次控制过程，稳态转速值才高于 30r/min。即传统 ILC 对给定值扰动的响应，存在一次控制过程的延迟。而且，稳态误差随迭代进程的减小速率慢于图 5.18 所示的预测 ILC 情况；至第 6 次阶跃响应，稳态误差平均值为 12.9408r/min，明显大于图 5.18 预测 ILC 情况的 3.6050r/min。以上实验结果表明，所提出的广义预测 ILC 对转速给定值扰动的适应能力优于传统 ILC。

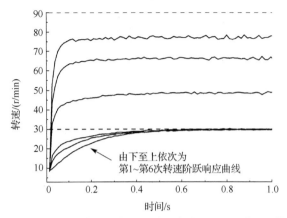

图 5.19　转速阶跃响应曲线(传统 ILC,第 1 和第 2 次给定值为 30r/min,第 3～第 6 次给定值为 90r/min)

5.3.4　预测 ILC 控制策略的模型依赖性探究实验

众所周知,作为一类基于被控对象数学模型的控制算法,预测控制的控制性能依赖于被控对象数学模型的精度,即具有较强的模型依赖性。当实际对象的特性与建立预测控制律所用数学模型之间存在偏差时,实际的控制性能就会偏离设计期望。模型偏差越大,控制性能偏离期望越远。本节所提出的广义预测 ILC 控制策略,与广义预测控制直接相关,是否也具有类似的模型依赖性?为回答这个问题,首先需要寻找一个与前述电机模型(式(2.18))有明显差距的被控对象,然后通过实验来回答问题。

超声波电机包含的压电陶瓷材料、摩擦材料具有较为明显的性能分散性,这使得同型号的超声波电机也会有性能差异。而随着使用时间的增长,超声波电机运行特性的变化明显,这会进一步加大同型号电机之间的个体差异。为了评测所述控制策略对电机模型的依赖程度,将实验电机更换为一台全新的同型号超声波电机。采用与图 5.8 相同的控制参数值进行转速控制实验,得转速阶跃响应如图 5.20 所示。

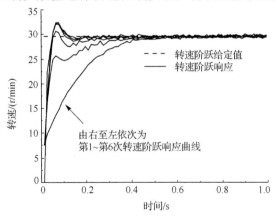

图 5.20　转速阶跃响应曲线(实测,更换电机)

观察图 5.20，在迭代学习过程中，转速阶跃响应曲线仍然逐渐趋于给定值曲线，但出现超调。先后 6 次阶跃响应的调节时间依次为 0.3537s、0.2751s、0.1572s、0.0786s、0.0917s、0.0917s，可见，随着迭代的进行，调节时间逐渐减小，但因为出现超调，第 5 次和第 6 次的调节时间略微增大。与图 5.8 相比，各次阶跃响应的调节时间稍长，控制性能存在差异。以上结果表明，所述广义预测迭代学习控制策略对模型具有一定的依赖性。

本章通过在优化目标函数中引入前次控制过程信息，即迭代学习项，将迭代学习控制与广义预测控制相结合，构造了广义预测迭代学习控制（GPC-ILC）策略。相比于传统迭代学习控制策略，广义预测迭代学习控制策略通过构造最优预测模型及控制目标函数优化，不仅能够给出确定的、有效的 ILC 控制量更新算式，还能够同时保证沿迭代轴的学习收敛性和沿时间轴的控制稳定性。所提出的控制策略中的可调参量是目标函数中的加权系数矩阵，这些系数矩阵作用于目标函数中的各个目标项，每个系数矩阵都有确切含义，通过理论分析可以确知每个系数矩阵对控制性能的调整方向和作用效果，从而简化了参数设置过程。超声波电机转速控制实验表明，将迭代学习控制思想与多步预测、滚动优化思想有机融合，兼顾了时间轴、迭代轴的二维系统性能，电机转速控制性能良好，对负载突变、给定值突变等非重复性扰动的适应能力优于传统迭代学习控制策略。

参 考 文 献

[1] Wang X, Rogers E. Noncausal finite time interval iterative learning control law design. IEEE UKACC International Conference on Control, Loughborough, 2014: 44-49

[2] 史敬灼, 吕方方. 超声波电机非线性多步预测自校正转速控制. 中国电机工程学报, 2012, 32(27): 66-72

[3] 李书臣, 徐心和, 李平. 分批重复过程迭代学习广义预测控制. 东北大学学报, 2004, 25(8): 734-737

[4] 师佳, 江青茵, 曹志凯, 等. 基于 2 维性能参考模型的 2 维模型预测迭代学习控制策略. 自动化学报, 2013, 39(5): 565-573

[5] Shi J, Gao F, Wu T. Single-cycle and multi-cycle generalized 2D model predictive iterative learning control (2D-GPILC) schemes for batch processes. Journal of Process Control, 2007, 17(9): 715-727

[6] Amann N, Owens D H, Rogers E. Iterative learning control using optimal feedback and feedforward actions. International Journal of Control, 1996, 65(2): 277-293

[7]　Amann N, Owens D H, Rogers E. Predictive optimal iterative learning control. International Journal of Control, 1998, 69(2): 203-226

[8]　Owens D H, Amann N, Rogers E, et al. Analysis of linear iterative learning control schemes: A 2D system/repetitive processes approach. Multidimensional Systems and Signal Processing, 2000, 11: 125-177

[9]　Tavallaei M A, Atashzar S, Drangova F. Robust motion control of ultrasonic motors under temperature disturbance. IEEE Transactions on Industrial Electronics, 2016, 63(4): 2360-2368

第6章 超声波电机简单专家 PID 控制

作为实际应用最为广泛的控制器种类，PID 控制器也被用于超声波电机的运动控制。但由于超声波电机明显的非线性与时变运行特征，固定参数的 PID 控制器难以满足越来越高的应用需求。于是，滑模变结构控制、神经网络控制等越来越多的控制策略被用于超声波电机的运动控制，以获得更好的控制性能。与此同时，结构简单的 PID 控制器也没有被遗忘，研究者试图采取各种方式来使得 PID 控制参数可以在线改变以适应超声波电机的复杂特性。

另一方面，PID 控制参数在线调整的思路可以有两种。一种是控制参数值在一次响应过程中不断地被调整，另一种是一次响应过程使用一组固定的控制参数。文献[1]采用第一种思路设计含有两条规则的专家 PID 控制器，实现控制参数在线调整。为使专家规则条数尽量少、形式尽量简洁，其专家规则的设计更多地依靠于控制经验，该设计方法难以普遍应用。本章尝试使用第 2 种思路来研究超声波电机的专家 PID 转速控制器，设计三条简单的专家规则来在线调整 PID 控制参数。本章给出了一种不依赖于经验、规范化的简单专家 PID 控制器设计方法。

6.1 超声波电机专家 PID 转速控制系统的结构

超声波电机专家 PID 转速控制系统的结构如图 6.1 所示。对超声波电机转速控制而言，常用的 PID 控制器形式为 PI 控制器，其增量表达式为

$$u(k) = u(k-1) + K_P[e(k) - e(k-1)] + K_I e(k) \tag{6.1}$$

式中，$u(k)$、$u(k-1)$分别是 k、$k-1$ 时刻的 PI 控制器输出控制量，在图 6.1 所示系统中，控制量为超声波电机驱动电压的频率值；$e(k)$、$e(k-1)$分别是 k、$k-1$ 时刻的电机转速误差；K_P、K_I分别为控制器的比例系数、积分系数。

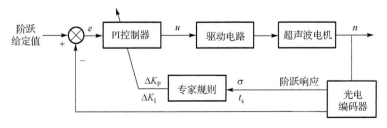

图 6.1 超声波电机专家 PID 转速控制系统结构框图

对于图 6.1 所示系统，施加转速阶跃给定信号，测量转速阶跃响应，获取响应曲线的超调量 σ 和调节时间 t_s 值作为专家系统的输入量。专家系统中的专家规则，根据这两个反映当前系统控制状况的输入量值，计算 K_P、K_I 的变化量 ΔK_P、ΔK_I，实现对 PID 控制参数的在线调整。超声波电机专家 PI 转速控制器的在线执行流程，如图 6.2 所示。

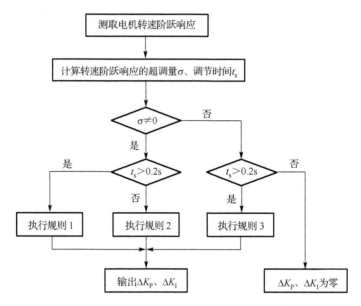

图 6.2　专家 PID 控制程序流程图

图 6.1 所示系统设计的关键是设计用来调整 PI 控制参数的专家规则。专家规则的设计目的，是满足系统控制性能要求。对于不同的转速给定值，希望控制性能在一次次阶跃响应过程中能不断改进以趋近期望状态，而且这个改进过程应平稳快速。这里，根据应用需求，期望得到的控制性能为：阶跃响应超调量为 0、调节时间小于 0.2s。在实际系统中，阶跃响应的控制性能指标可能出现下列四种情况：

(1) $\sigma \neq 0$ 和 $t_s \geqslant 0.2\text{s}$；

(2) $\sigma \neq 0$ 和 $t_s < 0.2\text{s}$；

(3) $\sigma = 0$ 和 $t_s \geqslant 0.2\text{s}$；

(4) $\sigma = 0$ 和 $t_s < 0.2\text{s}$。

第 4 种情况满足上述控制性能要求，不需要再进行控制参数调节，维持当前 K_P、K_I 值不变即可。其他 3 种情况，均应调节控制参数以趋近期望的控制性能指标。对应这 3 种情况，设计如下 3 条专家规则。

规则 1：if　$\sigma \neq 0$ and $t_s \geqslant 0.2\text{s}$　then　结论 1

规则 2：if $\sigma \neq 0$ and $t_s < 0.2s$　then 结论 2

规则 3：if $\sigma = 0$ and $t_s \geqslant 0.2s$　then 结论 3

规则中的结论部分，根据前提条件给出 K_P、K_I 的调整量 ΔK_P、ΔK_I。下面，通过对图 6.1 所示系统的仿真和基于仿真结果的函数拟合来设计这 3 条专家规则的结论部分，然后通过实验调试确定每条规则结论部分的作用强度。

6.2　专家规则结论部分的设计

设计专家规则结论部分的基本思路是，建立图 6.1 所示系统的仿真模型，并进行转速控制系统仿真。根据仿真结果，设定 K_P、K_I 值变化范围。在设定的 K_P、K_I 值变化范围内，通过仿真得到不同 K_P、K_I 值对应的转速阶跃响应及其超调量 σ、调节时间 t_s 数据。在满足控制性能要求的仿真结果中，确定能够满足控制性能要求的"理想" K_P、K_I 值 K_P^*、K_I^*。将不满足性能要求的仿真结果按照前述 3 条专家规则的前提部分进行分类，得到分别满足 3 条规则前提条件的 3 类数据，并计算这 3 类数据中 K_P、K_I 值与 K_P^*、K_I^* 之间的差值 ΔK_P、ΔK_I。对 3 类数据，分别以 σ 和 t_s 为自变量，以其对应的 ΔK_P、ΔK_I 为因变量，进行函数拟合，得到 3 条专家规则结论部分的表达式。

6.2.1　超声波电机转速控制系统的仿真

图 6.1 所示系统使用的超声波电机为 Shinsei USR60 型两相行波型超声波电机，转速可调范围为 [0,120]r/min。采用该型电机的非线性 Hammerstein 模型[2]，进行系统仿真。该模型分为非线性和线性两个部分。与第 2 章所建模型不同的是，模型非线性部分采用了多项式形式。模型表达式为

$$x(k) = 0.7737 - 0.4899u(k) + 0.1784u^2(k) - 0.0038u^3(k) \tag{6.2}$$

$$\frac{y(z^{-1})}{x(z^{-1})} = \frac{1 - 0.2361z^{-1}}{1 - 1.2185z^{-1} + 0.1815z^{-2} + 0.1387z^{-3}} \tag{6.3}$$

使用 MATLAB 软件，编写程序，实现超声波电机 PI 转速控制系统的仿真。通过仿真，可以了解 PI 控制参数的变化与转速阶跃响应过程之间的对应关系。一组固定的 K_P、K_I 参数值，对应得到一次转速阶跃响应。分别以 120r/min、90r/min、60r/min 和 30r/min 为转速阶跃给定值，尝试进行不同 K_P 和 K_I 值情况下的转速阶跃响应仿真，得到了涵盖前述四种可能情况的不同的转速阶跃响应，据此设定 K_P 和 K_I 值的调整范围分别为 [−7, −1]、[−8, −1]。K_P 和 K_I 在这个范围内取值，得到的阶跃响应可以涵盖前述全部四种可能的性能指标情况。这里，由于电机驱动频率的增加对应于转速

降低，故 K_P 和 K_I 值均为负数。

在上述范围内，以 0.1 的间隔依次改变 K_P 和 K_I 值，得到 4331 组 K_P 和 K_I 值。对每一组 K_P 和 K_I 值，进行转速阶跃响应仿真，获得不同 PI 参数值对应的阶跃响应超调量 σ 和调节时间 t_s 数据 4331 组。每组数据包括 σ、t_s 和与之对应的 K_P、K_I 值。使用普通台式计算机，4331 组阶跃响应的仿真计算，可以在 3min 之内完成。分别在转速阶跃给定值为 120r/min、90r/min、60r/min 和 30r/min 的情况下，进行上述仿真计算，共得 17324 组数据。

以转速给定值为 120r/min 为例，仿真结果如图 6.3 所示。图 6.3 以 K_P、K_I 为自变量，分别以 σ、t_s 为因变量，给出了仿真数据的三维图形。从图 6.3 可以看出，σ、t_s 所对应的曲面变化平滑，无明显的跳跃或突变现象。这表明，以 0.1 为间隔来设置 K_P、K_I 值是合适的。否则，若仿真所得 σ、t_s 的图形出现跃变，则应减小 K_P、K_I 取值的间隔，例如从 0.1 减小为 0.02，在快速变化的区域进行更为细化的仿真计算，以准确反映被仿真系统的特性。

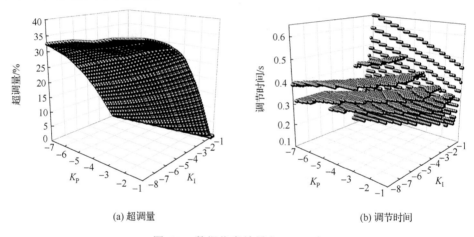

(a) 超调量　　　　　　　　　　(b) 调节时间

图 6.3　数据仿真结果(120r/min)

将每个转速给定值情况下的 4331 组 σ 和 t_s 数据，按照前述四种可能的性能指标情况划分为 4 类。其中，对应于第 4 种情况，即满足控制性能要求的仿真结果，用来确定"理想"K_P、K_I 值 K_P^*、K_I^*。以转速给定值为 120r/min 为例，这些仿真数据对应的 K_P、K_I 值如图 6.4 所示。考虑到必然存在的电机模型误差和实际系统的时变特性，选择图 6.4 所示数据点中间区域的数值作为"理想"的 K_P、K_I 值，得 $K_P^*=-6.2$、$K_I^*=-2.4$。

仿真所得的其他 3 类数据，分别对应满足 3 条专家规则的前提条件。分别对每一类的数据进行处理，以确定每一条专家规则的结论部分。

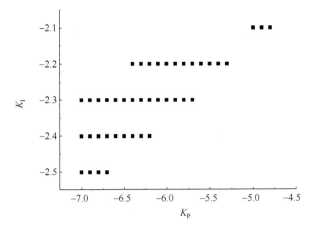

图 6.4　满足控制性能要求的仿真数据点

　　在进行后续处理之前，对仿真数据进行必要的分析，可以明确 PI 参数变化与控制性能之间的关系，为专家规则的设计提供指导。分析表明，当 K_P 值固定时，随着 K_I 绝对值的减小，超调量减小，同时导致调节时间减小，如图 6.5(a)所示；而同一 K_I 值的情况下，减小 K_P 绝对值，超调量和调节时间均增大，如图 6.5(b)所示。为了能够获取期望的转速响应，需要调整 K_P 和 K_I 至期望值。对于规则 1，超调量和调节时间数值均较大，而对于规则 2 和规则 3，已有一个性能指标满足控制要求。由此可见，对于规则 1 的结论部分，希望 PI 控制参数有较大变化，以使电机转速趋于给定值；而规则 2 和规则 3 的结论中，PI 参数的调整量会明显小于规则 1。

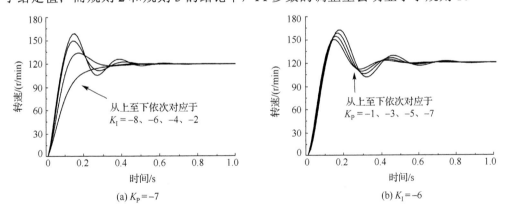

图 6.5　转速阶跃响应曲线(不同控制参数情况下的仿真结果)

6.2.2　仿真数据的拟合

　　6.2.1 小节已经对不满足控制要求的仿真结果进行了分类，得到分别对应于 3 条专家规则的 3 类数据。用能够满足控制要求的 K_P^*、K_I^*，减去上述 3 类仿真数据中

的 K_P、K_I 值，得到使其满足控制要求所需的控制参数增量 ΔK_P、ΔK_I。据此，以仿真所得阶跃响应的超调量 σ 和调节时间 t_s 为自变量，分别以增量 ΔK_P、ΔK_I 为因变量进行函数拟合，得到 3 条专家规则的结论表达式。也就是说，在实际应用中，根据当前阶跃响应的 σ、t_s 值，计算专家规则结论部分的表达式，得到控制参数增量 ΔK_P、ΔK_I，由下式给出更新的 K_P、K_I 值：

$$K_P^{(i)} = K_P^{(i-1)} + \Delta K_P^{(i)} \tag{6.4}$$

$$K_I^{(i)} = K_I^{(i-1)} + \Delta K_I^{(i)} \tag{6.5}$$

式中，$K_P^{(i-1)}$、$K_I^{(i-1)}$ 为前一时刻的 PI 控制参数；$\Delta K_P^{(i)}$、$\Delta K_I^{(i)}$ 为专家规则结论部分给出的控制参数增量；$K_P^{(i)}$、$K_I^{(i)}$ 为控制参数的更新值。

分别对 120r/min、90r/min、60r/min、30r/min 等转速给定值的 3 类仿真数据进行函数拟合，得到规则结论部分的 ΔK_P 表达式和 ΔK_I 表达式，这些表达式都以超调量、调节时间为自变量。3 条规则的结论部分，共计 6 个表达式。下面，首先得到不同转速给定值各自对应的规则结论部分，再寻找其共同点，简化规则设计。

1. 规则结论部分 ΔK_P 表达式的拟合

本节采用 Levenberg-Marquardt（LM）算法，尝试采用各种函数形式，对上述三维数据进行函数拟合，LM 算法是求解非线性最小二乘问题的常用算法，它结合了梯度法和牛顿法的优点，适用性好，收敛速度较快。表 6.1、表 6.2 分别给出了规则 2、规则 3 结论 ΔK_P 表达式的拟合均方差，表中所用拟合函数形式如式 (6.6)～式 (6.15) 所示。表中均方差数值较小，表明拟合较好，可以较为准确地表述 ΔK_P 的变化规律。

$$z = \frac{p_0 + p_1 x + p_2 x^2 + p_3 x^3 + p_4 y}{1 + p_5 x + p_6 x^2 + p_7 y + p_8 y^2} \tag{6.6}$$

$$z = \frac{p_0 + p_1 x + p_2 x^2 + p_3 x^3 + p_4 y}{1 + p_5 x + p_6 x^2 + p_7 x^3 + p_8 y + p_9 y^2} \tag{6.7}$$

$$z = \frac{p_0 + p_1 x + p_2 x^2 + p_3 x^3 + p_4 y + p_5 y^2}{1 + p_6 x + p_7 x^2 + p_8 y + p_9 y^2} \tag{6.8}$$

$$z = p_0 \exp\left(-\exp\left(-\frac{x - p_1}{p_2}\right) - \frac{x - p_1}{p_2 + 1}\right) - p_3 \exp\left(-\exp\left(-\frac{y - p_4}{p_5}\right) - \frac{y - p_4}{p_5 + 1}\right) \tag{6.9}$$

$$z = p_0 + p_1 y + p_2 y^2 + p_3 y^{p_4} \tag{6.10}$$

$$z = p_0 + p_1 y + p_2 y^2 + p_3 \exp\left(-\exp\left(-\frac{x - p_4}{p_5}\right)\right) \tag{6.11}$$

$$z = p_0 + p_1 y + p_2 y^2 + p_3 \frac{1}{1 + \exp\left(-\dfrac{x - p_4}{p_5}\right)} \tag{6.12}$$

$$z = p_0 + p_1 x + p_2 x^2 + p_3 x^3 + p_4 x^4 + p_5 x^5 + p_6 y + p_7 y^2 + p_8 y^3 + p_9 y^4 + p_{10} y^5 \tag{6.13}$$

$$z = \frac{p_0 + p_1 x + p_2 x^2 + p_3 y + p_4 y^2 + p_5 y^3}{1 + p_6 x + p_7 x^2 + p_8 y + p_9 y^2 + p_{10} y^3} \tag{6.14}$$

$$z = \frac{p_0 + p_1 x + p_2 x^2 + p_3 y + p_4 y^2 + p_5 y^3}{1 + p_6 x + p_7 y + p_8 y^2} \tag{6.15}$$

式中，自变量 x、y 分别表示超调量、调节时间；因变量 z 为 ΔK_P。

表 6.1　规则 2 结论 ΔK_P 不同表达式的拟合均方差

给定转速值/(r/min)	式(6.6)均方差	式(6.7)均方差	式(6.8)均方差
120	0.27899	0.27915	0.27892
90	0.26129	0.26112	0.26176
60	0.23384	0.23381	0.23144
30	0.21930	0.21967	0.21931
均方差之和	0.99342	0.99375	0.99143

表 6.2　规则 3 结论 ΔK_P 不同表达式的拟合均方差

给定转速值/(r/min)	式(6.9)均方差	式(6.10)均方差	式(6.11)均方差	式(6.12)均方差
120	0.25274	0.25302	0.25349	0.25349
90	0.26053	0.26068	0.26078	0.26078
60	0.19730	0.19736	0.19740	0.19740
30	0.20896	0.20994	0.21690	0.21690
均方差之和	0.91953	0.92100	0.92857	0.92857

拟合过程中，发现规则 1 结论 ΔK_P 表达式的拟合精度较低，均方差较大。以转速给定值 120r/min 为例，规则 1 结论 ΔK_P 表达式的拟合均方差如表 6.3 所示，数值明显大于表 6.1 和表 6.2 所示数据。

表 6.3　规则 1 结论 ΔK_P 不同表达式的拟合均方差

	式(6.13)	式(6.14)	式(6.15)
均方差	0.77768	0.79209	0.90115

图 6.6 给出了表 6.3 拟合所用的阶跃响应仿真数据。从这个三维图可以看出，这些数据点的分布没有明显规律，充分体现了超声波电机的非线性特性，难以找到一个数学函数来准确拟合这些数据，因而拟合效果不理想。针对这一问题，一个可能

的解决途径是使用人工神经网络来拟合。但是，因为图示数据的输入输出关系复杂，所以用来拟合的人工神经网络也会是比较复杂的，也许要用到几十个甚至更多的神经元。这样的人工神经网络，在线计算量大，背离了期望设计简单专家 PID 控制策略的初衷。

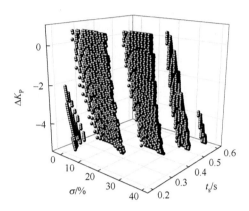

图 6.6　规则 1 结论部分 ΔK_P 所用拟合数据（120r/min）

为了找到能够表述上述关系的函数表达式，以超调量为自变量，ΔK_P 为因变量，做图 6.7 所示二维图，分析超调量与 ΔK_P 的对应关系。图 6.7(a) 为用来拟合规则 1 结论 ΔK_P 表达式的全部仿真数据，对应的转速给定值为 120r/min，图 6.7(b) 则仅给出了 $K_I = -8$ 时的数据。

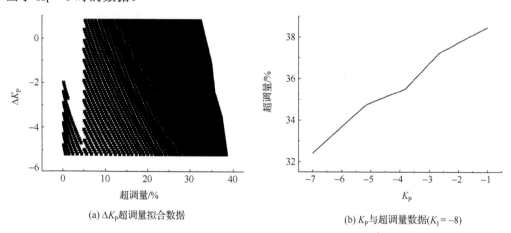

(a) ΔK_P 超调量拟合数据　　　　　　　　(b) K_P 与超调量数据（$K_I = -8$）

图 6.7　超调量数据（120r/min）

由图 6.7(b) 可以看到，当保持 K_I 不变时，超调量随着 K_P 绝对值的减小而增大。由此，采用如下方法来拟合规则 1 结论部分的 ΔK_P 表达式：在图 6.3 所示仿真数据中，挑选出相同 K_I 值的超调量 σ、ΔK_P 数据点，并以 σ 为自变量、ΔK_P 为因变量，做一输入一输出的函数拟合。所用拟合函数为一阶多项式：

$$\Delta K_{\mathrm{P}} = p_0 + p_1 \sigma \tag{6.16}$$

式中，p_0、p_1 为通过拟合确定的系数。

　　对每个 K_{I} 值，得到一组拟合系数 p_0、p_1。不同转速给定值情况下，拟合系数 p_0、p_1 与 K_{I} 的关系如图 6.8 所示。对于某一特定转速给定值情况，取每个图中 p_1 的最小值作为式 (6.16) 的一次项系数，其常数项 p_0 取为与 p_1 最小值对应的常数项系数，如图 6.8 (a) 中虚线与 p_0、p_1 曲线交点标示的数据点。然后，取 4 个转速给定值情况的系数平均值作为规则 1 结论部分 ΔK_{P} 表达式的系数，如表 6.4 所示。

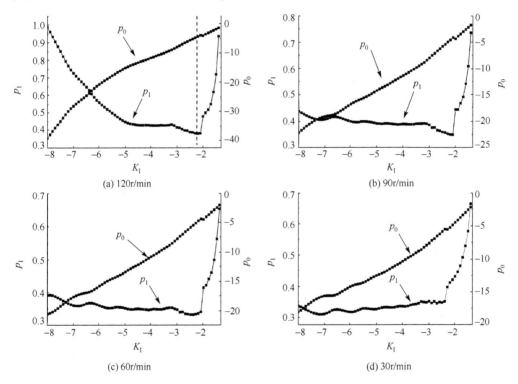

图 6.8　规则 1 的 ΔK_{P} 拟合系数

表 6.4　不同转速给定值的式 (6.16) 系数拟合值

给定转速值/(r/min)	p_1	p_0
120	0.3812	−4.4305
90	0.3481	−4.1659
60	0.3321	−5.4653
30	0.3098	−15.6967
平均值	0.3428	−7.4396

2. 规则结论部分 ΔK_I 表达式的拟合

下面采用同样的方法，利用仿真数据来拟合三条专家规则结论部分的 ΔK_I 表达式，表 6.5～表 6.7 给出了不同拟合函数式的均方差，拟合所用函数形式如式(6.17)～式(6.26)所示。同时，为了便于比较，表 6.6 也给出了采用式(6.8)进行拟合的均方差。从表中数据可以看到，拟合均方差较小，拟合精度较高，可以较为准确地表述 ΔK_I 的变化规律。

$$z = p_0 + p_1 x + p_2 x^2 + p_3 x^3 + p_4 x^4 + p_5 y + p_6 y^2 + p_7 y^3 + p_8 y^4 + p_9 y^5 \quad (6.17)$$

$$z = p_0 + p_1 x + p_2 x^2 + p_3 x^3 + p_4 y + p_5 y^2 + p_6 y^3 + p_7 y^4 + p_8 y^5 \quad (6.18)$$

$$z = p_0 + p_1 x + p_2 x^2 + p_3 x^3 + p_4 x^4 + p_5 x^5 + \frac{p_6}{y} + \frac{p_7}{y^2} + \frac{p_8}{y^3} + \frac{p_9}{y^4} + \frac{p_{10}}{y^5} \quad (6.19)$$

$$z = \frac{p_0 + p_1 x + p_2 x^2 + p_3 x^3 + p_4 y}{1 + p_5 x + p_6 y + p_7 y^2 + p_8 y^3} \quad (6.20)$$

$$z = \frac{p_0 + p_1 x + p_2 x^2 + p_3 y + p_4 y^2}{1 + p_5 x + p_6 x^2 + p_7 y + p_8 y^2 + p_9 y^3} \quad (6.21)$$

$$z = p_0 + p_1 x + p_2 x^2 + p_3 x^3 + p_4 x^4 + p_5 x^5 + \frac{p_6}{y} + \frac{p_7}{y^2} + \frac{p_8}{y^3} + \frac{p_9}{y^4} \quad (6.22)$$

$$z = p_0 + \frac{p_1}{1 + \left(\dfrac{x - p_2}{p_3}\right)^2} + \frac{p_4}{1 + \left(\dfrac{y - p_5}{p_6}\right)^2} \quad (6.23)$$

$$z = p_0 + \frac{p_1}{\left[1 + \left(\dfrac{x - p_2}{p_3}\right)^2\right]\left[1 + \left(\dfrac{y - p_4}{p_3}\right)^2\right]} \quad (6.24)$$

$$z = p_0 + \frac{p_1}{\left[1 + \left(\dfrac{x - p_2}{p_3}\right)^2\right]\left[1 + \left(\dfrac{y - p_4}{p_5}\right)^2\right]} \quad (6.25)$$

$$z = p_0 + p_1 \exp\left(\frac{-y}{p_2}\right) \quad (6.26)$$

式中，自变量 x、y 分别表示超调量、调节时间；因变量 z 为 ΔK_I。

表 6.5　规则 1 结论 ΔK_I 不同表达式的拟合均方差

给定转速值/(r/min)	式(6.17)均方差	式(6.18)均方差	式(6.19)均方差
120	0.46004	0.46044	0.46312
90	0.44233	0.45412	0.43841
60	0.46829	0.47802	0.46496
30	0.49323	0.50066	0.49052
均方差之和	1.86389	1.89324	1.85701

表 6.6　规则 2 结论 ΔK_I 不同表达式的拟合均方差

给定转速值/(r/min)	式(6.8)均方差	式(6.20)均方差	式(6.21)均方差	式(6.22)均方差
120	0.05808	0.05845	0.05811	0.05879
90	0.05695	0.05729	0.05708	0.05862
60	0.05606	0.05720	0.05669	0.05921
30	0.05991	0.05978	0.06016	0.05968
均方差之和	0.2310	0.23272	0.23204	0.2363

表 6.7　规则 3 结论 ΔK_I 不同表达式的拟合均方差

给定转速值/(r/min)	式(6.23)均方差	式(6.24)均方差	式(6.25)均方差	式(6.26)均方差
120	0.13867	0.13867	0.13874	0.14394
90	0.28378	0.28402	0.28403	0.29502
60	0.12813	0.12813	0.12813	0.12722
30	0.13652	0.13652	0.13652	0.12767
均方差之和	0.68710	0.68734	0.68742	0.69385

3. 不同转速给定值拟合表达式的合成

至此，采用 LM 算法完成了不同转速给定值情况下的专家规则结论部分表达式的拟合。这里讨论如何将不同转速情况下的结论表达式合成为统一的表达式，以得到适用于所有转速情况的三条专家规则。

从函数拟合的角度来看，拟合误差最小的函数表达式就是拟合结果。观察式(6.6)～式(6.15)及式(6.17)～式(6.26)，可以看出，不同转速给定值对应的拟合表达式不完全相同，这使得不同转速情况下的专家规则不相同。为了减少规则数量，降低控制复杂度，将某一转速给定值对应的拟合表达式分别再去拟合其他三个转速给定值情况的数据，最终找到一个对不同转速给定值拟合程度均较好的表达式，作为满足任意给定转速的最终规则形式。表 6.1、表 6.2 及表 6.5～表 6.7 最后一行给出了不同转速给定值、相同表达式的拟合均方差之和。通过比较，选择均方差之和最小的拟合表达式作为该规则结论部分的 ΔK_P、ΔK_I 表达式。于是选择 ΔK_P 的表达式分别为式(6.8)和式(6.9)；ΔK_I 的表达式分别为式(6.19)、式(6.8)和式(6.23)。

　　表达式的形式确定后，接下来确定表达式中各项的系数。表达式形式一致，并且该表达式要适用于任意转速给定值，系数应该是转速给定值的函数。因此，以转速为自变量、以每条规则结论表达式的各项系数为因变量来进行拟合，得到系数与转速给定值之间的关系式。处理过程中发现，不同转速对应的表达式各项系数无明显规律，不能用简单的数学函数进行简单线性拟合，因此为减小设计复杂度，以不同转速给定值的表达式各项系数的平均值作为最终规则中结论表达式的各项系数。这些系数及其平均值的计算结果分别如表 6.8～表 6.12 所示。这里，不同转速对应的系数值越接近，系数平均值与各系数之间的均方差就越小，最终的结论表达式也就越贴近各转速情况下的拟合函数关系。例如，对于规则 3 结论ΔK_I的拟合表达式，根据表 6.7 数据，式(6.23)对应的拟合均方差之和最小。但观察表 6.12 可以看出，不同转速情况下的表达式(6.23)各项系数差异较大。观察表 6.7 给出的另一表达式(6.26)，该式的拟合均方差之和，仅比式(6.23)大 0.98%，无明显差别。但如表 6.13 所示，不同转速情况下的式(6.26)各项系数差别明显小于式(6.23)。于是，如果使用式(6.26)作为规则 3 结论ΔK_I的拟合表达式，则能够更准确地反映不同转速情况下的数量关系。因此，选择式(6.26)作为规则 3 结论ΔK_I的拟合表达式，表 6.13 给出了各项系数值。

表 6.8　规则 2 结论ΔK_P拟合表达式(6.8)各项系数及平均值

系数	120r/min	90r/min	60r/min	30r/min	平均值
p_0	2.0012	7.6095	−3.9091	2.1361	1.9594
p_1	−0.4070	−0.8580	−0.2660	−0.1721	−0.4258
p_2	0.04525	0.1673	0.0457	0.0169	0.0688
p_3	−0.0028	−0.0149	−0.0031	−0.0009	−0.0054
p_4	12.9595	−39.8458	71.0221	−10.6127	8.3808
p_5	−141.5628	−20.0798	−280.9371	−4.1571	−111.6842
p_6	−0.0812	−0.0821	−0.1216	−0.0313	−0.0791
p_7	0.0088	0.0081	0.0123	0.0037	0.0082
p_8	−8.5436	−4.5512	−10.3984	−8.7380	−8.0578
p_9	34.5736	19.5579	43.5878	25.3480	30.7668

表 6.9　规则 3 结论ΔK_P拟合表达式(6.9)各项系数及平均值

系数	120r/min	90r/min	60r/min	30r/min	平均值
p_0	123.6963	532.6057	1341.3517	24.4894	505.5358
p_1	113.9698	2.4792	0	−1.0846	28.8411
p_2	202.2516	311.5684	−11.7252	17.7976	129.9731
p_3	−104.1224	−534.8093	−1343.6120	−26.9025	−502.362
p_4	0.4038	0.3964	0.3991	0.4404	0.4099
p_5	−1.1816	−2.5184	−3.8650	−0.5340	−2.0248

表 6.10　规则 1 结论 ΔK_I 拟合表达式 (6.19) 各项系数及平均值

系数	120r/min	90r/min	60r/min	30r/min	平均值
p_0	49.4891	65.4435	50.3729	46.2973	52.9007
p_1	0.3710	0.2771	0.2441	0.1955	0.2719
p_2	−0.0321	−0.0154	−0.0115	−0.0065	−0.0164
p_3	0.0018	0.0006	0.0005	0.0003	0.0008
p_4	0	0	0	0	0
p_5	0	0	0	0	0
p_6	−101.1872	−128.3454	−104.2864	−98.4805	−108.075
p_7	71.3316	88.36483	72.7591	69.4792	75.4837
p_8	−23.6501	−28.6564	−23.6052	−22.6320	−24.6359
p_9	3.7733	4.4690	3.6623	3.5136	3.8546
p_{10}	−0.2338	−0.2705	−0.2200	−0.2108	−0.2338

表 6.11　规则 2 结论 ΔK_I 拟合表达式 (6.8) 各项系数及平均值

系数	120r/min	90r/min	60r/min	30r/min	平均值
p_0	−3.7785	−12.4447	−10.6061	3.7603	−5.7673
p_1	−0.008	−0.211	0.0101	−0.0419	−0.0627
p_2	−0.0112	0.0486	−0.0292	−0.0154	−0.0018
p_3	0.0017	−0.0038	0.0042	0.0033	0.0014
p_4	58.2639	184.0044	148.4958	−18.1187	93.1614
p_5	−210.6381	−646.4721	−503.4380	−6.3223	−341.718
p_6	−0.1323	−0.3616	−0.4033	−0.1649	−0.2655
p_7	0.0134	0.0373	−0.0447	0.0193	0.006325
p_8	−16.7556	−27.6803	−23.7873	3.2384	−16.2462
p_9	101.3379	227.2608	179.7882	1.3959	127.4457

表 6.12　规则 3 结论 ΔK_I 拟合表达式 (6.23) 各项系数及平均值

系数	120r/min	90r/min	60r/min	30r/min	平均值
p_0	−2.0897	−2.9251	−1.0402	7.0898	0.2587
p_1	0.4695	1.2467	−0.7668	−9.5020	−2.1382
p_2	12.2500	0.0172	−0.1491	−2.6018	2.3791
p_3	20.6446	−0.1097	−0.2760	−8.79672	2.8656
p_4	13.1408	742.7384	2.6468	2.5687	190.2737
p_5	−0.1534	−0.1522	0.0311	0.0541	−0.0551
p_6	0.1266	−0.0156	−0.1804	−0.1888	−0.0646

表 6.13　规则 3 结论 ΔK_{I} 拟合表达式 (6.26) 各项系数及平均值

系数	120r/min	90r/min	60r/min	30r/min	平均值
p_0	−1.5332	−1.5080	−1.5003	−1.5129	−1.5136
p_1	3.6268	3.8683	4.3054	4.8010	4.1504
p_2	0.1899	0.1736	0.1641	0.1697	0.1743

至此，专家规则的初步设计已经完成。每条规则的结论部分包含 ΔK_{P}、ΔK_{I} 两个表达式，分别用于在线调整 K_{P}、K_{I} 的值。3 条专家规则如下。

规则 1′：if　$\sigma \neq 0$ and $t_{\mathrm{s}} \geqslant 0.2\mathrm{s}$　then

$$\Delta K_{\mathrm{P}} = 0.3428\sigma - 7.4396 \tag{6.27}$$

$$\begin{aligned} \Delta K_{\mathrm{I}} = {}& 52.9007 + 0.2719\sigma - 0.0164\sigma^2 + 0.0008\sigma^3 \\ & - \frac{108.075}{t_{\mathrm{s}}} + \frac{75.4837}{t_{\mathrm{s}}^2} - \frac{24.6359}{t_{\mathrm{s}}^3} + \frac{3.8546}{t_{\mathrm{s}}^4} - \frac{0.2338}{t_{\mathrm{s}}^5} \end{aligned} \tag{6.28}$$

规则 2′：if　$\sigma \neq 0$ and $t_{\mathrm{s}} < 0.2\mathrm{s}$　then

$$\Delta K_{\mathrm{P}} = \frac{1.9594 - 0.4258\sigma + 0.0688\sigma^2 - 0.0054\sigma^3 + 8.3808t_{\mathrm{s}} - 111.6842t_{\mathrm{s}}^2}{1 - 0.0791\sigma + 0.0082\sigma^2 - 8.0578t_{\mathrm{s}} + 30.7668t_{\mathrm{s}}^2} \tag{6.29}$$

$$\Delta K_{\mathrm{I}} = \frac{-5.7673 - 0.0627\sigma - 0.0018\sigma^2 + 0.0014\sigma^3 + 93.1614t_{\mathrm{s}} - 341.718t_{\mathrm{s}}^2}{1 - 0.2655\sigma + 0.006325\sigma^2 - 16.2462t_{\mathrm{s}} + 127.4457t_{\mathrm{s}}^2} \tag{6.30}$$

规则 3′：if　$\sigma = 0$ and $t_{\mathrm{s}} \geqslant 0.2\mathrm{s}$　then

$$\begin{aligned} \Delta K_{\mathrm{P}} = {}& 505.5358\exp\left(-\exp\left(-\frac{\sigma - 28.8411}{129.9731}\right) - \frac{\sigma - 28.8411}{129.9731 + 1}\right) \\ & - 502.362\exp\left(-\exp\left(-\frac{t_{\mathrm{s}} - 0.4099}{-2.0248}\right) - \frac{t_{\mathrm{s}} - 0.4099}{-2.0248 + 1}\right) \end{aligned} \tag{6.31}$$

$$\Delta K_{\mathrm{I}} = -1.5136 + 4.1504\exp\left(-\frac{t_{\mathrm{s}}}{0.1743}\right) \tag{6.32}$$

上述设计 3 条专家规则的过程，以超声波电机的数学模型为基础，先通过电机转速控制系统仿真获得表征 PI 控制参数与转速控制性能指标之间关系的数据，然后采用函数拟合的方法获得专家规则结论部分的表达式，从而得到专家规则。数学模型与实际电机之间必然存在建模偏差，而且，由于超声波电机明显的时变特性，随着电机运行时长的不断增长，这种偏差还会进一步扩大。

考虑到这些因素，结论表达式的计算结果，在具体数值上必然存在偏差，也不可能在任何情况下都能够经过一次调整就达到控制性能要求。所以在考虑这些因素来斟酌设计流程与设计方法以追求可行、有效的同时，本节将设计目标定为准确获取 PI 控制参数调整的正确方向和调整数量的相对大小；至于控制参数调整的具体数量关系，则通过下面所述实验环节来整定。而且在函数拟合环节中，因为上述偏差的客观存在，也由于可能存在"过拟合"、不同转速之间特性差异大等原因，均方差值最小的表达式，并不一定就是最合适的拟合结果，这同样需要在实验环节来校验。

6.3　超声波电机专家 PID 转速控制器的实验整定

　　上述设计的有效性，需要通过实验来验证。同时，实验整定也是专家规则设计的一个重要环节。实验用电机为 Shinsei USR60 型两相行波型超声波电机，实验系统框图如图 6.9 所示。图中，主电路结构为 MOSFET 构成的 H 桥，驱动方式为相移 PWM；控制部分采用 DSP 为主控芯片，通过 DSP 编程实现控制器，控制器输出的控制量为电机驱动频率；"E"是与电机同轴连接的光电编码器，用来测量转速以实现转速闭环控制。图中 N_{ref} 为转速给定值。

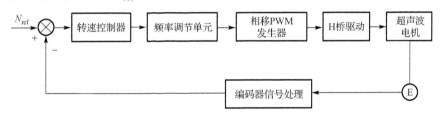

图 6.9　转速控制实验系统结构图

　　使用上述实验装置，在转速给定值分别为 30r/min、60r/min、90r/min 和 120r/min 的情况下，在合理范围内设定 PI 控制参数值，进行转速阶跃响应实验，测取多组阶跃响应数据，并选择其中有代表性的 11 组数据用于专家 PID 控制器的整定。计算实测阶跃响应的超调量 σ、调节时间 t_s 数值，并使用式(6.27)～式(6.32)所示 3 条专家规则计算这些阶跃响应各自对应的 ΔK_P、ΔK_I 数值，如表 6.14 所示。表中所列"组别"沿用实验测取的数据序号。由表 6.14 数据可知，第 4、第 5 和第 11 组实测转速阶跃响应的 σ、t_s 数值已经满足期望控制性能，不需要进行控制参数调整；其余控制参数需要依照专家规则进行调整的 8 组中，转速给定值分别为 30、60、90、120r/min 的各有 2 组，分别满足规则 1、规则 2、规则 3 前提条件的，各有 2 组、3 组、3 组。

表 6.14　实测阶跃响应性能指标及 PI 控制参数调整量

组别	转速给定值/(r/min)	K_P	K_I	σ/%	t_s/s	ΔK_P	ΔK_I
1	30	−1	−2	0.967	0.468	−7.11	−3.55
3	90	−1	−2	0	0.234	**181**	−0.43
4	120	−1	−2	0	0.182	0	0

组别	转速给定值/(r/min)	K_P	K_I	σ /%	t_s/s	ΔK_P	ΔK_I
5	30	−3	−6	0	0.182	0	0
6	60	−3	−6	1.6	0.104	2.81	0.374
7	90	−3	−6	1.34	0.091	3.11	−0.749
9	60	−3	−9	2.22	0.065	2.9	−36.9
11	30	−3	−9	0	0.117	0	0
15	30	−3	−10	1.77	0.065	2.98	−12.3
16	120	−1	−1	0	0.312	**181**	−0.821
17	120	−0.5	−0.5	0	0.689	**181**	−1.43

6.3.1　专家规则结论表达式的初步校验

观察表 6.14 给出的第 3、第 16 和第 17 组ΔK_P、ΔK_I数值,发现按照规则 3 计算出的ΔK_P为 181(表 6.14 中的黑体数字),数值过大。该值的作用强度明显超出了实际系统的承受能力。分析其原因,是在 6.2.2 节对不同转速的拟合表达式进行合成时,规则 3 中ΔK_P表达式的各转速表达式系数之间差异过大造成的(参看表 6.9)。因此,由表 6.2,选择均方差值次之的拟合表达式(6.10)作为规则 3 的ΔK_P表达式。各转速情况下,该表达式各项的系数及系数平均值如表 6.15 所示。改用该表达式,重新计算表 6.14 中的ΔK_P值,如表 6.16 "$\Delta K_P/\Delta K_I$" 列所示。

表 6.15　拟合表达式(6.10)各项系数及平均值

系数	120r/min	90r/min	60r/min	30r/min	平均值
p_0	2.9391	32.2595	18.1460	32.3180	21.41565
p_1	−18.8191	−29.3968	−33.5471	−62.2751	−36.00953
p_2	79.1233	40.0199	43.7531	60.5130	55.85233
p_3	−50.7430	−29.8848	−14.4366	−16.0765	−27.78523
p_4	1.7465	0.0280	0.0342	−0.2096	0.39978

调整后的专家规则为

规则 3″:　if　$\sigma = 0$ and $t_s \geqslant 0.2\text{s}$　then

$$\Delta K_P = 21.41565 - 36.00953 t_s + 55.85233 t_s^2 - 27.78523 t_s^{0.39978} \tag{6.33}$$

6.3.2　专家规则作用强度的整定

专家规则结论部分的ΔK_P、ΔK_I表达式,是按照一次调整后的 PI 控制参数能够使控制性能满足要求的原则进行设计的。但是在实际应用中,由于模型偏差、超声波电机的时变运行特性,以及外来扰动等影响,电机每次运行状态都会有变化。即使在相同的 PI 控制参数下,连续多次运行的转速阶跃响应也不会完全相同。因此,依照所设计的专家规则得到新的 PI 控制参数，可能出现实际控制过程未到达期望或越过期望状态的情况，甚至由于给出的控制参数调整幅度较大，发生振荡，影响系统稳定性。

一般而言，系统控制参数的在线调整以"稳"为先，不希望系统在大幅度调整过程中出现意外，一个平稳渐进的调整过程更符合期望。为满足控制性能要求而进行的 K_P、K_I 值调整，可考虑多次小幅度调整、渐次趋近期望状态。每一次控制参数调整，都是根据前一次调整后转速阶跃响应的超调量和调节时间数值，由专家规则计算下一次的调整量，直至满足控制要求。根据以上分析，对专家规则结论表达式计算出的 ΔK_P、ΔK_I 值，再乘以系数 a 以得到实际的调整量：

$$\Delta K_P' = a \cdot \Delta K_P \tag{6.34}$$

$$\Delta K_I' = a \cdot \Delta K_I \tag{6.35}$$

式中，a 为待定系数，反映专家规则结论部分的作用强度。一般应有 $0 \leq a \leq 1$，以限制一次调整的幅度。

对于需要进行 PI 控制参数调整的 8 组实测阶跃响应，依照专家规则计算 ΔK_P、ΔK_I 值，分别取 a 为 1、0.8、0.5、0.3 和 0.1，得到调整后的 PI 控制参数如表 6.16 所示。使用这些 PI 控制参数值，进行转速阶跃响应实验，对比 K_P、K_I 值调整前后阶跃响应的 σ、t_s 等性能指标，验证控制参数调整方向是否正确，并确定合适的 a 值。

表 6.16　第一次调整后的 PI 控制参数

组别	N_{ref} /(r/min)	K_P/K_I 初值	$\Delta K_P/\Delta K_I$	K_P/K_I（调整后）				
				$a=1$	$a=0.8$	$a=0.5$	$a=0.3$	$a=0.1$
1	30	−1/−2	−7.11/−3.55	−8.11/−5.55	−6.69/−4.84	−4.55/−3.77	−3.13/−3.06	−1.71/−2.35
3	90	−1/−2	0.5/−0.43	—	−0.6/−2.34	−0.75/−2.21	−0.85/−2.13	−0.95/−2.04
6	60	−3/−6	2.81/0.374	—	—	−1.59/−5.81	−2.16/−5.89	−2.72/−5.96
7	90	−3/−6	3.11/−0.749	—	−0.51/−6.6	−1.45/−6.37	−2.07/−6.22	−2.69/−6.07
9	60	−3/−9	2.9/−36.9	—	—	—	−2.13/−20.1	−2.71/−12.7
15	30	−3/−10	2.98/−12.3	—	—	−1.51/−16.1	−2.11/−13.7	−2.7/−11.2
16	120	−1/−1	−1.82/−0.821	−2.82/−1.82	−2.46/−1.66	−1.91/−1.41	−1.55/−1.25	−1.18/−1.08
17	120	−0.5/−0.5	−0.821/−1.43	−1.32/−1.93	−1.16/−1.65	−0.911/−1.22	−0.746/−0.93	−0.582/−0.643

进行转速阶跃响应实验，得到第 1 组第一次调整后的实测转速阶跃响应如图 6.10 所示。图 6.10 中，$a=0$ 曲线代表初始 PI 参数作用下的初始阶跃响应曲线。图 6.10 中对应不同 a 值的阶跃响应曲线表明，专家规则给出的控制参数调整方向正确，各个 a 值对应的阶跃响应都较初始响应更趋近于期望性能指标；a 值越大，K_P、K_I 值的调整量越大，阶跃响应变化越明显，调节时间减小得越快。取 $a=1$ 时，超调量为零，调节时间为 0.195s，经过一次调整就达到了期望控制性能。

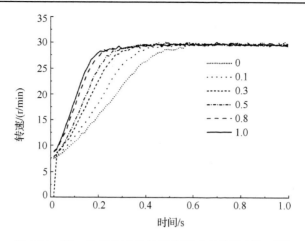

图 6.10　第一次调整后的转速阶跃响应曲线(第 1 组)

对尚未满足性能要求的其他 a 值情况，继续进行 K_P、K_I 值调整，得转速阶跃响应如图 6.11 所示，表 6.17 给出了这些阶跃响应过程的控制指标数据。

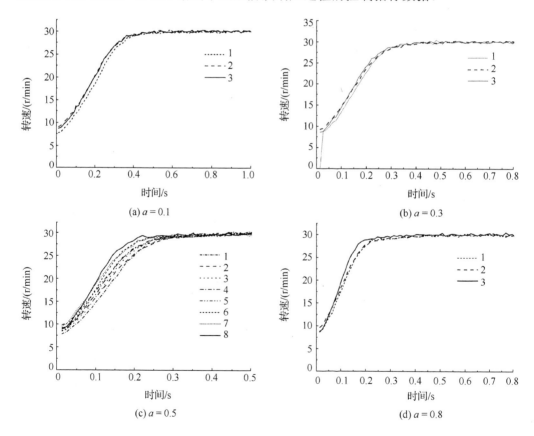

(a) $a = 0.1$

(b) $a = 0.3$

(c) $a = 0.5$

(d) $a = 0.8$

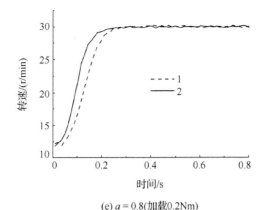

(e) $a = 0.8$(加载0.2Nm)

图 6.11　继续调整后的转速阶跃响应曲线(第 1 组)

表 6.17　第 1 组阶跃响应控制参数调整及性能变化情况

a	调整次数	K_P	K_I	σ /%	t_s/s
0.1	1	−1.71	−2.35	0	0.351
	2	−1.97	−2.45	0	0.364
	3	−2.26	−2.55	0	0.338
0.3	1	−3.13	−3.06	1.6	0.286
	2	−5.2	−3.34	0	0.299
	3	−5.65	−3.57	0	0.273
0.5	1	−4.55	−3.77	0.9	0.247
	2	−8.12	−4.13	0	0.26
	3	−8.31	−4.42	0	0.247
	4	−8.3	−4.68	0	0.234
	5	−8.05	−4.89	0	0.247
	6	−8.02	−5.15	0	0.221
	7	−7.53	−5.32	0	0.221
	8	−7.03	−5.49	0	0.195
0.8	1	−6.69	−4.84	0	0.208
	2	−5.48	−5.04	0	0.208
	3	−4.27	−5.25	0	0.182
1.0	1	−8.11	−5.55	0	0.195

　　从图 6.11(a)、图 6.11(b)和表 6.17 可以看出,取 a 为 0.1 和 0.3 各进行 3 次 K_P、K_I 值调整,转速阶跃响应逐渐趋近期望状态,但趋近速度较慢,调节时间变化量很小。这说明 a 的取值过小了,因此舍弃,不再继续调整。

　　$a=0.5$ 时,连续进行 8 次控制参数调整,达到控制性能要求。图 6.11(c)给出了这 8 次调整对应的转速阶跃响应曲线,控制性能逐渐趋好,但每次调整带来的控制性能变化仍然较小。当 a 取为 0.8 时,经过 3 次 K_P、K_I 值调整后,转速阶跃响应的超调量为 0, 调节时间为 0.182s, 满足期望的控制性能。上述实验过程表明, 所设计的专家规则是有效的, 能够给出正确的控制参数调整方向。对于第 1 组阶跃响应过程, 取 a=0.8 较为合适。

上述实验是在空载情况下进行的, 图 6.11(e) 给出了加载 0.2Nm 负载情况下, a 取 0.8 时调整 2 次对应的转速阶跃响应曲线。由图可知, 经过 2 次调整超调量为 0, 调节时间为 0.169s, 表明加载工况下所述专家 PI 控制器仍能够在线调整 PI 控制参数以满足期望的控制性能。

按照与第 1 组相同的实验整定过程, 接下来对其余 7 组阶跃响应进行控制参数整定。第 3 组 K_P、K_I 值调整过程中的转速阶跃响应曲线如图 6.12 所示, 表 6.18 给出了对应的控制性能指标数据。a 取为 0.1 和 0.3 时, 分别需要调整 3 次和 2 次; 而 a 取 0.5 和 0.8 时, 调整 1 次即可满足性能指标要求。兼顾稳定性与快速性, 可取 a 为 0.3。

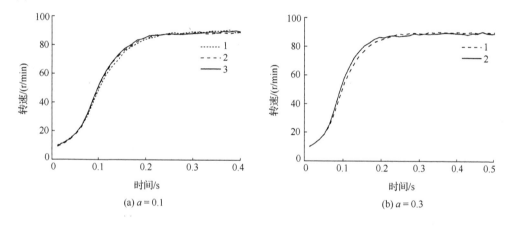

图 6.12　转速阶跃响应曲线(第 3 组)

表 6.18　第 3 组阶跃响应控制参数调整及性能变化情况

a	调整次数	K_P	K_I	σ /%	t_s/s
0.1	1	−0.95	−2.04	0	0.208
	2	−0.799	−2.07	0	0.208
	3	−0.648	−2.09	0	0.195
0.3	1	−0.85	−2.13	0	0.208
	2	−0.397	−2.21	0	0.182
0.5	1	−0.75	−2.21	0	0.195
0.8	1	−0.6	−2.34	0	0.169

a 取为 0.1、0.3 和 0.5 时, 对第 6 组阶跃响应进行控制参数调整, 得实测阶跃响应曲线及性能指标数据分别如图 6.13 和表 6.19 所示。实验结果表明, a 取 0.3 和 0.5

时，只需调整 1 次就能满足控制要求。而 a=0.1 时，也只需 2 次调整，如图 6.14 所示。根据系统快速性与稳定性的折中考虑，可取 a=0.1 或 0.3。

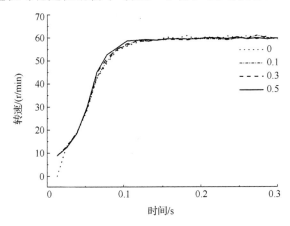

图 6.13　控制参数调整后的转速阶跃响应(第 6 组)

表 6.19　第 6、第 7、第 9 和第 15 组阶跃响应控制参数调整及性能变化情况

组别	a	调整次数	K_P	K_I	σ /%	t_s/s
6	0.1	1	−2.72	−5.96	1.68	0.104
		2	−2.44	−5.93	0	0.091
	0.3	1	−2.16	−5.89	0	0.091
	0.5	1	−1.59	−5.81	0	0.091
7	0.1	1	−2.69	−6.07	0	0.078
	0.3	1	−2.07	−6.22	0	0.065
	0.5	1	−1.45	−6.37	0	0.065
	0.8	1	−0.51	−6.6	0	0.052
9	0.1	1	−2.71	−12.7	0	0.052
	0.3	1	−2.12	−20.1	0	0.026
15	0.1	1	−2.7	−11.2	1.27	0.078
		2	−2.39	−11.5	0	0.065
	0.3	1	−2.11	−13.7	0	0.052
	0.5	1	−1.51	−16.1	1.37	0.039
		2	−0.22	−21.6	7.33	0.039

对于第 7 组阶跃响应过程，尝试取 a=0.1、0.3、0.5、0.8 进行控制参数调整。由图 6.15(a) 所示阶跃响应曲线及表 6.19 中数据可知，对 K_P、K_I 值进行 1 次调整后，转速阶跃响应均满足控制要求。分别取 a=0.1、0.3，第 9 组同样仅需一次调整，所得阶跃响应均满足性能要求(图 6.15(b))。而且 a 值越大，调节时间越小，控制响应越迅速。由此，可取 a=0.1 或 0.3。

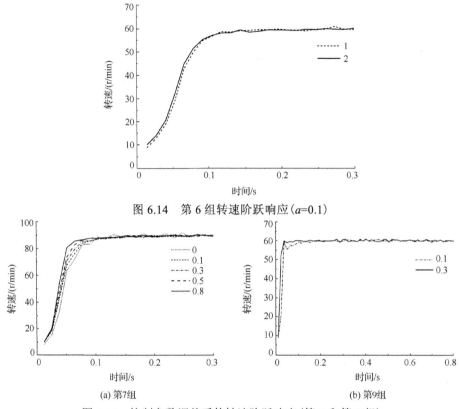

图 6.14　第 6 组转速阶跃响应（$a=0.1$）

(a) 第7组

(b) 第9组

图 6.15　控制参数调整后的转速阶跃响应（第 7 和第 9 组）

　　图 6.16 展示了第 15 组阶跃响应的 K_P、K_I 值调整过程，表 6.19 给出了图中阶跃响应曲线对应的性能数据。$a=0.1$ 时调整 2 次、$a=0.3$ 时调整 1 次，就可以达到控制性能指标要求。而 $a=0.5$ 时，在 1 次调整未达要求之后，第 2 次调整使得阶跃响应的超调量明显增加。分析表明，由于 PI 控制参数的第 2 次调整量过大，调整后的 K_P、K_I 值及控制响应过程越过了期望状态。于是，可取 $a=0.1$ 或 0.3。

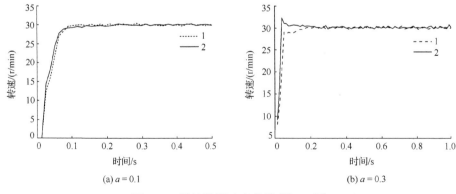

(a) $a = 0.1$

(b) $a = 0.3$

图 6.16　转速阶跃响应曲线（第 15 组）

　　图6.17~图6.19及表6.20给出了第16和第17组阶跃响应的控制参数调整过程。观察这些图表，可以看出，对第 16 和第 17 组阶跃响应而言，a 取 0.1 或 0.3，K_P、K_I 的每次调整量过小。若取 a=0.5，则需要进行 4 次调整；取 a=1.0，需要进行 2 次调整；而取 a=0.8，则分别需要进行 3 次和 2 次调整。由此，对于这两组阶跃响应，取 a 为 0.8 或 1.0 较为合适。

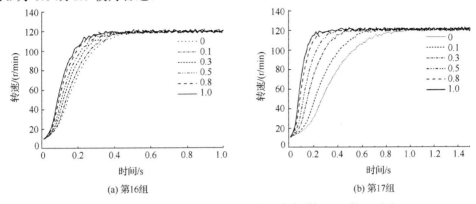

(a) 第16组　　　　　　　　　　　　(b) 第17组

图 6.17　控制参数调整后的转速阶跃响应(第 16 和第 17 组)

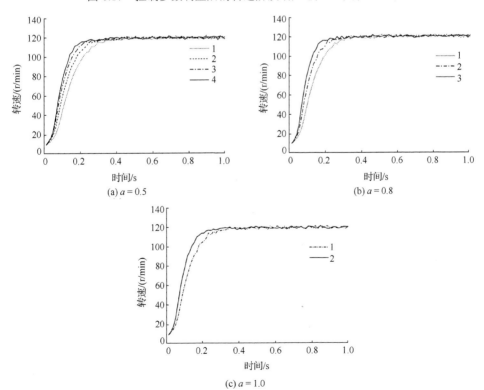

(a) a = 0.5　　　　　　　　　　　　(b) a = 0.8

(c) a = 1.0

图 6.18　转速阶跃响应曲线(第 16 组)

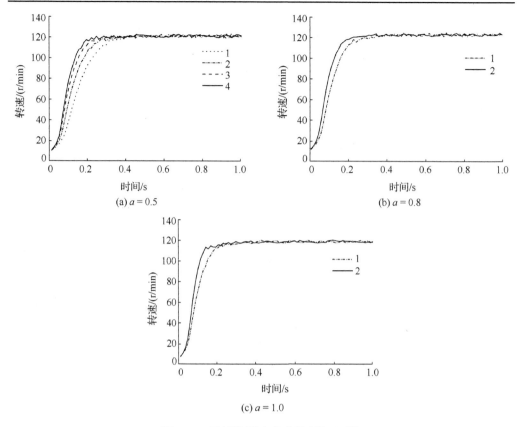

图 6.19　转速阶跃响应曲线(第 17 组)

表 6.20　第 16 和第 17 组阶跃响应控制参数调整及性能变化情况

组别	a	调整次数	K_P	K_I	σ /%	t_s/s
16	0.1	1	−1.18	−1.08	0	0.351
	0.3	1	−1.55	−1.25	0	0.312
	0.5	1	−1.91	−1.41	0	0.286
		2	−2.49	−1.76	0	0.234
		3	−2.24	−1.98	0	0.208
		4	−1.49	−2.11	0	0.182
	0.8	1	−2.46	−1.66	0	0.26
		2	−2.77	−2.12	0	0.221
		3	−1.98	−2.4	0	0.169
	1.0	1	−2.82	−1.82	0	0.247
		2	−2.78	−2.33	0	0.182

续表

组别	a	调整次数	K_P	K_I	σ /%	t_s/s
17	0.1	1	−0.582	−0.643	0	0.546
	0.3	1	−0.746	0.93	0	0.377
	0.5	1	−0.911	−1.22	0	0.299
		2	−1.66	−1.6	0	0.247
		3	−1.64	−1.85	0	0.208
		4	−0.887	−1.98	0	0.182
	0.8	1	−1.16	−1.65	0	0.247
		2	−1.12	−2.05	0	0.182
	1.0	1	−1.32	−1.93	0	0.208
		2	0.189	−2.19	0	0.156

表 6.14 所示采用相同 PI 控制参数作用于不同给定值情况下，所得转速控制性能指标不同，例如，K_P、K_I 分别取−1、−2 时，30r/min 给定值情况下存在转速超调，调节时间较大；120r/min 给定值情况下超调为 0，调节时间仅为 0.182s。通过专家规则对 K_P、K_I 数值进行调整，相同初始参数下，给定值 30r/min 对应的转速控制性能指标为超调为 0，调节时间减小至 0.182s，这表明采用专家规则来调整 K_P、K_I 能够有效改善转速控制性能，控制效果较好。

综合上述实验与分析表明，所设计的 3 条专家规则，能够给出正确的 PI 控制参数调整方向，转速控制性能在控制参数调整的过程中，不断趋近控制要求。

同时，上述实验过程也指明了确定专家规则结论部分作用强度的原则。反映控制参数调整强度的系数 a 值越大，控制参数调整量越大，转速响应变化越明显。上述实验过程中，a 值与控制参数调整次数之间的对应关系，总结如表 6.21 所示。表中数字后的 "+" 表示经过该数字所示次数的调整后，控制性能仍未满足要求，还需更多的调整次数来达到期望状态。由表 6.21，可得出以下结论：

(1) 根据表 6.21 中第 1 组阶跃响应的实验结果，专家规则 1 的 a 值可取为 0.8；

(2) 根据表 6.21 中第 6、第 7、第 9 和第 15 组阶跃响应的实验结果，专家规则 2 的 a 值可取为 0.1～0.3，具体数值根据系统对控制快速性与稳定性的要求确定；

(3) 根据表 6.21 中第 3、第 16 和第 17 组阶跃响应的实验结果，专家规则 3 的 a 值应随当前控制响应的调节时间与期望调节时间之间的相对差值而变化，a 值随着差值减小而减小。具体数量关系，可采用简单的线性关系来表达。例如，对应于表 6.21 所示数据，可采用下式确定专家规则 3 的 a 值：

$$a = \begin{cases} 1.794t_{se}, & 其他 \\ 1, & a > 1 \end{cases} \tag{6.36}$$

式中，t_{se} 为调节时间与期望调节时间之间的相对差值，按下式计算：

$$t_{se} = \frac{t_s - t_s^*}{t_s^*} \tag{6.37}$$

式中，t_s^* 为期望的调节时间。

表 6.21 专家规则作用强度与控制参数调整次数的对应关系

组别	转速给定值 /(r/min)	σ /%	t_s/s	0.1	0.3	0.5	0.8	1.0	适合的 a 值
1	30	0.967	0.468	3+	3+	8	3	1	0.8
3	90	0	0.234	3	2	1	1	—	0.3
6	60	1.6	0.104	2	1	1	—	—	0.1~0.3
7	90	1.34	0.091	1	1	1	1	—	0.1~0.3
9	60	2.22	0.065	1	1	—	—	—	0.1~0.3
15	30	1.77	0.065	2	1	2	—	—	0.1~0.3
16	120	0	0.312	1+	1+	4	3	2	0.8~1.0
17	120	0	0.689	1+	1+	4	2	2	0.8~1.0

本章设计了一种采用 3 条专家规则对 PID 控制参数进行在线调整的专家 PID 控制器，用于超声波电机转速控制。给出了一种不依赖于经验的、规范化的专家 PID 控制器设计方法。首先，基于超声波电机的数学模型，进行电机控制系统仿真获得表征控制参数与转速控制性能指标之间关系的数据。然后，采用拟合方法获得专家规则结论部分的表达式。最后，通过实验，对专家规则结论部分的作用强度进行整定，从而完成专家 PID 控制器的设计。实验表明，控制性能良好，设计方法有效。

参 考 文 献

[1] 史敬灼, 刘玉. 超声波电机简单专家 PID 速度控制. 中国电机工程学报, 2013, 33(36): 120-125

[2] Shi J Z, Zhao J P. Indentification of ultrasonic motor's non-linear Hammerstein model. Journal of Control Automation and Electrical Systems, 2014, 25(5): 537-546